《高等院校风景园林专业规划教材》
丛书参编院校

北京林业大学	东北林业大学
华中农业大学	中国农业大学
浙江农林大学	四川农业大学
西北农林科技大学	沈阳建筑大学
中南林业科技大学	河北农业大学
苏州大学	武汉大学
东北大学	北华大学
长江大学	海南大学
南京农业大学	山西农业大学
湖南农业大学	吉林农业大学
浙江师范大学	江西师范大学
湖北工业大学	河北工程大学
西南农业大学	甘肃农业大学
内蒙古农业大学	宁夏大学
新疆农业大学	长春大学
吉首大学	山东工艺美术学院
天津美术学院	天津农学院
成都旅游学院	广东理工学院
河南科技学院	徐州工程学院
河北体育学院	

高等院校风景园林专业规划教材

园林植物景观设计

主　编　陈晓刚

副主编　张国勇　朱小刚　张　双

中国建材工业出版社

图书在版编目(CIP)数据

园林植物景观设计/陈晓刚主编 . --北京:中国建材工业出版社,2021.2(2022.8重印)
高等院校风景园林专业规划教材
ISBN 978-7-5160-3125-4

Ⅰ.①园… Ⅱ.①陈… Ⅲ.①园林植物-景观设计-高等学校-教材 Ⅳ.①TU986.2

中国版本图书馆 CIP 数据核字(2020)第 241201 号

内容提要

本书主要内容包括:园林植物景观构成要素,园林植物景观设计原理、方法,城市广场,城市公园,居住区,街道,校园景观,空中花园和垂直绿化,园林植物景观设计与施工。本书首先从园林植物景观设计的概念、意义及作用入手,阐述了园林植物景观设计的发展过程,论述了园林植物景观设计的基础,诠释了园林植物景观设计的造景手法,并剖析了景观设计中植物的应用形式,总结了园林植物景观设计的程序和方法,归纳了园林植物景观设计中的图纸表达。

本书内容丰富,针对性强,可供从事植物景观设计及建筑学、城乡规划、风景园林、环境艺术等专业的教师、学生及与园林植物景观设计相关的管理者、景观设计师、工程技术人员和对相关内容有兴趣的人员参考。

园林植物景观设计

Yuanlin Zhiwu Jingguan Sheji

陈晓刚　主编

出版发行:中国建材工业出版社
地　　址:北京市海淀区三里河路 11 号
邮　　编:100831
经　　销:全国各地新华书店
印　　刷:北京印刷集团有限责任公司
开　　本:787mm×1092mm　1/16
印　　张:13
字　　数:300 千字
版　　次:2021 年 2 月第 1 版
印　　次:2022 年 8 月第 2 次
定　　价:48.00 元

前言 | Preface

近年来，园林植物景观设计已经成为城市景观建设的重要内容之一，其对提升人们的生活品质、营造空间氛围具有极为重要的作用和影响。园林植物是营造城市景观空间的重要材料，从事景观设计的相关人员需重视园林植物景观的设计与营造，让其在城市景观建设中发挥更大的作用。为此，结合园林植物景观设计的教学现状，参考国内外已出版的专业读物，课程团队编写了这本教材，以尽可能满足建筑学、城乡规划、风景园林、环境艺术等专业的本科生或研究生对园林植物景观设计相关知识的渴求。

面对园林植物种类、属性与特点的复杂性，很多景观设计者，尤其是初学者很难掌握园林植物的科学运用与搭配。因此，在园林植物景观设计方面，设计者必须遵循因地制宜的原则，要以城市景观主题为基点，巧妙配置各种类型的园林植物，让不同的园林植物在最佳场地得到使用。同时，景观设计者还要客观分析该地区的风土人情、人们的喜好与忌讳，将地方文化巧妙融入园林植物景观的营造中，使其具有鲜明的地方特色。

编写本书的目的在于将复杂的园林植物相关知识简洁化，将园林植物相关理论学习融入城市景观设计实践中，从而提升城市园林植物景观设计与营造水平。一方面，本书的核心内容是编写团队成员在多年的园林植物景观设计工作过程中积累的实践经验的总结，具有很强的可操作性；另一方面，希望本书能使更多的建筑学、城乡规划、风景园林和环境艺术等专业的本科生、研究生了解园林植物，尤其是园林植物景观设计与营造，为城市园林植物景观设计相关人员提供理论与实践指导。

本书由陈晓刚副教授全面策划、组织和负责编写，在编写过程中，江西师范大学城市建设学院研究生王苏宇同学、成研同学和部分老师，以及河北工业大学的张双老师参与了部分内容的撰写工作，其中：王苏宇同学协助编写本书的第 2 章、第 3 章和第 7 章的内容，成研同学协助编写本书的第 10 章、第 12 章的内容，张双老师针对上述 5 章内容进行审稿；张国勇老师编写本书的第 5 章、第 6 章、第 8 章的内容，朱小刚副教授编写本书的第 11 章、第 13 章的内容。

本书内容选材比较宽泛，篇幅较多，也有一定难度和深度，教师在教学过程中可根据实际情况，有选择地把某些单元作为教学重点即精读材料，逐句逐段分析、归纳，同时辅助章节练习，以提高学习者对章节内容的理解和掌握。本书部分图片来自网络，在此向图片作者表示感谢。

　　由于园林植物景观设计涵盖内容较多，且编写团队的理论水平与实践经验有限，在编写过程中难免存在一些问题，不足之处恳请广大同仁及读者批评指正。

编者

2020 年 10 月

目录 | Contents

第1章

绪　论

1.1　前言

现代城市化进程加快，城市与自然越来越远。人口膨胀、建筑密集、人与自然渐渐疏远，城市下垫面的变化导致"热岛效应"的产生并不断加剧，使生态平衡失调，充满生机活力的自然环境正在蜕变为钢筋水泥堆砌起来的"沙漠"。同时随着社会经济的快速发展及生活水平的提高，人们对生活环境的要求也越来越高。人们开始怀念田园风光，提出"城市可持续发展"的战略构思，强调没有城市的可持续发展就没有人类经济社会的可持续发展。在呼唤"城市与自然共存""绿色产业回归城市"的背景下，城市园林越来越受到人们的重视，也渐渐成为现代城市文明的重要标志。

园林植物的大量运用是改善城市环境的根本措施之一。和谐、科学地设计园林植物景观在现代园林景观设计中越来越受到重视，园林植物景观设计在园林景观设计中的地位也越来越显著。园林植物配置在发挥园林综合功能、满足植物生态习性及符合园林艺术审美要求的基础上，采用不同的构图形式组成不同的园林空间，创造出各式园林景观以满足人们观赏、游憩的需要。园林景观能否达到美观、实用、经济，在很大程度上取决于园林植物是否合理配置。只有合理配置园林植物才能组成一个相对稳定的人工栽培群落，创造出赏心悦目的园林景观。

我国在园林绿化建设方面的投入逐年递增，对园林的研究与实践已有几千年的历史，在构景规律和审美意境追求等方面取得了突出的成绩，产生了众多优秀的园林艺术作品，中国园林已成为世界园林艺术宝库中的瑰宝。园林造景中，植物景观在园林空间占有相当大的比重，其在突出生态效益、景观空间意境审美中都起着非常重要的作用，同时还蕴含着一种影响人心理时空与情绪的景观要素，即景观的创作与欣赏过程中不可缺少的心理反应，反射产生后形成相应的心理反应，唤起各种内在情感，进而产生不同的心灵感受。植物景观设计的研究，集中体现在植物配植的形式美、植物所具有的人格化特征，以及植物独立构成园林景观的空间结构。探索人类生存环境与绿色植物景观规划设计，有着现实作用与未来导向的重要意义。

1.2　园林植物景观设计的概念

关于园林植物景观设计的定义，我国学者的观点各不相同。

苏雪痕的定义：应用乔木、灌木、藤本植物及草本植物来创造景观，充分发挥植物本身形体、线条、色彩等自然美，配置成一幅幅美丽动人的画面，供人们观赏。

周武忠的定义：运用自然界中的乔木、灌木、藤本、竹类及草木、地被植物，在不同的环境条件下与其他园林要素有机结合，使之成为一幅既符合生物学特征又具有美学特征的生动画面。

赵世伟的定义：主要展示植物的个体美，应用乔木、灌木、藤本及草本植物包括利用、整理和修饰原有的自然植被，以及对单株或植物组合进行修剪整形，考虑各种生态因子的作用，充分发挥植物本身形体线条、色彩等自然美，创造出与周围环境相适宜、相协调的景观，给人在一定历史条件下带来愉悦的感受。

《中国大百科全书》的定义：按植物生态习性和园林布局要求，合理配置园林中各种植物（乔木、灌木、花卉、草皮和地被植物等），以发挥它们的园林功能和观赏特性。

《园林基本术语标准》的定义：利用植物进行园林设计时，在讲究构图、形式等艺术要求和文化寓意的同时，考虑其生态习性及植物种类的多样性，注重人工植物群落配置的科学性，形成合理的复层混合结构。

综上所述，园林植物景观设计的概念，从最初苏雪痕教授强调发挥植物的美学价值，到周武忠教授强调植物造景要将植物的生物学特性与美学价值结合起来考虑，再到近年来众多学者都认为植物景观设计必须同时兼顾生态效益和美学价值的不断演化和完善，反映出现代风景园林植物景观设计的特点和发展趋势。

园林植物就其本身而言是指有形态、色彩、生长规律的生命体，而对景观设计者来说，又是一个象征符号，可根据符号元素的长短、粗细、色彩、质地等进行应用上的分类。在实际应用中，综合植物的生长类的分类法则、应用法则，把园林植物作为景观材料分成乔木、灌木、草本植物、花卉、藤本植物、草坪及地被6种类型。而对景观观赏者来说，按照观赏性能可分成赏花、赏果、赏叶、赏香和赏形5种类型。在设计园林景观时，需综合考虑园林植物的各种特征，将不同颜色、不同习性、不同花期、不同栽培要求的植物，根据园林空间的特点，进行科学的栽培且与艺术组合，并有节奏、有韵律地利用形、香、色去演绎各种组合景观，设计出优美的园林景观，美化、净化环境，给人们提供舒适的生活环境。

基于此，风景园林植物景观设计可定义为将乔、灌、草、竹、藤及地被植物与其他风景园林要素有机结合，来创造既符合生物学特性，又能充分发挥生态效益，同时还具美学价值的景观。

1.3 国内外园林植物景观设计的历史和现状

1.3.1 国内园林植物景观设计的历史和现状

1. 历史发展与发展历程

殷商时期，我国最早的园林形式是囿，即以一定地域为界，让花草果木、鸟兽虫鱼滋生繁育并挖池筑台以供帝王贵族狩猎、游乐的园囿，此后则发展为以种植观赏花木为主的园苑。从闻名中外的《诗经》中我们可以得知，在西周至春秋时期的五六百年里，园林植物主要为人们提供生产生活资料，其中桃、李、棠棣、木瓜、梅等已成为众人喜爱的观赏花木。屈原的《离骚》载有"朝饮木兰之坠露兮，夕餐秋菊之落英"，说明在战国时期，木兰与菊花已成为观赏植物。

秦汉时，封建社会的产生及生产力水平的提高和农业的发展，使园林植物的品种繁多，引种训化活动十分频繁。随着社会的进步，园林的建造也从原来的以山石园为主到现在的以植物园为主。纵观中华民族数千年的文明史，勤劳、勇敢、智慧的中国人民早就明白了植物在园林中的应用，植物用于园林来创造植物景观，成为我国特有的园林文化。

在北宋时期的东京（今开封），宫城正门南的御用水沟把路分成3条，并植桃、李、梨、杏等花果用于御道两侧水沟旁，沟中种植荷花，春夏间繁花似锦，盛夏时期荷花飘香，秋季时硕果累累。

20世纪80年代中，洛阳王城公园以牡丹为主，万株牡丹开放时，五彩缤纷的花海蔚为壮观。由此可见，我国公园从古至今都重视运用园林植物，园林植物以其丰富的形态与色彩变化完善了公园的艺术构图，并带来了大自然的气息与朝气蓬勃的生命力。

20世纪90年代以来，我国园林建设的目标是建设生态园林。昆明1999年世纪园艺博览会的主题是"人与自然迈向21世纪"。以上海"明珠苑"为例，明珠苑是以生态园林即上海园林老专家及新一代接班人多年来积极探索，大力倡导的现代园林理论建设的。它以植物材料为主，内建筑密度为8.6%，绿地率达75%，整个设计充分体现生态观念，用园林植物创造出具有良好生态效益的现代都市花园。

历代园林都注意植物风景构图，并因此积累了极为丰富的造园植物配置经验，在选择植物题材上具有许多的传统手法和独到之处。例如承德避暑山庄，在植物风景构图方面继承和发展了我国古典园林的优良传统。其植物配植手法：以松树为骨干，广植乔木，采用多单元、多层次构图，用多种植物材料构成若干独具特色的单元并组合起来，形成一幅节奏强烈、五彩缤纷的植物风景画卷。

2. 现状

众所周知，我国素有"园林之母"的美称，却很少利用园林植物。我国目前大多数的园林绿地种植植物不超过两百种。绿地常见的园林树种有雪松、悬铃木、香樟、龙柏、大叶黄杨、海桐等十几种，草本观赏品种更为匮乏，全国各地千篇一律；一串红、三色堇、金盏菊、鸡冠花、万寿菊、百日草等十几种。除此之外，大多数的园林植物从国外引种，我国特有的观赏植物栽培不多。我国在培育优良品种及新品种上水平较为落后；在植物造景上，除少数大城市园林植物造景的科学性及艺术性的水平较高外，大部分与国际水平相差甚远。受市场经济的冲击及传统古典造园理论的影响，在园林建设中，人文景观投资大，占地多，植物造景用的植物种类仍局限于传统。在生态园林成为园林绿化事业发展方向的今天，园林植物学科的发展显得尤为重要。

中华人民共和国成立后，我国城市园林在植物种类上做了大量工作，取得了优异成绩。但由于在继承古典园林艺术传统与发扬、创新的关系上，认识不足，措施不当。因此，20世纪50年代至70年代是园林建筑和园林小品的时代。时至今日，仍有人热衷于在园林绿地中修建各式各样的亭台楼阁、殿、堂、轩等园林建筑，支离破碎地放置很多园林小品，使极为有限的绿色空间充满了五颜六色的"硬质景观"，使园林绿地四分五裂，植物群落的自然生态环境和艺术景观难以形成，极大地浪费了园林建设资金。

目前，由于环境恶化，人们越来越渴望回归大自然，我国的园林建设也以植物景观为主，建设生态园林，以满足各方面的需要。此外，近年来，各地积极设计森林公园，相关部门也纷纷成立自然保护区、风景区。据统计，截至 1990 年年底，我国共建有 480 个自然保护区，其中陆地生物群落保护区有 438 个，面积有 32151978hm²，占国土面积的 2.98%。

在改革开放的巨浪中，由于科技的进步，物质精神生活需求的增长，社会结构的变化，人们生活方式的改变，均在不同程度上影响园林建设的指导思想、建设方针及具体内容。园林建设也同经济建设一样，以"效益"为准绳。因此，人们逐渐认识到植物的实用价值与艺术作用，从而对植物所构成的空间环境和自然景观的感受大大增强，向着建设"园林化城市"和"花园城市"的方向迈进。

从古至今，取其精华，去其糟粕，为我所用，是我国园林技术的发展之路。众所周知，诞生一大批世界级大师、作品和著作是判断一种设计风格成熟的标志。植物景观是园林中重要的自然要素，在融入世界浪潮的同时，创造一种代表我国社会环境的新风格，是时代赋予的任务。西方园林中的植物景观是逐渐演变、自成系统的，西方各国相互借鉴又各自发展，究竟哪些设计方向有益于我国园林事业向科学合理的方向发展，是一个有待研究和解决的问题。

3. 传统园林植物景观设计手法

我国传统园林更侧重遮阴、营造山林气氛，植物单体如盆景、孤植树在庭园中的应用广泛。古代造园家们以诗人的心理和画家的眼光认识自然山水，并以抒情写意的手法营造山林环境，抓住自然中各种美景的典型特征，提炼剪裁，把峰峦沟壑利用乔、灌、草、地被植物再现在小小的庭院中，在二维的园址上突出三维的空间效果。"以有限面积，造无限空间"，创造"小中见大"的空间表现形式和造园手法以建筑空间满足人们的要求，以清风明月、树影扶摇、山润林泉、烟雨迷蒙的自然景观满足人们的心理需求；以自然山石、水体、植被等构成自然空间，构成令人心旷神怡的园林气氛。

在我国传统园林艺术中，植物造景主要烘托建筑物或点缀庭院空间。园林中许多景观的形成都与花木有直接或间接的联系，如"万壑松风""松壑清月""梨花伴月""金莲映月"等都是以花木作为景观的主题而命名的，并且春夏秋冬时令交接、阴雪雨晴等气候变化都会改变植物的生长，改变景观空间意境，并深深影响人的审美感受。此外，由于我国灿烂的传统文化对园林艺术的影响，以植物材料"比德"，在植物配置中也带有了强烈的个人感情色彩。如玉兰、海棠、迎春、牡丹、桂花象征"玉堂春富贵"。不同的植物具有了不同的内涵，松柏因能体现统治阶级的稳固和经久不衰，在北方皇家园林植物配置中成了重要的配置植物。

在南方私家宅院中，以白色粉墙为背景，配置几竿修竹、数块山石、三两棵芭蕉，就构成了中国味十足的园林景观。同样，枝干苍劲的古松与淡淡飘香的梅花互相搭配，很容易使人想起"疏影横斜水清浅，暗香浮动月黄昏"的美妙诗句，园林艺术与文学艺术得到了最好的融合。杨鸿勋先生在《江南古典园林艺术》中总结出植物材料在园林中的 9 个功能："隐蔽围墙，拓展空间""笼翠最象，成荫投影""分隔联系，含蓄景深""装点山水，衬托建筑""陈列鉴赏，景象点题""渲染色彩，突出季相""表现风雨，借听天籁""散布芬芳，招蜂引蝶""根叶花果，四时清供"。在传统园林造景中，这些功能得到充分的体现。中国传统园林所体现的"人与自然和谐"，其思想背景来源于中国"普遍和谐"的传统观念。中国园林在尊重自然、同自然协调的路线下，借助自然之广，崇尚自然之美，模拟自然之形，创造自然之意，以"虽由人作，宛自天开"为创作追求和评判标准。传统园林长期演化充实，使造园成为多类艺术的结合。园林内人同空间同自然山、水、植物的要素的组合和空间序列的变幻，将营造空间的艺术提高到缩天移地的新层次。园林内的时花、植树，植物材料的选育，植物群落的配置，生物的四季特色显示和生命活力的表现，将园艺的发展推向广阔的领域。

1.3.2　国外园林植物景观设计的历史和现状

1. 历史与现状

目前国际上"城市园艺"（urban horticulture）的兴起，是城市园林发展的新动向之一。在欧美及日本，许多公园绿地都强调生态园林规划并突出植物造景。这种强劲的绿化建设趋势，是人们总结过去走弯路的惨痛教训后，才明确方向、下定决心的。在园林设计思想上，有人主张"自然进展"的园林，即不加以人为的干涉，听任大自然自由发展；还有人主张"生态园林"的观点，并有"景观生态学"理论与相应的著作。由于人口的增加，城市不断扩大，想要完全回复到大自然已不现实，故产生了以最少设计为指导思想的"拟自然园林"。这种思想要求人工与自然间的和谐，并在园林的发展完成过程中，尽可能地消除人为加工的痕迹，尽量表现自然美。

欧洲早在文艺复兴之后就放弃了人工美，趋向自然美。伦敦是一座现代化的"森林城市"。在这里除了能看到现代化都市普遍具有的五光十色的超级市场和灯红酒绿的夜总会外，还能在茂密的森林中发现珍贵的食肉动物，甚至可以在冰河时期的遗迹——漂浮着泥炭藓的原始沼泽地里漫步……自然的绚丽风光与现代生活和谐地融为一体。伦敦市区的面积只有 $1.74 \times 10^8\,\mathrm{m}^2$，却有 100 多万株来自世界各地不同品种的树木，如喜马拉雅山的耐寒酸苹果，俄罗斯的白皮松，挪威的云杉，美洲的落叶松等。在伦敦周围，人们建造了一条宽达 8km 的环形"绿化地带"，用以保护首都的环境。近年来，为了适应小比例的造景，英国培育出矮生品种，如几十年都长不到 1.5m 高的松柏类。又在城市中创造高山景观，培育出匍匐形的品种，如匍匐形的冷杉、云杉、雪松等。

美国明尼苏达州"风景树木园"迷人的景色令人陶醉。在这座规模宏大的公园里，一些必不可少的设施如厕所、小店等全设在地下，出入口还用茂密的树林或灌木丛遮掩起来。无论走到哪里，视线所及全是树木和花草，高低错落，色彩绚丽，一片自然景象。

日本在城市园林建设中，提出"都市的未来在于绿化"的口号，主张"见缝插绿"，普遍绿化。在城市中，人们把裙房屋顶绿化、地面绿化与下沉广场绿化结合起来，形成台地园的形式，不仅扩大了城市绿地系统，也形成了市街景观的独特风貌。远远看去，一幢幢超高层的巍峨建筑，浮现在绿荫之中，显示了人工美与自然美的结合，以后者的扶疏适当地"软化"了前者的刚硬。在人车分流、立体交叉的街道上，绿色种植也相应地向垂直方向发展，形成若干层次的绿地。东京新宿副都市中心就是典型一例：多层绿地配置乔、灌木植物，它们结合在建筑物的入口，道路多层穿插，一团团、一簇簇地飘然凌空，有时还随着架空人行道而延展成线，仿佛绿色的"彩虹"，构成了别致的点缀，平添了特殊的情趣。

总之，在园林设计中，正出现崇尚大自然的倾向。而对植物来讲，人们不仅着眼于追求色彩丰富、大花型、重瓣花的栽培品种，而且对使用野生的、自然原始的植物及果树、蔬菜植物等越来越感兴趣。

2. 西方园林的主要功能及设计手法

从西方园林的发展历程来看，其经历了从装点居住环境，将自然引入庭院，使之具有生气，追求植物的观赏功能；为了追求凉爽，提高空气湿度，达到遮阴的目的，利用植物景观改善环境小气候的功能；利用有经济价值的植物生产水果、蔬菜和芳香产品，实现经济功能；随着修剪技术的成熟，植物造型作为空间的装饰功能；随后出现植物作为建筑材料，利用植物景观代替建筑、墙体、砖石构筑室外空间；利用植物围合空间和引导方向，形成框景、透视变化，以及当前各国设计师普遍认同的利用植物景观与人类共生的大自然培育良好的生态环境。

西方现代植物景观设计中保留发展了以上功能，舍弃了过去过于复杂的配置方式，同时开始倾向于由一些特点突出的乡土或归化植物与其生境景观组成自然景色的设计，如在一些城市环境中种植一些美丽但未经驯化的当地野生植物，与人工构筑物形成对比，在城市中心的公园中设立自然保护地，展现荒野或沼泽景观。20 世纪 20 年代末期以后，出现了一些植物群落及其生境完全模仿自然，且很少施工、以人工养护为主的"生态园林"（ecological garden）。例如 1937 年，詹森和赖特在美国春田城附近建造了具有草原风格的林肯纪念园。在管理方面尽量少加养护甚至不加养护，经过一段时间后，有的植物获得发展，有的植物可能减少或被淘汰。1990 年，法国景观设计大师吉尔·克莱芒在《动态花园》一书中指出："在自然中应留出一块净土，人们不应克制它的自然演变，这是理想园林的代表。我认为我是朝着这个方向努力的，尽管要走的路还很长。"他强调植物自然演变的属性是现代植物景观设计的一个方向。

西方风景园林发展历程中的植物景观的主要功能：以实用园和在庭园中栽植经济作物为主的生产功能；以列植、庭荫树、遮阴散步道、林荫大道，林园、浓荫曲径为设计手法的遮阴营造小气候功能；以迷园、花结园、柑橘园、水剧场和各类花坛为设计手法的游乐、赏玩功能，如绿丛植坛和树畦的空间过渡，用丛林设计开闭空间；植物修剪成舞台背景和墙垣栏杆、绿毯和绿墙等多种形式，作为室外建筑材料。

1.4 园林植物景观设计涉及的学科及现代园林植物造景的研究内容

1.4.1 园林植物景观设计涉及的学科

在了解园林植物的概念和研究内容后，不难理解它与其他学科的关系。园林植物不仅与植物学、植物分类学、植物生理学、生态学、气象学、土壤营养学等基础课和专业基础课密切相关，也与花卉园艺学、观赏树木栽培与养护、观赏植物保护学、园林苗圃学、温室园艺学、园林规划设计、造园学、园林建筑学、园林工程学等专业课存在着彼此呼应、相辅相成的关系，因此，园林专业的学生，除了要具备扎实的专业理论基础外，还必须具有较高的艺术修养和广博的知识面，这一点不仅是学好园林植物学的需要，也是当今世界科学高度分化又高度综合即科学向综合化方向迈进对我们提出的新要求。

园林植物造景涉及自然科学与社会科学，具有交叉性质。植物造景主要由大农学、生态学及环境艺术3个学科类群支撑，同时还牵涉文学、历史等人文类学科，这些学科互相依存、共同发展。

1. 大农学

大农学包含园林树木学、花卉学、园林植物遗传育种学、草坪学分支学科，是了解植物配置造景用材的基本学科类群。

2. 生态学

生态学是研究生物与环境之间相互关系的学科，其原理和方法论成为研究植物造景生态效益的基础，具体又分为植物群落生态学、森林生态学、城市生态学、景观生态学等。

3. 环境艺术类学科

环境艺术类学科以设计艺术学和建筑学为基础，从形式美、空间限定、场所感的建立和塑造等方面为植物造景提供新理论。

1.4.2　现代园林植物造景的研究内容

1. 植物景观类型

植物景观的类型因不同的意识形态而有不同的形式，古典园林中西欧古典园林多是规则式。西方造园思想把人看作是宇宙的主宰，人可以征服一切，"征服自然、改造自然"，所以其园林植物造景形式多为整形式、规则式、几何式、轴线对称式和图案式等。而中国园林作为中国传统文化的组成部分，受到中国历史、政治、经济、文化等多方面、多条件的影响。"天人合一、君子比德、宗教信仰"等传统思想讲究"虽由人做，宛自天开"，影响了中国自然山水园林体系的特征，造就了经典的自然式植物造景形式，再现了植物的个体美、群体美。以植物造景为主的景观类型有：

1）国家公园和风景名胜区；

2）植物园、药物园；

3）以城市公园为核心的绿地系统；

4）不同规模居住区及组团的绿化系统；

5）其他公共和私人项目。

2. 植物造景的研究重点

1）园林植物的选育引种与栽培管理；

2）植物群落的建立与稳定；

3）大树移栽的若干问题；

4）不同植被恢复类型对生态系统保护与重建的影响；

5）有关专类园建设的若干问题。

3. 园林植物景观设计的目的、方法及发展趋势

1）目的。园林植物学是传统园艺科学不可缺少的组成部分，也是园林学的重要分

支之一。经营、探讨园林植物育种、繁殖、栽培技术和管理、保护、利用等方法，以及园林植物造景与生产事业，都属于园林植物学范畴。可见，园林植物学是一门综合性、基础性很强的学科，因此，要学好园林植物学，必须坚持理论和实践的统一。

2）方法。在学习过程中，在课堂教学的基础上要充分挖掘自学能力，循序渐进并参考以下学习方法：

体验：景观规划的本质就是规划人们对环境的体验。在进行植物配置时，应充分考虑在此环境中人的视觉、听觉、嗅觉甚至触觉感受，从而使我们创造的环境满足人们的需求。

观察：观察生活，从生活之美得到启发；欣赏优秀的植物配置作品，观察其配置手法。

回忆：通过植物与其他园林要素的结合形成追忆空间，唤起情感认知。

记忆：现在园林中栽培的植物品种将近 2000 种，为了运用得游刃有余，熟记这 2000 种园林植物的特性是非常有必要的。

模仿：应多仔细研究一些比较典型的方案图，并将其代表作进行抄绘。坚持一段时间会取得明显的进步。

借鉴：借鉴已有的造景手法，学习国外先进的植物品种培育和养护管理技术。

写生：书面上的东西永远是不足的，观察并进行忠实的记录，才能将理论和实践联系起来。写生难的不是技法，也不是眼睛的捕捉能力，而是感悟。因此，必须日积月累地不断练习。

实践：经过模仿、借鉴典型等方法后，会受益匪浅，但是，那终究是"借"，不是创造，"纸上得来终觉浅，绝知此事要躬行"。

3）发展趋势。我国当前植物景观设计具有多元化发展的态势。盆栽式植物景观、园艺式植物景观、自然乡土植物景观是当代植物景观的 3 个主要方向。根据美国《景观设计师便携手册》中提出的景观中的六重尺度概念，以 10 的幂指数为参考值，将植物的视觉特性分成三重常见尺度：10cm×10cm，器官观赏尺度；1m×1m，质感尺度；10m×10m，形体与空间尺度。这三重尺度对应的植物景观是盆栽尺度、园艺尺度及植物构成空间的尺度。

盆栽方向、园艺式方向、自然乡土植物应用是当代植物景观的 3 个主要应用方向。盆栽式和园艺式方向强调的是式样或理想状态自然，从中无法看出风景园林师对自然的理解与态度，这与我国人民崇尚自然的观念背道而驰。利用盆栽或园艺手法设计的植物景观能够产生立竿见影的景观效果，适应于当前快速的城市化进程，但在养护、管理、造价方面存在问题，如果从生态的观念看，恐怕不能作为未来植物景观设计的主流。

我国当代园林汲取西方古典园林植物景观的设计手法，注重赏玩、遮阴、装饰，以及组织和引导空间的功能。赏玩和装饰功能的植物景观类型，在我国公园和植物园中较常见，以植物景观作为建筑材料、用于游乐和生产的景观类型较少出现。在保留传统的装饰和营造小气候两个方向的同时，园林前辈已经对植物景观的游憩和卫生防护功能有了深入的研究、实验和实践。在西方园林中，遮阴、赏玩、装饰，特别是植物景观的空间组织与引导的手法在探索了数百年后已经有非常成熟的经验，其丰富的手法对设计我国当今的环境建设有着极其重要的参考价值。

课后习题

1. 基于本章，如何理解园林植物景观设计？
2. 中西方植物园林景观设计有何异同？
3. 对比古今中外园林发展历程，现代园林应当如何发展？

第2章

园林植物景观的基本功能

2.1 生态环保功能

2.1.1 调节气候

绿色植物能通过叶片阻隔、反射和吸收来自太阳的辐射热和来自地面、墙面和其他相邻物体的反射热,有效调节温度,缓解"热岛效应"。同时,城市绿化地段有强烈蒸散作用,它可消耗掉太阳辐射能量的 60%～75%,因而能使城市气温显著降低,高温持续时间明显缩短。据测定,绿色植物在夏季能吸收 60%～80%日光能,90%辐射能,使树荫下的气温比裸露地气温低 3℃左右;草坪表面温度比土地面低 6～7℃,比沥青路面低 8～20℃;有垂直绿化的墙面比没有绿化的墙面温度低 5℃左右。冬季,树木可以阻挡寒风袭击和延续散热,能稍稍提高温度。夏季中午,有地被的地面比硬质铺装地辐射热低。

有人对城市现状遥感影像和热岛影像进行了抽样统计,并进行了绿化覆盖率与热岛强度的回归分析。结果表明:绿化覆盖率与热岛强度呈负相关,即绿化覆盖率越高,则热岛强度越低,当一个区域绿化覆盖率达到 30%时,热岛强度开始有较明显的减弱;绿化覆盖率大于 50%时,热岛的缓解现象极其明显。

园林植物还可以通过叶面水分蒸腾作用增加小气候湿度。据计算,树木在生长过程中所蒸腾的水分,要比它本身质量大 300～400 倍。1 亩(1 亩＝666.67m²)阔叶林在一个生长季节能蒸腾 160t 水,比同一纬度上相同面积的海洋蒸发的水分还多 50%。因此,绿化地区上空的湿度比无绿化地区上空的高,在通常情况下高 10%～20%。森林中空气的湿度比城市高 38%,公园的湿度也比城市中其他地方高 27%。据上海市园林植物科研所测定,丁香花园增湿 6%,淮海公园增湿 2%,动物园天鹅湖增湿 36%,树木一般增湿 4%～30%,特别是叶厚、皮厚、含水特别多的植物,可以增大空气湿度,隔离火花飞溅,有效阻挡火势蔓延,如珊瑚树、厚皮香、木荷等。

2.1.2 保持水土

树木和草地在保持水土上有非常显著的功能。植物通过树冠、树干、枝叶阻截天然降水,缓和天然降水对地表的直接冲击,从而减少对土壤的侵蚀。同时树冠还截留了一部分雨水,植物的根系能紧固土壤,这些都能防止水土流失。当自然降雨时,有 15%～40%的水量被树冠截留或蒸发,5%～10%的水量被地表蒸发,地表的径流量仅占 0～1%，大多数水即占 50%～80% 的水量被林地上一层厚而松的枯枝落叶所吸收，然后逐步渗入土壤中，变成地下径流。

因此，植物具有涵养水源、保持水土的作用。这种水经过土壤、岩层的不断过滤，流向下坡或泉、池、溪等。这也是许多山林名胜如黄山、庐山、雁荡山瀑布直泻、水源长流，杭州虎跑等泉水终年不竭的原因。植物的根系形成纤维网络，从而加固土壤，因此坡地上铺草能有效防止土壤被水冲刷流失。

2.1.3 通风防风

树木成林，可以降低风速，发挥防风作用。据测定，林带背后树高 20～30 倍的范围内，有显著的防护效能，风速可降低 30%～50%。林带还能削弱风的挟沙能力；另外，树木有庞大的根系，可以紧固沙粒，使流沙变为固沙。

树木组成防风林带，结构以半透风效果为好。植物降低风速的程度，主要取决于植物体形的大小和树叶的茂盛程度。就防风能力而言，乔木强于灌木，灌木又强于草木，阔叶树强于针叶树，常绿阔叶树强于落叶阔叶树。以固沙为主要目的的防沙林带，则紧密结构者更为有效。

2.1.4 衰减噪声

噪声是指一切对人们生活和工作有妨碍的声音。声级单位是 dB（分贝）。0dB 是人刚刚能听到的声音，40dB 以上的声音会干扰人们休息，60dB 以上的声音会干扰人们的工作；车间、汽车、火车的噪声可达 80dB，这样的声级使人感到疲倦和不安；90～100dB 是严重的，长期在这种环境中工作，人的听力会受到损伤，还会出现神经官能症，心跳加快，心律不齐，血压升高，冠心病和动脉硬化等。

植物特别是树木，对减弱噪声有一定的作用。一般认为疏松的树木群比成行的树木更能防止噪声；分枝低、树冠低的乔木比分枝高、树冠高的乔木减低噪声的作用大；在行道树之间栽上灌木，其防噪声效果比单纯一行乔木更好；重叠排列的、大而健壮的、具有坚硬叶子的树种，在其着叶季节对减小噪声非常有效；一系列狭窄的林带要比一个宽林带效果好。在街道、广场、公共娱乐场所与工厂周围，建造不同规格与结构的林带，是降低噪声的重要措施。

防止噪声较好的树种有雪松、桧柏、龙柏、水杉、悬铃木、梧桐、垂柳、薄壳山核桃、马褂木、柏木、臭椿、樟树、榕树、柳杉、栎树、珊瑚树、桂花、女贞等。

2.1.5 净化功能

1. 净化大气

1）吸碳释氧：生态平衡是一种相对稳定的动态平衡，大气中气体成分的相对比例是决定生态平衡的重要因素，而维系好这种平衡的关键纽带是植物。二氧化碳是"温室效应"气体，其浓度的增加会使城市局部温度升高从而产生"热岛效应"，并促使城市上空形成逆温层，加剧空气污染。园林植物消耗二氧化碳并制造氧气，我们可以大量植树种草以维持空气中的二氧化碳和氧气的平衡状态，净化空气。

2）吸收有害气体：大气中的污染物质有二氧化硫、氟化氢、氯化物等 100 多种，其中二氧化硫是数量多、分布广、危害大的有害气体。空气中的二氧化硫主要被各种植物表面吸收，在植物可忍受的限度内，被吸收的二氧化硫可形成亚硫酸盐，然后氧化成硫酸盐，变成对植物生长有用的营养物质。悬铃木、垂柳、加杨、银杏、臭椿、柳杉夹竹桃、女贞、刺槐、梧桐等都有较强的吸收二氧化硫的能力；珊瑚树、厚皮香、广玉兰、棕榈、银杏、紫薇等对二氧化硫有较强的抵抗能力。

3）吸收放射性物质、滞尘：植物对尘埃有吸附和过滤作用，对放射性物质有阻挡和吸收过滤作用。植物除尘作用的大小与植物叶片的性质有关，粗糙、皱纹多、绒毛多及能分泌油脂或黏液的叶面都有阻挡、吸附和黏附尘埃的作用，加上高大树干和茂密的树冠可以减低风速，使空气中的尘埃随风速降低而沉降，从而增强叶片的吸附作用。草坪吸附尘埃的能力比裸露的地面大 70 倍，而森林则比裸露地面大 75 倍。在水泥厂附近测定，树木可减少粉尘 23%～52%，减少飘尘 37%～60%。我国东北防护林的建成对防治风沙起到了非常重要的作用。阔叶林对放射性物质的净化能力比针叶林高得多。栎树可以吸收 15000rad 剂量的中子 γ 射线的混合辐射并正常生长。

2. 吸滞粉尘

大气中除含有有害气体外还有大量尘埃，其中包括土壤微粒、金属性粉尘、矿物粉尘、植物性粉尘等既危害人们的身体健康，也对精密仪器的产品质量有明显影响。这些尘埃常常引起沙眼、皮肤病及呼吸道疾病。尘埃还会使多雾地区雾情加重，降低空气能见度，减少紫外线含量。

树木的枝叶茂密，可以大大降低风速，从而使大尘埃下降，不少植物的躯干、枝叶外表粗糙，在小枝、叶子处生长着绒毛，叶缘锯齿和叶脉凹凸处及一些植物分泌的黏液，都能对空气中的小尘埃有很好的黏附作用。

不同树种滞尘能力差别很大，如针叶树比杨树滞尘能力大 30 倍。一般来说，凡树冠浓密、叶面粗糙或多毛及分泌油脂或黏液者滞尘能力较强。榆树、木槿、圆柏、构树、臭椿、胡桃、松柏类等都是滞尘效果较好的树种。

据观测，有绿化林带阻挡的地段，比无树木的空旷地降尘量少 23.4%～51.7%，飘尘量少 37%～60%，铺草坪的运动场比裸地运动场上空的灰尘少 2/3～5/6。树木的滞尘能力与树冠高低、总叶面积、叶片大小、着生角度、表面粗糙程度等因素有关。刺楸、白榆、朴树、重阳木、刺槐、臭椿、悬铃木、女贞、泡桐等树种的防尘效果较好。

此外，空气中散布着各种细菌，细菌的数量在不同环境条件下差异甚大。据调查，城镇闹市区空气里的细菌数比公园绿地中多 7 倍以上。这是因为很多植物具有分泌杀菌素的能力。不少园林树木体内含有挥发性油，它们具有杀菌能力，如松柏类、柑橘类、胡桃、黄柏、臭椿、悬铃木等。

据系统研究，常见有杀灭细菌等微生物能力的树种主要有松、冷杉、桧柏等；具有杀灭原生动物能力的树种有侧柏、圆柏、铅笔柏、辽东冷杉、雪松、黄栌、盐肤木、锦熟黄杨、大叶黄杨、桂香柳、胡桃、合欢、刺槐、槐、紫薇、木槿、女贞、悬铃木、石榴、枣、枇杷、枸橘、垂柳、栾树、臭椿等。

3. 净化水质

城市和郊区的水体常受到工厂废水及居民生活污水的污染而影响环境卫生和人们的身体健康。绿色植物能够吸收污水中的硫化物、氨、磷酸盐、有机氯、悬浮物及许多有机化合物，可以减少污水中的细菌含量，起到净化污水的作用。绿色植物体内还有许多酶的催化剂，具有解毒能力，有机污染物渗入植物体后，可被酶改变而毒性减轻，如吡啶是一种致癌的有机化合物，存在于焦化污水中，绿色植物能将其分解；含氨的污水流过 30～40m 宽的林带后，氨的含量可降低 1/2～2/3；通过 30～40m 宽的林带后，水中所含的细菌量比不经过林带的减少 1/2。

许多水生植物和沼生植物对净化城市污水有明显的作用。在实验水池中种植芦苇（Phragmites communis）后，水中的悬浮物可减少 30%、氯化物减少 90%、有机氯减少 60%、磷酸盐减少 20%、氨减少 66%、总硬度减少 33%。水葱可吸收污水池中的有机化合物，凤眼莲（Eicharnia crassipes）能从污水里吸取汞、银、金、铅等金属物质，并有降低镉类、酚类、铬类等有机化合物含量的能力。

4. 环境监测

植物作为自然界生物链中的一环，它和周围的环境有着密切的联系，有的植物甚至能"预测"自然界的一些变化，并通过一定的形式表现出来。故而对环境中的一个因素或几个因素的综合作用具有指示作用的植物或植物群落被称为指示植物。指示植物按其指示的环境因素可以分为土壤指示植物、气候指示植物、矿物指示植物、环境污染指示植物、潜水指示植物。如雪松对有害气体就十分敏感，特别是春季长新梢时，遇到二氧化硫或氟化氢，便会出现针叶发黄、变枯的现象。因此，春季凡有雪松针叶出现发黄、枯焦的地方，在其周围往往能找到排放氟化氢或二氧化硫的污染源。

园林植物中的月季花、苹果树、油松、落叶松、马尾松、枫杨、加拿大白杨、杜仲对二氧化硫反应敏感；唐菖蒲、郁金香、萱草、樱花、葡萄、杏、李等对氟化氢较敏感；悬铃木、秋海棠对二氧化碳敏感。如果我们掌握了不同植物发出的种种"信号"，对空气状况进行辅助监测，既经济便利，又简单易行。

2.2　美学观赏功能

从美学的角度来看，植物可以在外部空间内将一幢房屋形状与其周围环境连接在一起，统一和协调环境中其他不和谐因素，突出景观中的景点和分区，减弱构筑物粗糙呆板的外观，以及限制视线。因此，应该指出，不能将植物的美学作用仅局限在将其作为美化和装饰材料方面。

2.2.1　统一与联系功能

植物通过重现房屋的形状和块面，或通过将房屋轮廓线延伸至其相邻的周围环境中，从而完善某项设计和为设计提供统一性。例如，一个房顶的角度和高度均可以用树木来重现。这些树木具有房顶的同等高度，或将房顶的坡度延伸融汇在环境中。反过来，室内空间也可以直接延伸到室外环境中，可利用种植在房屋侧旁、具有与顶棚同等高度的树冠。所有这些表现方式，都能使建筑物和周围环境相协调，从视觉上和功能上看上去像一个统一体。

植物的统一作用就是充当一条普通的导线，将环境中所有不同的成分从视觉上连接在一起。在户外环境的任何一个特定部位，植物都可以充当一种恒定因素，其他因素变化而自身始终不变。正是由于它在此区域的永恒不变性，将其他杂乱的景色统一起来。这一功能运用的典范，体现在城市中沿街的行道树。在这里，每一间房屋或商店门面都各自不同，但行道树可充当与各建筑有关联的联系成分，从而将所有建筑物从视觉上连接成一个统一的整体。

2.2.2 强调与标示功能

强调作用就是在一户外环境中突出或强调某些特殊的景物。植物的这一功能是借助它不同的大小、形态、色彩或与邻近环绕物不同的质地来体现的。植物的这些相应的特性格外引人注目，能将观赏者的注意力集中到其所在的位置。因此，鉴于植物的这一美学功能，它极其适用于公共场所出入口、交叉点、房屋入口等地，或与其他显著可见的场所相互联系起来。

植物的识别作用或称标识作用，与它的强调作用极其相似。识别作用就是指出或"认识"一个空间或环境中某物的重要性和位置。植物能使空间或景物更加显而易见，更易被认识和辨明。植物的大小、形状、色彩、质地或排列都能发挥识别作用，如种植在一件雕塑作品之后的高大树木。

2.2.3 软化功能

植物可以用在户外空间中用于软化或减弱形态粗糙及僵硬的建筑和构筑物。无论何种形态、质地的植物，都比那些呆板、生硬的建筑物、构筑物和无植被的环境显得更柔和。被植物所柔化的空间，比没有植物的空间更诱人，更富有人情味。

2.2.4 社会功能

1. 提供休憩空间

园林植物景观的社会作用，首先是为人们提供休憩空间。建置于住宅区、医院、公园、广场等处的绿地，是人们工作、学习、休息和疗养的场所，是 60 岁以上老人和 10 岁以下儿童的主要活动场地。

2. 调节人体生理机能

现代社会中，人们的生活节奏逐渐加快，人的精神状态持续高度紧张，工作、学习之余亟须放松精神，释放压力。优美的绿化环境为人们提供新鲜的空气和明朗的视野，可以有效抑制病菌的滋生并调节人体神经。有医学研究证明，绿色环境有利于神经衰弱、高血压、心脏病病人恢复健康。

3. 改善城市面貌

整洁优美的城市环境不仅可以改善居民的生活环境，提高生活质量，还体现了一个城市的面貌和精神文明程度。园林植物群落空间能带给人们美的感悟和享受，陶冶情趣，净化心灵，减少社会不稳定因素，从而使城市经济发展具有更大的潜力和竞争力。

4. 提高经济效益

园林植物的经济效益分为直接经济效益和间接经济效益。直接经济效益主要表现为城市绿化正在日渐成为社会经济的一个全新的产业体系，"从设计、建设直到维护的全过程都能让点钞机持续快速地转动"。园林经济效益应从目前的第三产业收入向开发园林植物自身资源转化前进。间接经济效益远远大于其带来的直接经济效益，主要表现在释放氧气、提供动物栖息场地、防止水土流失等。据测算，园林植物的间接经济效益是其自身直接经济效益的 8～16 倍。

5. 启迪启发

世界上的植物种类繁多，形态各异，建筑师常常从中得到启迪。据悉，世界著名建筑有许多仿照植物外形建造的独特建筑，它们成为令人瞩目的新奇景观。

1）源于植物外形的建筑。澳大利亚闻名全球的"悉尼歌剧院"，是设计师从睡莲花形似太阳光芒的造型中得到设计灵感，建造的睡莲花瓣式的建筑（图 2-1）；印度的"巴哈伊教礼拜堂"（图 2-2），其外形是一朵含苞待放的荷花，漂浮在水面上，松开的花朵及半开花瓣间的缝隙是该建筑自然采光的入口，建筑色彩由白色与绿色组成，格外新奇；根据玉米排列模式，芝加哥的建筑师设计了两幢高耸入云的"玉米智能塔"——玛丽娜城（图 2-3），成为芝加哥一景；坐落在上海浦东的"东方艺术中心"（图 2-4），其顶平面造型是一朵美丽的蝴蝶，轻盈活泼，夜晚在灯光的装扮下，像一只翩翩起舞的蝴蝶，异常醒目；上海某绿地的游路，是仿照大树的分枝来设计的，不同的分枝就是不同宽度的游步道，各块绿地空间依附在树枝间，使地面与空间融为一体。

图 2-1 悉尼歌剧院

图 2-2 巴哈伊教礼拜堂

15

图 2-3　玛丽娜城

图 2-4　东方艺术中心

2）源于植物对光能利用的启示。德国建筑学家设计制造成功一种向日葵式的旋转
房屋。它装有如同雷达一样的红外线跟踪器，只要天一亮，房屋上的电动机启动，使房
屋迎着太阳缓慢转动，始终与太阳保持最佳角度，使阳光最大限度地照进屋内；夜间，
房屋慢慢复位。英国有一幢名叫"穗上颗粒"的建筑，它的每一个房间都是用轻质、高
强塑料制成的。其中间是一个用钢筋混凝土浇筑的井筒，四周悬挂许多支臂。房间环绕
井筒悬挂，从远处看，像一个硕大的麦穗。

南美洲亚马孙河流城生长的王莲，其叶子直径可达2～3m。这种叶子的背面有粗大
叶脉和相互交错的小叶脉，支撑力很强。英国著名建筑师约瑟，根据王莲叶的叶脉结
构，设计建造了一座顶棚跨度很大的展览大厅，整个结构特点鲜明，既轻巧雄伟，又经
济耐用。

车前草是一种草本药用植物，它的叶片排列十分规则，两片叶之间的夹角都是137°，因此每片叶子都能得到充足阳光。建筑师根据车前草叶子的排列结构，设计建造了螺旋式楼房，使每间房屋在一年四季中都可以得到阳光的照射，成为深受人们欢迎的"采光建筑"。

2.3　建造功能

植物的建造功能对室外环境的总体布局和室外空间的形成非常重要。在设计过程中，首先要研究的因素之一便是植物的建造功能。只有它的建造功能在设计中确定以后，才能考虑其观赏特性。植物在景观中的建造功能是指它能充当构成因素，如建筑物的地面、顶棚、围墙、门窗。从构成角度而言，植物是一种设计因素或室外环境的空间围合物。然而"建造功能"一词并非将植物的功能仅局限于机械的、人工的环境中，在自然环境中，植物同样能成功地发挥它的建造功能。

2.3.1　构筑空间

空间感的定义是指由地平面、垂直面及顶平面单独或共同组合成的具有实在的或暗示性的范围围合。植物可以用于空间中的任何一个平面，如在地平面上，用不同高度和不同种类的地被植物或矮灌木来暗示空间的边界。在此情形中，植物虽不是以垂直面上的实体来限制空间，但它确实在较低的水平面上围起一定范围。一块草坪和一片地被植物之间的交界处，虽不具有实体的视线屏障，却暗示着空间范围的不同。

1. 空间的 3 个构成面

1）地平面——地板。园林的地面就像建筑地面，为我们提供了园林的基本信息。场地的性质、功能和规格都可以在地面的纹样、质地和材料中体现出来。地面可以由石材、木料、砂砾组成，也可以由不同的植物材料组成。例如草坪草、低矮的地被、模纹花坛的作用与地平面类似。而在地平面上，可以用不同高度和不同种类的地被植物或矮灌木来暗示空间的边界。在此情形中，植物不是以垂直面上的实体来限制着空间，但它确实在较低的水平面上筑起了一道分界线。例如，在草坪上布置地被植物，两者之间的交界处虽不具有实体的视线屏障，却暗示着空间范围的不同。运用植物表达非直接性暗示空间仅体现了植物构成空间的一个方面。

2）垂直面——墙壁。在垂直面上，植物能通过以下几种方式影响空间感。

树干如同直立于外部空间中的支柱，多以暗示的方式而不仅仅以实体限制空间。其空间的封闭程度随着树干的大小、疏密及种植形式不同而不同。树干越多，空间围合感就越强，如自然界中的森林。树干暗示空间的例子在种满行道树的道路、路旁的绿篱及小块林地中都可以见到。对落叶树而言，冬天无叶的枝干同样能暗示空间的界限。

植物的枝叶是影响空间围合的第二个因素。枝叶的疏密度和分枝的高度都影响着空间的闭合感。枝叶越浓密、体积越大，其围合感越强烈。常绿树在垂直面上能形成周年稳定的空间封闭效果，其围合空间四季不变；而落叶树围合空间的封闭程度随着季节的变化而不同。夏季长满浓密树叶的树丛能形成闭合的空间，给人一种内向的隔离感；而在冬季，同是一个空间，则比夏季显得更大、更空旷，因为植物落叶后，人们的视线能够延伸到所限制的空间范围以外的地方。

3）顶平面——顶棚。植物同样能限制、改变一个空间的顶平面。植物的枝叶犹如室外空间的顶棚，限制了伸向天空的视线，并影响着垂直面上的尺度。当然，此间也存在着许多可变因素，例如季节、枝叶密度及树木本身的种植形式。当树木树冠相互交冠、遮蔽阳光时，其顶面的封闭感最强烈。亨利·F.阿诺德在他的著作《城市规划中的树木》中介绍，在城市布局中，树木的间距应为 3~5m，如果树木的间距超过了 9m，便会失去视觉效应。

2. 植物对空间的联系作用

除了运用植物材料设计出各种具有特色的空间外，也能用植物构成相互联系的空间序列。植物就像一扇扇门、一堵堵墙，引导游人进出、穿越一个个空间。在发挥这一作用的同时，植物一方面改变空间顶平面的遮盖，另一方面有选择性地引导和阻挡空间序列的视线。植物能有效地"缩小"空间和"扩大"空间，形成欲扬先抑的空间序列。可以在不变动地形的情况下，利用植物来调节空间范围内的所有方面，从而创造出丰富多彩的空间序列。

不过，在具体进行植物景观设计时，植物通常与其他要素相互配合共同构成空间轮廓。例如，植物可以与地形相结合，强调或消除由于地平面上地形的变化所形成的空间。如果将植物植于凸地形或山脊上，便能明显地增加地形凸起部分的高度，随之增强相邻的凹地或谷地的空间封闭感。与之相反，植物若被植于凹地或谷地内的底部或周围斜坡上，将减弱和消除最初由地形所形成的空间。因此，为了增强由地形构成的空间效果，最有效的办法就是将植物种植于地形顶端、山脊和高地，与此同时，让低洼地区更加透空，最好不要种植物。

3. 植物对空间的完善作用

从建筑角度而言，植物也可以被用来完善由楼房建筑或其他设计因素所构成的空间范围和布局。植物的主要作用是将各建筑物所围合的大空间再分割成许多小空间。例如在城市环境和校园布局上，在楼房建筑构成的硬质的主空间中，用植物材料再分割出一系列亲切的、富有生命的次空间。如果没有植物材料，城市环境无疑会显得冷酷、空旷、无人情味。乡村风景中的植物，同样有类似的功能，在那里的林缘、小林地、灌木树篱等，都能将乡村分割成一系列空间。

1）围合。围合的意思就是完善由建筑物或围墙所构成的空间范围。当一个空间的两面或三面是建筑和墙时，剩下的开敞面则用植物来完成或完善整个空间的围合效果。

2）连接。连接是指在景观中，通过植物将其他孤立的因素从视觉上连接成一完整的室外空间。因此，连接是在一定的园林构思下，运用线形的种植植物的方式，将孤立的因素有机地连接在一起，配置得宜并完善地构建出庭院景观的空间层次，从而充分地表达庭院功能。

2.3.2 障景

构成室外空间是植物建造功能之一，它的另一建造功能为障景。植物材料如直立的屏障，能控制人们的视线，将所需的美景收于眼里，而将俗物障之于视线以外。障景的效果依景观的要求而定，若使用不通透植物，能完全阻挡视线通过，而使用枝叶较疏透的植物，则能达到漏景的效果。为了取得有效的植物障景，风景园林师必须首先分析观赏者所在位置、被障物的高度、观赏者与被障物的距离及地形等因素。所有这些因素都会影响所需植物屏障的高度、分布及配置。较高的植物在某些景观中有效，但它并非占绝对的优势。因此，研究植物屏障各种变化的最佳方案，就是沿预定视线画出区域图。然后将水平视线长度和被障物高度准确地标在区域内。最后通过切割视线，就能定出屏障植物的高度和恰当的位置。

2.3.3　控制私密性

控制私密性与障景功能大致相似的作用是控制私密的功能。私密性控制就是利用阻挡人们视线高度的植物，进行所限区域的围合。私密控制的目的就是将空间与其环境完全隔离开。私密控制与障景的区别在于前者围合并分割一个独立的空间，从而封闭了所有出入空间的视线。而障景则是慎重种植植物屏障，有选择地阻挡视线。私密空间杜绝任何在封闭空间内的自由穿行，而障景则允许在植物屏障内自由穿行。在进行私密场所或居民住宅的设计时，往往要考虑到私密控制。

由于植物具有屏蔽视线的作用，因而私密控制的程度将直接受植物的影响。如果植物的高度高于 2m，则空间的私密感最强。齐胸高的植物能提供部分私密性（当人坐于此时，则具有完全的私密感）。齐腰的植物是不能提供私密性的，即使有也是微乎其微的。

2.4　景观功能

园林植物是影响园林艺术美的主要因素。作为生命体，园林植物本身具有形态、色彩与风韵之美，受朝暮、阴晴、风雪、雨雾等自然条件和四季气候交替变化的影响，呈现出不同的景观。合理配置园林植物可以构建多样的空间形式，表现时序美景，美化山石及建筑，影响景观构图及布局的统一性和多样性。园林随着时间推移而发生形态变化，使人们的生活环境变得丰富多彩和绚丽多姿，给人以美的享受。

2.4.1　利用园林植物形成空间变化

公共空间领域的设计是人类整体生存环境设计的核心。园林植物以其特有的形态、习性、色彩多样性在对空间的界定（如成片的草坪和地被植物供人们玩耍和运动，有以矮灌木界定空间或暗示空间的边界）、不同功能空间的连接、独立构成或与其他设计要素共同构成空间的设计中发挥着不可或缺的作用。

园林植物就其本身而言就是空间中的一个三维实体，是风景园林景观空间结构的主要成分。植物就像建筑、山石、水体，具有构成空间、分隔空间、引起空间变化等功能。植物的生命活力使空间环境充满生机活力和美感，植物造景可以通过人们视点、视线、视境的改变而产生"步移景异"的空间景观变化。

一般来说，园林植物构成的景观空间可以分为以下几类：

1. 开敞空间

开敞空间是指在一定区域范围内人的视线高于四周景物的植物空间。开敞空间是外向型的，限定性和私密性较小，强调空间的收纳性和开放性，注重空间环境的交流、渗透，讲究对景、借景、与大自然或周围空间的融合。

由大面积的草坪、水体与低矮的灌木构建的开敞空间在城市公园、开放性绿地中比较常见，视线通透、视野辽阔的空间容易让人心胸开阔、自由舒畅、轻松满足，富有特色的开敞空间能留给人们美丽的记忆。开敞空间也让城市环境变得更亮丽、和谐，更具时代感，甚至能成为城市的标志。

2. 半开敞空间

半开敞空间是指在一定区域范围内，周围并不完全开敞，而是部分视线被植物遮挡起来的空间。开敞空间到封闭空间的过渡就是半开敞空间。

半开敞空间中的封闭面能够阻碍人们视线的贯通，开敞面单方向且开敞度较小，从而对人的视线进行有效的引导，达到"障景"的作用。例如，在园区的主入口与其他功能区衔接的地方，设计者通常会在开敞入口的某一朝向借助地形、配置山石及植物、设置园林小品等阻挡游人的视线，待人们从一个空间进入另一个空间就会豁然开朗、心情愉悦，从而丰富了游人的游览情感。

3. 封闭空间

封闭空间是指人停留的区域范围内，四周用植物材料封闭的空间，这时人的视距缩短，视线和听觉受到制约，近景历历在目，景物的感染力加强，容易产生领域感、安全感、私密感。小庭园的植物配置宜采用这种较封闭的空间造景手法，而在一般的绿地中，这样小尺度的空间私密性较强，适宜独处、安静休憩。封闭空间按照封闭位置的不同又可分为覆盖空间和垂直空间。

覆盖空间通常位于树冠下与地面之间，通过植物树干分枝点的高低层次和浓密的树冠来形成空间感。用植物封闭垂直面、开敞顶平面，就形成了垂直空间。分枝点较低树冠紧凑的中小乔木形成的树列和修剪整齐的高树篱都可以构成垂直空间。

4. 动态空间

动态空间也称为流动空间，具有空间的开敞性和视觉的导向性，界面组织具有连续性和节奏性，空间构成形式丰富多样，使视线从一点转向另一点，引导人们从"动"的角度观察周围事物，将人们带到一个由空间和时间相结合的"第四空间"。

园林景观中的动态空间包括随植物季相变化和植物生长动态变化的空间。植物随着时间的推移和季节的变化，自身经历了生理变化过程，形成了叶容、花貌、色彩、芳香、枝干、姿态等一系列色彩上和形象上的变化，极大地丰富了园林景观的空间构成，也为人们提供了各种各样可选择的空间类型。例如，落叶树在春夏季节形成覆盖空间，秋冬季来临，转变为半开敞空间，更开敞的空间满足了人们在树下活动、晒太阳的需要。

园林植物处于变动的时间流之中，也在变化着自己的风貌。其中变化最大的就是植物的形态，从而影响了一系列的空间变化序列。例如苏州留园中的"可亭"两边有两株银杏，原来矗立在土山包上，形成的是垂直空间，但植物经过几百年的生长，树干越来越高挺，树冠越来越茂盛，渐渐转变成了一个覆盖空间，两棵银杏互相呼应地庇荫着娇小的可亭，与可亭在尺度上形成了强烈的对比。

2.4.2　利用园林植物表现时序景观

景观设计中，植物不但是"绿化"的原色，还是万紫千红的渲染手段：春季繁花似锦、夏季绿树成荫、秋季硕果累累、冬季枝干苍劲，这种盛衰荣枯的生命规律为创造四季演变的时序景观提供了条件。根据植物的季相变化，把具有不同季相的植物进行搭配种植，使同一地点在不同时期具备不同的景观变化。例如，春季观花、夏季观叶、秋季观果、冬季观枝，感受不同时令的景致。

2.4.3　利用园林植物创造观赏景点

园林植物作为景观设计的主要材料，本身就具有独特的姿态、色彩和风韵。不同的园林植物形态各异、变化万千，既能以孤植来展示植物的个体之美，又能按一定的构图方式进行配置，以表现植物的群体之美，还能根据生态习性进行合理的安排，巧妙搭配，营造出乔、灌、草、藤相结合的群落景观。

2.4.4　利用园林植物形成地域景观

由于各地气候条件的差异及植物生态习性的不同，植物的分布呈现出一定的地域特性，如热带雨林景观、常绿阔叶林植物景观、暖温带针阔叶混交林景观等就具有不同的特色。园林植物的应用还可以减少不同地区中硬质景观给绿地带来的趋同性。在漫长的植物栽培和应用观赏过程中，具有地方特色的植物景观与当地的文化融为一体，甚至有些植物材料逐渐演化为一个国家或地区的象征。运用具有地方特色的园林植物材料设计植物景观，对弘扬地方文化、陶冶人们的情操具有重要意义。

2.4.5　利用园林植物进行意境创作

利用园林植物进行意境创作，是中国古典园林的典型造景风格，也是宝贵的文化遗产。中国植物栽培历史悠久、文化灿烂，很多诗、词、歌、赋中都留下了歌咏植物的优美篇章，并为各种植物材料赋予了许多人格化的内容。人们由欣赏植物的形态美升华到了欣赏植物的意境美。

在园林景观创造中，可以借助植物抒发情怀，寓情于景，情景交融。例如，松树苍劲古雅，不畏霜雪严寒的恶劣环境，在严寒中挺立于高山之巅；梅花不畏寒冷，傲雪怒放，"遥知不是雪，为有暗香来"；竹则"未曾出土先有节，纵凌云处也虚心"。在园林植物景观设计中，这种意境常常被固化，意境高雅而鲜明。

2.4.6　利用园林植物装点山水、衬托建筑小品

大部分园林植物的枝叶显现出柔和的曲线，不同植物的质地、色彩在视觉感受上也有区别。柔质的植物材料经常用来软化生硬的几何式建筑形体，如基础栽植、墙脚种植、墙壁绿化等形式。喷泉、雕塑、建筑小品等也常用植物材料作装饰，或用绿篱作背景，通过色彩的对比和空间的围合来加强人们对景点的印象，烘托效果。

园林植物配置于堆山、叠石之间，能表现出地势起伏、野趣横生的自然韵味，构成这些区域主要的观赏景点；配置于各类水岸则能形成侧影或遮蔽水源，营造出深远的感

觉，能够有效补充和强化山水气息。

课后习题

1. 园林植物造景的意义是什么？
2. 结合植物的基本功能，浅谈如何科学地运用植物进行造景。
3. 私密控制和障景有何区别？
4. 如何进行障景景观的设计？
5. 吸滞粉尘能力较强的植物有哪些相同点？

第3章

园林植物景观构成要素

3.1 植物的颜色

3.1.1 叶色

叶片的颜色具有极大的观赏价值，叶色根据特点可分为以下几类：

1. 绿色类

绿色是叶片的基本颜色。将不同绿色的树木搭配在一起，能形成美妙的色感。

1）叶色呈深浓绿色者：油松、圆柏、雪松、云杉、侧柏、山茶、女贞、桂花、槐、榕、毛白杨、构树等。

2）叶色呈浅淡绿色者：水杉、落羽杉、金钱松、七叶树、鹅掌楸、玉兰等。

2. 春色叶类及新叶有色类

园林植物的叶色常因季节的不同而发生变化。对春季新发生的嫩叶有显著不同叶色的，统称为"春色叶树"。例如香椿、臭椿、五角枫的春叶呈红色；黄连木春叶呈紫红色等。

3. 秋色叶类

凡在秋季叶片色彩有显著变化的树种，均称为"秋色叶树"。

1）秋季呈红色或紫红色类：鸡爪槭、五角枫、茶条槭、枫香、地锦、樱花、盐肤木、黄连木、柿、南天竹、花楸、乌桕、石楠、卫矛、山楂、黄栌等。

2）秋叶呈黄色或黄褐色类：银杏、白蜡、鹅掌楸、加拿大杨、柳、梧桐、榆、白桦、无患子、复叶槭、紫荆、悬铃木、胡桃、水杉、落叶松、金钱松等。我国北方每年深秋可观赏黄栌红叶，而南方则以枫香、乌桕红叶著称；在欧美的秋色叶中，红槲、桦类为奇木，而在日本，则以槭树最为普遍。

4. 常色叶类

有些树的变种或变型，其叶片常年呈异色，而不必分春秋季的来临。全年呈紫色的有紫叶欧洲槲、紫叶李等，全年均为黄色的有金叶鸡爪槭、金叶雪松、金叶圆柏、金叶女贞等；全年叶呈斑驳彩纹的有金心黄杨、银边黄杨、变叶木、洒金珊瑚等。

5. 双色叶类

某些树种，其叶背与叶表的颜色显著不同，此称"双色叶树"。例如，银白杨、胡颓子、青紫木、红背桂、广玉兰等。

植物的叶形也是植物造景的选择对象，树叶的形状十分丰富，有卵状叶形、椭圆叶形、鸡心叶形、细长叶形、对称排列叶形、三角叶形、四角叶形、五角叶形、八角叶形、扇形、花形等，形状各式各样，不胜枚举。落叶树叶色还会随季节的变化而发生变化。利用植物的叶形、叶色巧妙搭配，也会形成植物景观的一大特色，提高植物景观的观赏价值。

3.1.2 花色

园林植物的花朵有各种各样的形状和大小，在色彩上更是千变万化，这就形成了不同的观赏效果。同一花期的数种树木配置在一起，可构成繁花似锦的景观，用多种观花树种，按不同花期或同一观花树种、不同花期的观花品种配置成丛，则能获得从春到冬开花不间断的景色，实现当今人们"四季常春、四时花开"的希冀。

花卉的魅力除了花形、花色之外，还有其迷人的香味，如蜡梅的清香、桂花的甜香、栀子花的浓香、丁香的南香、米仔兰的奇香、白兰花的淡香等。在植物景观设计中配置一些带有香味的植物，会使植物环境充满沁人心脾的自然香味，人们在观赏花卉的同时可以嗅到清新的植物花香，不由地陶醉在自然环境中。

3.1.3 果色

果实的颜色有着更大的观赏意义，尤其是在秋季。硕果累累的丰收景色，充分显示了果实的色彩效果。

1）果实呈红色：如桃叶珊瑚、小檗类、平枝栒子、山楂、冬青、枸杞、火棘、花楸、樱桃、郁李、欧李、枸骨、金银木、南天竹、珊瑚树、石榴等。

2）果实呈黄色：如银杏、梅、杏、瓶兰花、柚、甜橙、佛手、金柑、南蛇藤、梨、木瓜、贴梗海棠、沙棘等。

3）果实呈蓝紫色：如紫珠、葡萄、十大功劳、李、忍冬、桂花、白檀等。

4）果实呈黑色：如小叶女贞、小蜡、女贞、五加、鼠李、长春藤、君迁子、金银花、黑果忍冬等。

5）果实呈白色：如红瑞木、芫花、雪果、西康花楸等。

植物景观设计用得较多的往往是植物观赏价值高、观赏时间长、经济价值比较低、管理比较简单的植物。一般结果实的植物都有开花期，因此它具有赏花观果的双重观赏效果，观赏时间也相对长一些。可食用的果木花开及果实的色与形都各具特色，如桃树、杏树、梨树、枇杷、石榴、柿子树等。不能食用的观果树木，其果实的形状也很多，有大有小，形状各式各样。色彩常见的有大红色，还有粉红色，如珊瑚树、火棘、南天竺、草珊瑚（也有黄色）、枸骨、新木姜子、冬青、铁冬青、朱砂根、桃叶珊瑚、落霜红等。果实偏黄棕色系的有七叶树、松果、青冈栎、石栎、无患子、鹅耳杨、梧桐、枫杨、秤锤树、三角枫等。还有黑色的，如日本女贞。

无论是可食用还是可观赏的果木，一般都是鸟类喜欢且常光顾的树木。果实像诱饵可吸引鸟类，种植此果木可以吸引小鸟在林中欢快地飞来飞去，不时传来阵阵清脆的鸟叫声，可增加生态环境气氛。这是我们植物景观设计中所要追求的"回归自然"的美好境界，也是人们喜爱和渴望获得的自然生态环境。

3.2　植物的大小

植物的大小是植物最重要的观赏特性之一。在设计中，应首先考虑其大小，它直接影响着空间范围、结构关系及设计的构思与布局。通常情况下，植物按大小可分为乔木、灌木、地被植物 3 类（表 3-1）。

表 3-1　植物按大小分类

类型		成熟期高度（m）	代表树种	特点
乔木	大	≥20	悬铃木、白蜡、雪松	树体高大，具有明显的高大主干
	中	8～20	栾树、大叶女贞	
	小	≤8	海棠类、紫荆类	
灌木	大	3～4.5	石楠、月季、紫叶李	树体矮小，主干低矮或干茎丛生而无明显主干
	中	1～2	小叶女贞、小叶黄杨	
	小	0.5～1	迎春、棣棠	
地被植物		0.15～0.3	雏菊、小龙柏、酢浆草	低矮，爬蔓，其品种多样，开花或不开花

3.2.1　乔木

从景观的结构和空间来看，最重要的植物是大中型乔木（图 3-1）。这类植物的高度和面积，以及其典型的形态、色泽与风韵之美成为景观的基本结构和框架，在景观设计的综合功能中占主导地位。在平面布局中，它占有突出的地位，充当视线的焦点。作为结构因素，其重要性随着室外空间的扩大而突出。设计时应首先确定大乔木的位置，然后安排其他植物来完善和增强大乔木形成的结构和空间特征。

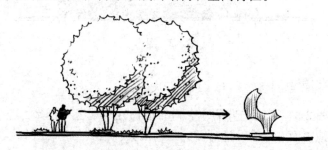

图 3-1　大中型乔木

小乔木在景观中也具有许多潜在的观赏功能：①小乔木的树干能从垂直面上暗示空间边界，常称为"框景"。②在顶平面上其树冠能形成空间的顶棚，这样的空间常使人感到亲切。③小乔木也可以作为焦点和构图的中心。这一特点是靠其明显的形态、艳丽的花朵或独特的果实来实现的，按其特征常被布置在醒目的地方，以引导和吸引游人进入此空间。

乔木的树干树姿丰富多样，是植物造景不可忽略的因素。尤其是想突出表现某植物特征时，需要明显地亮出其美感特征。乔木树干主要的形态有直干式、斜干式、曲干式、双干式、三干式、五干式、丛干式、悬挂式等。树姿一般由树干和树枝的伸展结合形成自然形态，可根据造景的需要自由选择。乔木中的花木一般具有观赏价值的大多是落叶树，常绿阔叶树也有花木，但比较少，如广玉兰、银荆树、山茶等。灌木中的花木很多，大多数落叶灌木都开花并有观赏功能，如棣棠、金雀花、珍珠梅、月季、牡丹、芍药、木芙蓉、结香等。

3.2.2 灌木

在景观设计中，大灌木能在垂直面上构成四面封闭、顶部开敞的空间。它还能构成极强烈的长廊性空间，将人的视线和行动直接引向终端。大灌木也可以作视线屏障和私密控制的作用。在小灌木的衬托下，大灌木能形成构图的焦点，其形态越狭窄，色彩和质地越明显，其效果越突出。小灌木不是以实体来封闭空间，而是以暗示的方式来控制空间。在构图上它也具有从视觉上连接其他不相关因素的作用，只能充当附属因素。中灌木的叶丛通常贴地或仅略高于地面，还能在构图中起高灌木与矮小灌木之间的视线过渡作用（图3-2）。

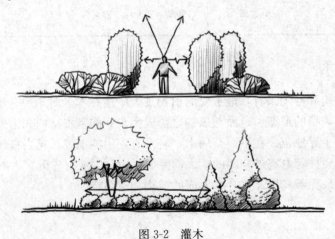

图 3-2　灌木

3.2.3 地被植物

地被植物（图3-3）可以作为室外空间的植物性"地毯"铺地。它常在外部空间中划分不同形态的地表面，形成设计所需的各种图案。当其与草坪或铺装材料相连时，其边缘构成的线条在视角上能引导视线、界定空间。地被植物可以从视觉上将其他孤立因素或多组因素联系起来，形成一组有机的整体。地被植物还可作为衬托主要因素或主要景物的无变化的中性背景。

图 3-3　地被植物

总之，植物的大小是所有植物材料中最重要、最引人注目的特征之一。因此，在既定的空间中，植物的大小应成为种植设计中首先考虑的特性，其他特性都要服从植物的大小。

3.3　植物的形状与形态

单株或群体植物的外形，是植物从整体形态与生长习性来考虑大致的外部轮廓。虽然其观赏特性不如其大小特征明显，但在植物的构图与布局上影响着统一性与多样性，在作为背景及在其他不变设计因素配合中，也是一个关键的因素。植物的基本形状为纺锤形、圆柱形、圆球形、圆锥形、水平展开形、垂枝形和特殊形（表 3-2）。

表 3-2　植物的基本形状

编号	形状	特点	代表植物
1	纺锤形	形态狭长，顶部尖细	圆柏、桧柏
2	圆柱形	除顶部是圆的外，其他形体与纺锤形相同	钻天杨、新疆杨
3	圆球形	具有明显的圆或球形	五角枫、鸡爪槭
4	圆锥形	外形呈圆锥状，整个形体从底部逐渐向上收缩	雪松、毛白杨
5	水平展开形	具有水平生长的特性，其宽和高基本相等	玉兰、山楂
6	垂枝形	具有明显的悬垂或下弯的枝条	垂柳、龙爪槐
7	特殊形	形状千姿百态，有不规则的、扭曲的和缠绕螺旋式，造型奇特	某些特殊环境中已生长多年的老树

3.3.1　纺锤形、圆柱形

这类植物通过引导视线向上的方式，突出空间的垂直，还能为一个植物群落和空间提供一种垂直感和高度感。在设计中应慎重使用这类植物，以免造成过多的视线焦点。

3.3.2　圆球形、圆锥形

圆球形植物是植物类型最多的种类，在数量上也独占鳌头，在引导视线方向上既无方向性也无倾向性。在整个构图中，不会因使用这类植物而破坏设计的统一性，因其外形圆柔温和，可以调和其他外形强烈的形体，也可以和其他曲线形因素相互配合、呼应。

圆锥形植物除具有易被人注意的尖头外，总体轮廓也非常分明和特殊。它可以用来作为视觉景观重点，特别是在与较矮的圆球形植物配在一起时，对比之下其更为醒目。它也可以与尖塔形的建筑或尖耸的山巅相呼应。另外，它可以协调地用在硬质的、几何形状的传统建筑设计中。

3.3.3　水平展开形、垂枝形

水平展开形植物，其形态能使设计构图产生一种宽阔和外延感，会引导视线沿水平方向移动。该类植物多用于从视线的水平方向联系其他植物形态。

垂枝形植物能起到将视线引向地面的作用，因此可用在引导视线向上的树冠之后。为表现出其姿态，多将该类植物种植在池边或高处。

3.3.4 特殊形

特殊形植物通常是在某些特殊环境中已生长多年的老树，其形态大多是自然造成的。由于其不同凡响的外貌，这类植物多作为孤植树，放在突出的位置上，构成独特的景观效果。

虽然对树木的形态做了分类，但并非所有植物都能准确地符合上述形态。有些形状极难描述，而有些越过了植物类型的界限。

尽管如此，植物的形态仍是一个重要的观赏特性。当植物以群体形式出现时，单株的形像便消失了，它的自身造型能力受到削弱，此时，整个群体植物的外观便成了重要的方面。

3.4 植物的质地

3.4.1 粗壮型

粗壮型植物通常观赏价值高、泼辣而有挑逗性。将其与中粗型及细小型植物配置时，会"跳跃"而出。因此，粗壮型植物可作为焦点设计，以吸引观赏者的注意力，或使设计显示出强壮感。这类植物具有强壮感，能使景物有趋向观赏者的动感，从而造成观赏者与植物间可视距离短于实际距离的幻觉。众多的此类植物能通过"吸收视线""收缩空间"的方式，使某空间显得小于其实际面积。这一特性最适合运用于超过人们正常舒适感的空间中。此类植物通常还具有较大的明暗变化，因此多用于不规则的景观中。

3.4.2 中粗型

与粗壮型植物相比较，中粗型植物透光性较差，而轮廓较明显。中粗型植物占植物的绝大多数，在景观设计中占绝大比重。与中间绿色一样，它也应成为设计中的一项基本结构，充当粗壮型和细小型植物之间的过渡成分。该类植物还具有将整个布局中的各个成分连接成一个统一整体的能力。

3.4.3 细腻型

该类植物的特征及观赏特性恰好与粗壮型植物相反。它们通常具有一种"远距"观赏者的倾向，当被大量植于一个户外空间时，会构成一个大于实际空间的幻觉；恰当地被种植在某些背景中，可使背景展示出整齐、清晰、规则的特征。该类植物最适合在景观中充当更重要的中性背景，为布局提供幽雅、细腻的外表特征。在与粗壮型和中粗型植物相互完善时，有增强景观变化的效果。

总之，在一个设计中最好均衡地使用这 3 种不同类型的植物。质地种类太少布局显得单调，但若种类过多又显得布局杂乱。对较小的空间来说，适度的种类搭配更为重要。同样，在质地的选择和使用上必须结合其他观赏特性，以增强所有特性的功能。

3.5　植物主要景观要素的综合运用

3.5.1　树木的配置方法

1. 孤植（单株/丛）

树木的单株或单丛栽植称为孤植，孤植树有两种类型，一种是与园林艺术构图相结合的庇荫树，另一种单纯作为孤赏树应用。前者往往选择体型高大、枝叶茂密、姿态优美的乔木，如银杏、槐、榕、樟、悬铃木、柠檬桉、朴、白桦、无患子、枫杨、柳、青冈栎、七叶树、麻栎、雪松、云杉、桧柏、南洋杉、苏铁、罗汉松、黄山松、柏木等。而后者更加注重孤植树的观赏价值，如白皮松（图 6-6）、白桦等具有斑驳的树干；枫香、元宝枫、鸡爪槭、乌桕等具有鲜艳的秋叶；凤凰木、樱花、紫薇、梅、广玉兰、柿、柑橘等拥有鲜亮的花、果等。

孤植树作为景观主体、视觉焦点，一定要具有与众不同的观赏效果，能够起到画龙点睛的作用。孤植树布置的位置有多种，可孤植于草坪中、花坛中、水潭边、广场上……在配置孤植树时应注意以下几点：选择孤植树除了要考虑造型美观、奇特之外，还应该注意植物的生态习性，不同地区可供选择的植物有所不同。表 3-3 列出了华北、华中、华南及东北地区常用孤植树，仅供参考。

表 3-3　常用孤植树

地区	可供选择的植物
华北地区	油松、白皮松、桧柏、白桦、银杏、蒙椴、樱花、柿、西府海棠、朴树、皂荚、榉树、桑、美国白蜡、槐、花曲柳、白榆等
华中地区	雪松、金钱松、马尾松、柏木、枫杨、七叶树、鹅掌楸、银杏、悬铃木、喜树、枫香、广玉兰、香樟、紫楠、合欢、乌桕等
华南地区	大叶榕、小叶榕、凤凰木、木棉、广玉兰、白兰、芒果、观光木、印度橡皮树、菩提树、南洋楹、大花紫薇、橄榄树、荔枝、铁冬青、柠檬桉等
东北地区	云杉、冷杉、杜松、水曲柳、落叶松、油松、华山松、水杉、白皮松、白蜡、京桃、秋子梨、山杏、五角枫、元宝枫、银杏、栾树、刺槐等

必须注意孤植树的形体、高矮、姿态等都要与空间大小相协调。开阔空间应选择高大的乔木作为孤植树，而狭小空间则应选择小乔木或者灌木等作为主景，并应避免孤植树处在场地的正中央，而应稍稍偏移一侧，以形成富于动感的景观效果。在空地、草坪、山冈上配置孤植树时，必须留有适当的观赏视距，并以蓝天、水面、草地等单一的色彩为背景加以衬托。

2. 对植（两株/丛）

对植多用于公园、建筑的出入口两旁或纪念物、蹬道台阶、桥头、园林小品两侧，可以烘托主景，也可以形成配景、夹景。对植往往选择外形整齐、美观的植物，如桧柏、云杉、侧柏、南洋杉、银杏、龙爪槐等。对植按照构图形式可分为对称式和非对称式两种方式。

1）对称式对植：以主体景观的轴线为对称轴，对称种植两株（丛）品种、大小、高度一致的植物，如图 3-4 所示。两株植物种植点的连线应被中轴线垂直平分。对称式对植的两株植物大小、形态、造型需要相似，以保证景观效果的统一。

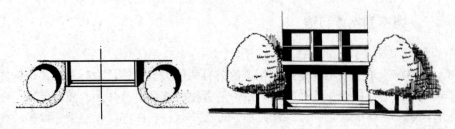

图 3-4　对称式对植

2）非对称式对植：两株或两丛植物在主轴线两侧按照中心构图法或者杠杆均衡法进行配置，形成动态的平衡。需要注意的是，非对称式对植的两株（丛）植物的动势要向着轴线方向，形成左右均衡、相互呼应的状态，如图 3-5 所示。与对称式对植相比，非对称式对植要灵活得多。

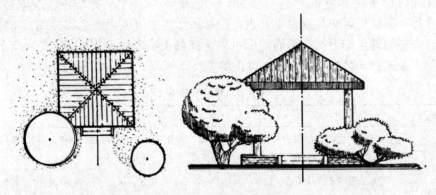

图 3-5　非对称式对植

3. 丛植

丛植（图 3-6）多用于自然式园林中，构成树丛的株数为 3～10 株不等，几株植物按照不等株行距疏疏密密地散植在绿地中，形成疏林草地的景观效果，或者构成特色植物组团。自然式丛植的植物品种可以相同，也可以不同，植物的规格、大小、高度尽量确保有所差异，按照美学构图原则进行植物的组合搭配。一方面对树木的大小、姿态、色彩等都要认真选配，另一方面还应该注意植物种植密度及景观观赏距离等。

设计丛植植物景观时需要注意以下原则：由同一树种组成的树丛，植物在外形和姿态方面应有所差异，既要有主次之分，又要相互呼应，3 株丛植应该按照"不等边"三角形布局，"三株一丛，第一株为主树，第二、第三株为客树"，或称为"主、次、配"的构图关系，"二株宜近，一株宜……近者曲而俯，远者宜直而仰"，道路左侧的微地形之上自然栽植的 3 株油松，高低搭配、俯仰呼应，自然中体现出一种古朴优雅的意境……以 3 株丛植为基本构图形式，可以演绎出 4 株、5 株以及 5 株以上的树丛的配置形式。

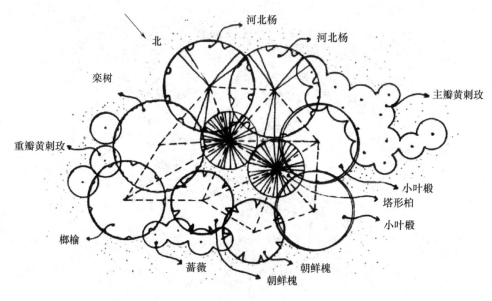

图 3-6　丛植

丛植植物讲究植物的组合搭配效果，基本原则是"草本花卉配灌木，灌木配乔木，浅色配深……，通过合理搭配形成优美的群体景观，灌木围绕着乔木栽植，可使整个树丛变得紧凑，如果四周再用草花相衬托，就会显得更加自然。如北京陶然亭公园，高耸挺拔的塔柏作为组团的中心，配以枝条开展的河北杨、栾树、朝鲜槐等落叶乔木，外围栽植低矮的花灌木黄刺玫、蔷薇等，整个组团高低错落、层次分明，在考虑植物造型搭配的同时，也兼顾了景观的季相变化。

树丛的规格及观视距离应根据所需的景观效果确定，一般树丛之前要留出树高 3～4 倍的观赏视距，如果要形成开阔、通透的景观效果，在主要观赏面甚至要留出 10 倍以上树高的观赏视距，如网师园中于对岸观看濯缨水阁，更显建筑的轻灵、植物的古朴。树丛可作为主景，也可作为背景或配景。作为主景时的要求和配置方法同孤植树，只不过是以"丛"为单位。

4. 群植

群植（图 3-7）常用于自然式绿地中，一种或多种树木按不等距方式栽植在较大的草坪中，形成"树林"的效果。因此，群植所用植物的数量较多，一般在 10 株以上，具体的数量还要取决于空间大小、观赏效果等因素。树群可作主景或背景，如果两组树群分列两侧，还可以起到透景、框景的作用。

在设计群植植物景观时应该注意以下问题：

1）树群按照组成品种、数量分为纯林和混交林。纯林由一种植物组成，因此整体性强，壮观、大气，而需要注意的是，纯林一定要选择抗病虫害的树种，防止病虫害的传播；混交林由两种以上的树种成片栽植而成，这种配置方式又称为"片混"。与纯林相比，混交林的景观效果较为丰富，并且可以避免病虫害的传播，因此使用率较高，但一定要注意树群品种、数量宜精不宜杂，即植物种类不宜太多，有 1～2 种骨干树种并有一定数量的乔木和灌木作为陪衬。

31

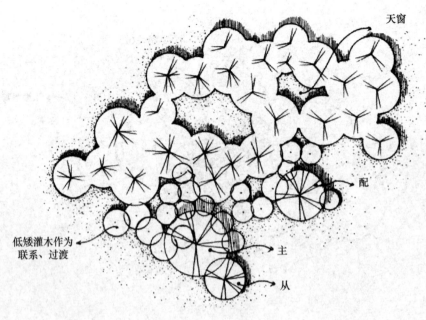

图 3-7　群植

2）群植植物的配置应注意观赏效果及季相变化。树群应选择高大、外形美观的乔木构成整个树群的骨架，作为主景，以枝叶密集的植物作为陪衬，选择枝条平展的植物作为过渡或者边缘栽植，以求获得连续、流畅的林冠线和林缘线。树群中既要有观赏中心的主体乔木，又要有衬托主体的添景和配景，并通过低矮的灌木或地被形成视觉上的联系和过渡。

3）树群如果按照栽植密度可划分为密林和疏林。一般封闭度在90％以上称为密林，遮阴效果好，林内环境阴暗、潮湿、凉爽；疏林的封闭度为60％～70％，光线能够穿过林冠缝隙，在地面上形成斑驳的树影，林内有一定的光照。实际上，在园林景观中，密林和疏林也没有太严格的技术标准，往往取决于人的心理感受和观赏效果。

4）自然式群植应有疏有密，做到"疏可走马，密不容针"。林冠线、林缘线要有高低起伏和婉转迂回的变化，林中可铺设草坪，开设"天窗"，以利光线进入，增加游人游览兴趣。

5）设计群植景观的时候，还应该根据生态学原理，模拟自然群落的垂直分层现象配置植物，以求获得相对稳定的植物群落。例如，以阳性落叶乔木为上层，以耐半阴的常绿树种为第二层，以耐阴的灌木、地被为第三层。

6）树群应该布置在开阔场地如林缘大草坪、林中空地、水中小岛、山坡等。树群主要观赏面的前方至少留有树群高度4倍、宽度1.5倍的空间，以便游人欣赏。

5. 行植

行植多数出现在规则式园林中，植物按等距沿直线栽植，这种内在的规律性会产生很强的韵律感，形成整齐连续的界面，因此行植常用于街道绿化，如在车行道上中央隔离带、分车带及道路两侧的行道树一般采用的都是行植的形式，形成统一、完整、连续的街道立面。行植还常用于构筑"视觉通道"，形成夹景空间。

行植的植物可以是一种植物，也可以由多种植物组成。前者景观效果统一完整，而后者灵活多变、富于韵律。"树阵"就是利用规格相同的同种植物按照相等的株行距栽植而成的，如果使用的是分枝点较高的乔木，可以与规则式铺装相结合，形成规整的林下活动空间和休息空间。但如果植被面积较大，同种植物的行植有时会因缺少变化，显得单调、呆板，适当增加植物品种可以使统一中有所变化，如杭州白堤采用垂柳和碧桃呈"品"字形栽种，"桃红柳绿"的传统搭配也成为此处一道风景。在高速公路中央隔离带和两侧防护林带设计中应用后一种行植方式效果尤佳，可以形成丰富的沿途景观，更重要的是植物品种的变化，可以缓解驾驶员和乘车者的视觉疲劳，提高旅途的舒适度。

6. 带植

带植的长度应大于宽度，并应具有一定的高度和厚度。按配置植物的种类划分，带植可分为单一植物带植和多种植物带植。前者利用相似的植物颜色和规格形成类似"绿墙"的效果，统一规整，而后者变化更为丰富。带植可以是规则式的，也可以是自然式的，设计师需要根据具体的环境和要求加以选择。例如防护林带多采用规则式带植，其防护效果较好；游步道两侧可以采用自然式种植方式，以达到"步移景异"的效果；也可以采用混合式布局方式，既有规则式的统一整齐，又有自然式的随意洒脱。

设计林带时需要注意以下问题：

1）景观层次。林带应该分为背景、中景和前景 3 个层次，在进行景观设计时应利用植物高度和色彩的差异，以及栽植疏密的变化增强林带的层次感。通常林带从前景到背景，植物的高度由低到高，色彩由浅到深，密度由疏到密。对自然式林带，还应该注意各层次之间要形成自然的过渡。

2）植物品种。作为背景的植物，其形状、颜色及其高度应该超过主景层次，最好选择常绿、分枝点低、枝叶密集、花色不明显、颜色较深或能够与主景形成对比的植物；中景植物应该具有较高的观赏性，如银杏、凤凰木、黄栌、海棠、樱花、红花碧桃等；而前景植物应选择低矮的灌木或者花卉。

3）栽植密度。如果作为防护林带，植物的栽植密度需要根据具体的防护要求而定，如防风林最佳封闭度为 50%。如果林带以观赏为主，植物的栽植密度因其位置、功能的不同而有所差异，背景植株行距在满足植物生长需要的前提下可以稍小些，或者呈"品"字形栽植，以便形成密实完整的"绿面"。中景或前景植物的栽植密度应根据景观观赏的需要进行配置。自然式林带中植物按照不等株行距自然分布，中景植物在靠近背景植物的地方可以适当加密，以便于形成自然的过渡。

3.5.2　地被植物的配置方法

1. 地被植物

地被植物泛指那些生长低矮、扩展性强的用以覆盖、绿化地面的植物，是园林植物群落的重要组成部分。它们种类繁多，色彩丰富，选择范围宽，适生环境广，在庇荫贫瘠的地方也可以生长，在管理上粗放简单，养护简便和节约成本。地被植物在造景中可以丰富植物层次，增添园林色彩，填补地被层的单调，提高绿化覆盖率，是一种兼具功能性和观赏性的园林植物，其重要性已逐渐被人们所认识到。

2. 地被植物的分类

园林意义上的地被植物除了众多矮生草本植物外，还包括许多茎叶密集、生长低矮或匍匐型的矮生灌木、竹类及具有蔓生特性的藤本植物等，具体内容见表3-4。

表 3-4　地被植物的类型及品种

类型	特点	应用	植物品种
草花和阳性观叶植物	生长迅速，蔓延性强，色彩艳丽、精巧、雅致，但不耐践踏	装点主要景点	松叶牡丹、香雪球、二月兰、美女樱、裂叶美女樱、非洲凤仙花、四季秋海棠、萱草、宿根福禄寿、丛生福禄寿、半枝莲、旱金莲、三色堇等
原生阔叶草	多年生双子叶草本植物，繁殖容易，病虫害少，管理粗放	公共绿地、自然野生环境等	马蹄金、酢浆草、白三叶、车前草、金腰箭等
藤木	多数枝叶贴地生长，少数茎节处易发不定根可附地着生，水土保持功能极佳	应用于斜坡地、驳岸、护坡等	蔓长春花、五叶地锦、薜荔、牵牛花等
阴性观叶植物	耐阴，适应阴湿环境，叶片较大，具有较高的观赏价值	栽植在庇荫处，起到装饰美化作用	冷水花、常春藤、沿阶草、玉簪、粗肋草、八角金盘、洒金珊瑚、十大功劳、葱兰、石蒜等
矮生灌木	多生长在向阳处，茎枝粗硬	用以阻隔、界定空间	小叶黄杨、六月雪、栀子花、小檗、南天竹、火棘、金山绣线菊、金焰绣线菊等
矮生竹	叶形优美、典雅，多数耐阴湿、抗性强、适应能力强	林下、广场、小区、公园等，可与自然置石搭配	菲白竹、凤尾竹、翠竹等
蕨类及苔藓植物	种类较多，适应阴湿环境	阴湿处、与自然山体和山石搭配	肾蕨、巢蕨、槲蕨、崖姜蕨、鹿角蕨、蓝草等
耐盐碱类植物	能够适应盐碱化较高的地段	盐碱地中	二色补血草、枸杞、紫花苜蓿等

3. 地被植物的适用范围

1）需要保持视野开阔的非活动场地。

2）阻止游人进入的场地。

3）可能会出现水土流失，并且很少有人使用的坡面，如高速公路边坡等。

4）栽培条件较差的场地，如沙石地、林下、风口、建筑北侧等。

5）管理不方便的地方，如水源不足、剪草机难进入、大树分枝点低的地方。

6）杂草猖獗、无法生长草坪的场地。

7）有需要绿色基底衬托的景观，希望获得自然野化的效果，如某些郊野公园、湿地公园、风景区、自然保护区等。

4. 地被植物的选择

1) 根据环境条件选择地被植物。利用地被植物造景时，必须了解栽植地的环境因素，如光照、温度、湿度、土壤酸碱度等，然后选择能够与之相适应的地被植物，并注意与乔木、灌木、草合理搭配，构成稳定的植物群落。例如在岸边、林下等阴湿处不宜选草花或者阳性地被，而蕨类与阴性观叶植物比较适宜，如八角金盘、洒金珊瑚、十大功劳、肾蕨、巢蕨、槲蕨、葱兰、石蒜、玉簪等；在缺水、干旱处宜选择耐旱的地被植物。

2) 根据使用功能选择地被植物。地被植物应根据该地段的使用功能加以选择，如果人们使用频率较高，经常被踩踏，就须选择耐践踏的种类；如果仅是为了观赏，为了形成开阔的视野，则应该选择开花、叶大、观赏价值高的地被植物；如果需要阻止人们进入，则应该选择不宜踩踏的带刺植物，如铺地柏等。

3) 根据景观效果选择地被植物。地被植物的选择还应该考虑所需的景观效果，如果仅作为背景衬托，最好选择绿色、枝叶细小的地被植物，如白三叶、酢浆草、铺地柏等；如果作为观赏主体，则应该选择花叶美丽、观赏价值高的地被植物，如玉簪、非洲凤仙花、四季秋海棠、冷水花等，以突出色彩的变化。另外，还应注意地被植物的选择应该与空间尺度及其他造景元素（园内的建筑、大树、道路等）相协调。

5. 地被植物的配置方法

明确需要铺植地被的地段，在图纸上圈定种植地被的范围，根据地被植物选择的原则选择地被植物。在一定的区域内，为了获得统一的景观效果，应有统一的基调，避免应用太多的品种。基于统一的风格可利用不同深浅的绿色地被取得同色的协调，也可配以具有点或条纹的种类，或花色鲜艳的草花和叶色美丽的观叶地被，如紫花地丁、白三叶、黄花蒲公英等。

6. 草坪

1) 草坪的分类。按照所使用的材料，草坪可以分为单一草坪、混合草坪及缀花草坪。缀花草坪又分为纯野花、矮生组合野花与草坪组合两类，其中矮生组合采用多种株高 30cm 以下的一、二年生及多年生品种组成，专门满足对植株有严格要求的场所应用。如果按功能进行分类，草坪可以分为游憩草坪、观赏草坪、运动场草坪、交通安全草坪及护坡草坪等，具体内容参见表 3-5。

表 3-5　草坪按功能分类

类型	功能	设置位置	草种选择
游憩草坪	休息、散步、游戏	居住区、公园、校园等	叶细、韧性较大、较耐踩踏
观赏草坪	以观赏为主，用于美化环境	禁止人们进入或者人们无法进入的仅供观赏的地段	颜色碧绿均一，绿期较长，耐热、抗寒
运动场草坪	开展体育活动	体育场、公园、高尔夫球场等	根据开展的运动项目进行选择
交通安全草坪	吸滞尘埃、装饰美化	陆地交通阶段，尤其是高速公路两旁、飞机场的停机坪等	耐寒、耐旱、耐贫瘠、抗污染、抗粉尘
护坡草坪	防止水土流失、防止扬尘	高速公路边坡、河堤驳岸、山坡等	生长迅速、根系发达或具有匍匐性

2）草坪景观的设计。草坪空间能形成开阔的视野，增加景深和景观层次，并能充分表现地形美，一般铺植在建筑物周围、广场、运动场、林间空地等，供观赏、游憩或作为运动场地之用。

3）设计草坪景观要素。

（1）面积。需要综合考虑观赏、实用功能、环境条件等多方面的因素。在满足功能、景观等需要的前提下，应尽量减少草坪的面积。

（2）空间。从空间构成角度看，草坪景观不应一味开阔，要与周围的建筑、树丛、地形等结合，形成一定的空间感和领地感，即达到"高""阔""深""整"的效果。杭州柳浪闻莺大草坪的面积为 35000m²，草坪的宽度为 130m，以柳浪闻莺馆为主景，结合起伏的地坪配置有高大的枫杨林，树丛与草坪的高宽比为 1：10，空间视野开阔，但不失空间感。

（3）形状。为了获得自然的景观效果，方便草坪的修剪，草坪的边界应该尽量简单而圆滑，尽量避免复杂的尖角。在建筑物的拐角、规则式铺装的转角处可以栽植地被、灌木等植物，以消除尖角产生的不利影响。

（4）技术要求。通常，草坪栽植需要系列的自然条件：种植土厚度 30cm；pH 值为 6～7；土壤疏松、透气；在不采取任何辅助措施时，坡度应满足排水及土壤自然安息角的要求（图 3-8）。现代园林绿化中常用草坪类型有结缕草、野牛草、狗牙根草、地毯草、假俭草、黑麦草、早熟禾等。

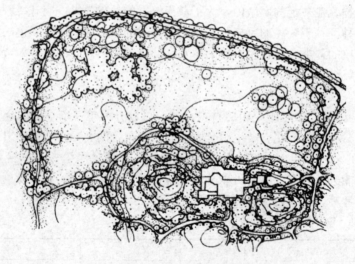

图 3-8　草坪的设计坡度

7. 野花组合

野花组合由于其独特的景观效果和生长特性，近几年使用范围越来越广，甚至有超越其他地被植物的趋势。其在景观设计中尤其是植物造景中的作用也越来越重要。

1）野花组合及其优势。野花组合是从众多的草花种子中筛选出的适宜直接播种、就地生长，并完成其整个观赏效果的草花类种子。它是仿照自然景观效果，顺应人们对景观需求多样化，人为种植混合在一起的花卉种子组合。野花组合中使用的花卉大多具有野生性状，也就是具有野生花卉强健的生态适应性和抗逆性。这些"野花"一经播种，一年生花卉通常具有很强的自播繁衍能力，能保持多年连续开花；多年生花卉则可以常年生长开花。此外，精心制定种子配方的野花组合还能达到花色范围广、开花时期长的目的。自然界没有整个生长季都花开不断的花卉品种，但是混合了多种花卉的野花组合则能春、夏、秋三季开花，气候温暖的地方甚至可以四季开花。

2）野花组合的配置方法。在景观设计中，野花组合应用比较广泛，可以作为景观基底，与乔灌木组合搭配；可以种植在路侧、山坡、林缘，构成边界和景观的点缀；还可以独立成景，形成令人震撼的花海景观（表 3-6）。

表 3-6　野花组合的配置方法

景观环境	具体环境描述	对野花组合的要求	可使用组合	主要品种
道路绿化	高速公路、快速路、铁路等道路两侧、中央隔离带等	花色艳丽，管理粗放、抗性好、耐寒、耐旱、融入部分纯野生品种，株高错落有致	中杆组合，一、二年生组合，矮生组合，耐阴组合	百日草、波斯菊、飞燕草、黑心菊、金鸡菊、硫华菊、满天星、美丽天人菊、蛇目菊、石竹、宿根蓝亚麻、虞美人等
城市景观	公共空间、公园、学校、工矿企业、医院等	抗性强、施工养护方便，花色搭配和谐精致，高度整齐，可考虑增加芳香植物等，吸引彩蝶蜜蜂，打造城市自然和谐景观	矮生组合，超级矮生组合，耐阴组合、耐湿组合等	矮硫华菊、翠菊、大花飞燕草、黑种草、花环菊、花姜草、桔梗、屈曲花、宿根蓝亚麻、天人菊、西洋滨菊、虞美人等
私家庭院及高档地区	私家庭院、高档居住区、高档酒店花园、屋顶花园等	花色搭配精致典雅，花草丰富多彩、品种优良	矮生组合，超级矮生组合，缀花草坪组合，宿根组合等	美女樱、天人菊、虞美人、中国石竹、异果菊、金盏菊、香雪球、藿香蓟、白晶菊、常夏石竹、蒲公英、勋章菊、紫花地丁、小丽花等
大面积临时绿化或者野生区域绿地	临时绿化地段、城市郊野公园、森林公园、工业废弃地、道路护坡等	抗性强，生长快、自播能力强，施工方便，后期养护管理简便，甚至无须人工养护	一、二年组合，耐旱组合，耐热组合等	百日草、波斯菊、翠菊、金盏菊、硫华菊、满天星、美丽天人菊、蛇目菊、荞麦、矢车菊、茼蒿菊、虞美人等

尽管其适应性强、景观效果极佳，但在设计中需要注意以下几个问题：

（1）生态环境组合的选择。野花组合要根据应用地区的气候条件（如降雨量、温度、湿度等）、海拔高度、土壤条件等因素，选用不同品种、不同类型的草本花卉进行混合配比。按适应生境条件划分，野花组合分为抗旱组合、耐湿组合、耐阴组合、耐盐碱组合等，见表 3-7。

（2）景观功能组合的选择。在设计野花组合的时候，除了根据场地条件确定相应的生态组合品种，还要根据项目的功能定位（城市道路、私家庭院、工矿企业等）确定适宜的功能组合。

（3）观赏特征组合的选择。从景观需求上考虑，野花组合的种子配方一般都要求能达到花色范围最广、开花时期最长的目的，即春、夏、秋三季开花，花色一般为蓝、紫、红、白、黄及其他过渡色。也可根据需要配合单色彩的组合品种，如"薰衣草景观"的设计中，因为薰衣草生境、花期的限制，常常搭配其他蓝紫花品种，如蓝花鼠尾草、蛇鞭菊等。另外，要考虑野花组合的高度，按照植物生长期高度进行划分，可分为宿根组合、中杆组合、矮生组合、超级矮生组合及缀花草坪组合等，见表3-7。

表 3-7　生态环境组合和观赏特征组合的适用范围及主要品种

类型	组合名称	适用范围	主要品种
生态环境组合	抗旱组合	干旱地区，如高速公路、城市道路、公园绿地等	翠菊、花菱草、花环菊、硫华菊、蛇目菊、桔梗、满天星、矢车菊、屈曲花、虞美人、西洋滨菊、黑心菊、金鸡菊、飞燕草、蓝亚麻、麦仙草、须苞石竹、天人菊、轮峰菊、黑种草、美女樱、矮牵牛、大花藿香蓟、狗尾草等
	耐湿组合	滨水地段、水系边缘、湿地公园等	千屈菜、大滨菊、高山紫菀、菖蒲类、鸢尾等
	耐阴组合	林下、建筑北侧常年不见阳光或少有阳光的地段	马兰、毛地黄、射干、紫花地丁、玉簪、石蒜、蕨类植物组合等
	耐盐碱组合	滨海城市、低湿并排水不畅的地段、干旱并且地下水位比较高的地区	鸢尾、凌霄、芦苇、扶芳藤、马兰、盐角草、木地肤、紫花苜蓿、荷兰菊、千屈菜等
观赏特征组合	宿根组合	花坛、花镜、林缘、岩石园等	大滨菊、大花飞燕草、大花金鸡菊、钓钟柳、桂竹香、黑心菊、麦仙翁、石碱、宿根蓝亚麻、天人菊、须苞石竹、紫松果菊等。需要注意的是宿根组合要求土层厚度在50cm以上
	中杆组合	路侧、墙基、林缘等	整体高度为70～80cm，百日草、波斯菊、翠菊、花葵、凤仙、黑心菊、蛇目菊、金盏菊、硫华菊、矢车菊、中国石竹、小冠花、蓝亚麻、紫松果菊、射干、金鸡菊、屈曲花、茼蒿菊、天人菊、虞美人、飞燕草等
	矮生组合	城市公共绿地、城市道路、居住区、高尔夫球场等	整体高度为30～45cm，矮金鱼草、矮金盏菊、矮蛇目菊、矮矢车菊、大花金鸡菊、花菱草、美女樱、宿根蓝亚麻、天人菊、异果菊、虞美人、中国石竹等
	超级矮生组合	草坪、花坛	整体高度为5～30cm，矮牵牛、白晶菊、半枝莲、常夏石竹、藿香蓟、蒲公英、涩荠、五色菊、香雪球、勋章菊、异果菊、紫花地丁等
	缀花草坪组合	草坪、广场、花坛、公园绿地	以低矮的多年生草花、宿根花卉为主，蒲公英、半枝莲、黑心菊、黄帝菊、马兰、金毛菊、美女樱、匍匐蛇目菊等

尽管野花组合有诸多优点，但是在使用的时候应该慎重，原因如下：①其观赏期相对有限，尤其在北方地区，冬季时会显得萧条，因此在设计的时候应该与其他景观元素协调统一。②野花组合一般在栽植第一年或者第二年达到最佳景观效果，而后由于各个品种长势不同，其中的优势品种的生长会压倒弱势品种，可能由原来的"繁花似锦"逐渐演变成"一枝独秀"。这也就是所谓的野花组合的"退化现象"，因此在确定组合方案的时候，一定要注意组合品种的选择和搭配比例，并在后期进行适时补植。

课后习题

1. 以某一公园景点为例解析园林植物景观要素的组成。
2. 乔木在景观设计中的作用有哪些？
3. 草坪和地被植物如何与植物造景相结合？

第4章

园林植物景观设计原理

4.1 园林植物的生态学原理

4.1.1 生态因子的概念、类型

1. 生态因子的概念

通常将植物所生存的小环境简称为"生境"。生境中所包含的因子主要是气候因子、土壤因子、地形与地势因子、生物因子及人类活动等。有少数因子对植物没有影响或者在一定阶段没有影响，而大多数因子均对植物有影响，或共同对植物有影响。这些对植物有直接或间接影响的因子称为"生态因子（因素）"。

2. 生态因子的类型

气候因子：温度、湿度、光照、降水、风等。

土境因子：土壤结构、理化性质、土镶生物等。

地形因子：地面起伏、坡度、坡向等。

生物因子：捕食、寄生、竞争和共生等。

人为因子：人类的活动对环境的影响。

3. 相关概念

在研究植物和环境的关系时，必须明确以下几个基本概念：

1）综合作用。环境中的各生态因子间是相互影响而又紧密联系的，它们组合成综合的总体，对植物的生长生存起着综合的生态、生理作用。环境中各生态因子又是相互联系、相互制约的，并非孤立存在。

2）主导因子。对某一种植物或者植物的某一生长发育阶段而言，常常有1~2个因子起决定性作用，这种起决定性作用的因子就叫"主导因子"。但需要注意的是，影响植物的主导因子并不是固定不变的。

3）生存条件的不可替代性。生态因子间虽互有影响、紧密联系，但生存条件是不可代替的，一种生存条件是不能以另一种生存条件来代替的。

4）生存条件的可调性。生存条件虽然具有不可替代性，但如果只表现为某生存条件在量方面的不足，则可由其他生存条件在量上的增强而得到调剂，并收到相近的生态效应，但这种调剂是有限度的。

5）生态幅。各种植物对生存条件及生态因子变化强度的适应范围是有一定限度的，超过这个限度就会引起死亡，这种适应的范围就叫生态幅。不同植物及同一种植物不同

的生长发育阶段的生态幅常具有很大差异。

环境中各因子与植物的关系是植物造景的理论基础。某种植物长期生长在某种环境里，受到该环境条件的特定影响，通过新陈代谢，形成了对某些生态因子的特定需要，这就是其生态习性。园林家们在园林建设工作中，亦应掌握园林植物与具体环境具有相互作用的基本概念，并应创造性地运用。

4.1.2　生态因子对植物的作用

1. 温度对植物的生态作用

1）季节性变温对植物的影响。温度因子对植物的生理活动和生化反应是极其重要的，以至于温度因子的变化对植物的生长发育和分布具有极大影响。一个地区的植物由于长期适应于该地区季节性的变化，就形成一定的生长发育节奏，称为物候期。物候期不是完全不变的，它随每年季节性变温和其他气候因子的综合作用而有一定范围的波动。在园林建设中，人们只有对当地的气候变化及植物的物候期有充分的了解，才能发挥植物的园林功能并进行合理的栽培管理。

2）昼夜变温对植物的影响。植物对昼夜变化的适应性称为"温周期"。昼夜变温可以影响植物种子的发芽、植物的生长、植物的开花结果等。植物的温周期特性与植物的遗传性和原产地日温变化的特性有关。一般而言，原产于大陆性气候地区的植物在气温日变幅为 10～15℃条件下，生长发育最好；原产于海洋性气候区的植物在气温日变幅为 5～10℃条件下生长发育最好，一些热带植物则能在气温日变幅很小的条件下生长发育良好。

3）突变温度对植物的影响。植物在生长期中如遇到温度的突然变化，生理进程会被打乱。当温度高于植物能够适应的温度范围的最高点或低于最低点时，植物的新陈代谢会被破坏，植物会受伤甚至死亡。

2. 光照对植物的生态作用

1）光照强度对植物的影响。根据植物对光照强度的反应，可将植物分成 3 种生态类型——阳性植物、阴性植物和中性植物（又称耐阴植物）。在自然界的植物群落组成中，我们可以看到乔木层、灌木层、地被层。各层植物所处的光照条件都不相同，这是长期适应的结果，植物对光形成了不同生态习性。

（1）阳性植物。在全日照下生长良好而不能忍受荫蔽的植物称为阳性植物，如落叶松属、松属（华山松、红松除外）、水杉属、桦木属、桉属、杨属、柳属、栎属的多种树木和臭椿、乌桕、泡桐，以及草原、沙漠及旷野中的多种草本植物。

（2）阴性植物。在较弱的光照条件下比在全光照下生长更好的植物称为阴性植物，如许多生长在潮湿、阴暗密林中的草本植物，包括人参、三七、秋海棠属的多种植物。严格地说，木本植物中很少有典型的阴性植物，而多为喜阴植物，这点是与草本植物不同的。

（3）中性植物。在充足的阳光下生长最好，但亦有一定程度的耐阴能力，高温干旱时在全光照下生长受抑制的植物，这类植物被称为中性植物。中性植物包括偏喜光与偏阴性种类。例如榆属、朴属、榉属、樱花、枫杨等为中性偏阳；槐、木荷、圆柏、珍珠梅、七叶树、元宝枫、五角枫等为中性稍耐阴；冷杉属、云杉属、福建柏属、铁杉属、粗榧属、红豆杉属、椴属、杜英、大叶楮、甜楮、阿丁枫、英蓬属、八角金盘、常春藤、八仙花、山茶、桃叶珊瑚、枸骨、海桐、杜鹃花、忍冬、罗汉松、紫楠、棣棠、香榧等均属中性而耐阴力较强的种类。

2）光质对植物的影响。植物在全光范围即在白光下才能正常生长发育，但白光中的不同波长如红光（760～626nm）、橙光（626～595nm）、黄光（595～575nm）、绿光（575～490nm）、青蓝光（490～435nm）、紫光（435～370nm），对植物的作用是不完全相同的。青蓝紫光对植物的生长有抑制作用，对幼芽的形成和细胞的分化均有重要作用；能抑制植物体内某些生长激素的形成因而抑制了茎的伸长，并产生向光性；还能促进花青素的形成，使花朵色彩艳丽。紫外光也有同样的功能，所以在高山上生长的植物，节间均缩短而花色鲜艳。可见光中的红光和不可见的红外光都能促进茎的加长和促进种子及孢子的萌发。对植物的光合作用而言，以红光的作用最大，其次是蓝紫光。红光有助于叶绿素的形成，促进二氧化碳的分解与碳水化合物的合成，蓝光则有助于有机酸和蛋白质的合成，而绿光及黄光则大多被叶子所反射或透过而很少被利用。

3）光照时数对植物的影响。每日光照时数与黑暗时数的交替对植物开花的影响称为光周期现象。按此可将植物分为 4 类：

（1）长日照植物。植物在开花以前需要有一段时期的光照时数，每日的光照时数多于 14h 的临界时数称为长日照植物。如果满足不了这个条件，则植物将仍然处于营养生长阶段而不能开花。反之，日照越长，开花越早。

（2）短日照植物。植物在开花前需要一段时期的光照时数，每日的光照时数少于 12h 的临界时数称为短日照植物。日照时数越短则开花越早，但是每日的光照时数不得短于维持生长发育所需的光合作用时间。有人认为，短日照植物需要一定时数的黑暗而非光照时数。

（3）中日照植物。在昼夜长短时数近于相等时才能开花的植物，称为中日照植物。

（4）中间性植物。对光照和黑暗长短没有严格要求，只要发育成熟，无论长日照条件或短日照条件下均能开花的植物，称为中间性植物。

各种植物在长期的系统发育过程中所形成的特性即对生境适应的结果，大多是长日照植物发源于高纬度地区，而短日照植物发源于低纬度地区，中间性植物则各地均有分布。日照时数对植物的生长和休眠也有重要的影响。延长光照时数会促进植物的生长或延长生长期，缩短光照时数则会促使植物进入休眠或缩短生长期。

3. 水分对植物的生态作用

1）水分对植物的重要性。水分是植物的重要组成部分。一般植物韧皮部都含有 60%～80%甚至 90%以上的水分。植物对营养物质的吸收和运输，以及光合、呼吸、蒸腾等生理作用，都必须在水的参与下才能进行。水是植物生存的物质条件，也是影响植物形态结构、生长发育、繁殖及种子传播等重要的生态因子。因此，适量的水使植物健康生长，形成具有多种特殊效果的植物景观。

2）植物生态类型。

（1）旱生植物。在干旱的环境中能长期忍受干旱并正常发育的植物类型称为旱生植物。根据它们的形态和适应环境的生理特性又可分为以下 3 类：

①少浆植物或硬叶旱生植物：体内的含水量很少，而且在丧失 1/2 含水量时仍不会

死亡。

②多浆植物或肉质植物：植物体内有薄壁组织形成的储水组织，体内含有大量水分，能适应干旱的环境条件。根据储水组织所在部位，又可分为肉茎植物和肉叶植物。多浆植物有特殊的新陈代谢方式，生长缓慢，但因本身储有充足的水分，故在热带、亚热带沙漠中其他植物难以生存的条件下，仙人掌类、肉质植物类却能很好地适应，有的种类能达 20m 高。

③冷生植物或干矮植物：本类植物具有旱生少浆植物的旱生特征，但又有自己的特点，一般形体矮小，多呈团丛状或垫状。其生长环境依水分条件可划分为两种：一种是土壤干旱而寒冷，因而植物具有旱生性状；另一种是土壤湿润甚至多湿而寒冷植物，亦呈旱生性状，这是由于气候寒冷而造成生理上的干旱。前者又可称为干冷生植物，常见于高山地区；后者又可称为湿冷生植物，常见于寒带、亚寒带地区，是温度与水分因子综合影响所致。

（2）中生植物。大多数植物属于中生植物，不能忍受过干和过湿的条件，由于种类众多，因而对干与湿的忍耐程度方面具有很大差异。耐寒力极强的种类具有旱生性状的倾向，耐湿力极强的种类则有湿生植物性状的倾向。中生植物特征是根系及输导系统较发达，叶片表面有层角质层，叶片的栅栏组织和海绵组织均较整齐，叶片内没有完整而发达的通气组织。

（3）湿生植物。需生长在潮湿的环境中，若在干燥或中生的环境则常死亡或生长不良，这类植物称为湿生植物。根据实际的生态环境又可分为两种类型：

①喜光湿生植物：指生长在阳光充足、土壤水分经常饱和或仅有较短的较干期地区的湿生植物，例如在沼泽花草甸、河湖沿岸地生长的鸢尾、半边莲落雨杉、池杉水松等。

②耐阴湿生植物：指生长在光线不足，空气湿度较高，土壤潮湿的湿生环境下的湿生植物。热带雨林或亚热带季雨林中、下层的许多种类均属于本型，例如多种蕨类、海芋、秋海棠类及多种浮生植物。

（4）水生植物。生长在水中的植物叫水生植物，又可分为 3 个类型：

①挺水植物：植株体的大部分露在水面以上的空气中，如芦苇、香蒲等。红树则生于海岸滩浅水中，满潮时全树没于水中，落潮时露出地面，故称为海中森林。

②浮水植物：叶片漂浮在水面的植物，又可分为两种类型：一是半浮水型，根生于水下泥中，仅叶及花浮在水面，如睡莲等；二是全浮水型，植株体完全自由地漂浮在水面上，如凤眼莲、槐叶平、满江红等。

③沉水植物：植株体完全浸没在水中，例如金鱼藻、苦草等。

水生植物的形态和特点是植株体的通气组织发达；在水面以上的叶片大；在水中的叶片小，星带状或丝状，叶片薄，表皮不发达，根系不发达。

4. 土壤对植物的生态作用

土壤是植物生长的基质，其对植物最明显的作用之一就是提供植物根系生长的场所。

1）成土母质。不同的成土母质的岩石风化后形成不同性质的土壤，不同性质的土壤上有不同的植被，因而就具有不同的植物景观。成土母质岩石风化物对土壤性状的影响，主要表现在物理、化学性质上，如土壤厚度、质地、结构、水分、空气、湿度、养分等状况及酸碱度等。如石灰岩主要由碳酸钙组成，属钙质岩类风化物。由于风化过程中碳酸钙受酸性水溶解，大量随水流失，土壤中缺乏磷和钾，呈中性或碱性反应，黏实，易干。因此，石灰岩地不宜针叶树生长，适合喜钙耐旱植物生长，上层乔木则以落叶树占优势。砂岩属硅质岩类风化物在湿润条件下形成酸性土，但营养元素贫乏。流纹岩也难风化，在干旱条件下，多石砾或砂砾质，在温暖湿润条件下呈酸性或强酸性，形成红色黏土或砂砾质黏土。其适宜生长的植被以常绿树种较多，如青冈栎、米槠、苦槠、浙江楠、紫楠、香樟等，也适合马尾松、毛竹生长。

2）土壤物理性质对植物的影响。土壤物理性质主要指土壤的机械组成。理想的土壤是疏松、有机质丰富、保水和保肥力强、有团粒结构的壤土。城市土壤的物理性质具有极大的特殊性，很多为建筑土壤，含有大量砖瓦与基础土，其含量在30%以下时，有利于在城市土壤承受剧烈压踏下的通气，使植物根系能够生长良好；高于30%，则保水不好，不利于根系生长。

人踩、车压增加了土壤的硬度。土壤被踩踏紧密后，造成土壤内孔隙度降低，土壤通气不良，抑制植物根系的伸展与生长，使根系上移。一般人流影响土壤深度为 $3\sim10cm$，土壤硬度为 $14\sim18kg/cm^2$；车辆影响到深度 $30\sim35cm$ 时，土壤硬度为 $10\sim70kg/cm^2$；机械反复碾压的建筑区，深度可达 $1m$ 以上。

3）土壤 pH 值与植物生态类型。

根据土壤酸碱性，土壤碱度分成 5 级：pH<5 为强酸性；pH＝$5\sim6.5$ 为酸性；pH＝$6.5\sim7.5$ 为中性；pH＝$7.5\sim8.5$ 为碱性；pH>8.5 为强碱性。高温多雨地区，土壤中的盐质如钾、钠、钙、镁被淋溶，而铝的浓度增加，土壤呈酸性。在高海拔地区，由于气候冷凉潮湿，在针叶树为主的森林区，含灰分较少，土壤也呈酸性。酸性土壤植物，在碱性土或钙质土上不能生长或生长不良。这类植物有柑橘类、茶、山茶、白兰、含笑、珠兰、茉莉、槛木、枸骨、八仙花、肉桂、高山杜鹃等。土壤中含有碳酸钠、碳酸氢钠时，pH 值可达 8.5 以上，称为碱性土。能在盐碱土上生长良好的植物叫耐盐碱土植物，如新疆杨、合欢、文冠果、黄栌、木槿、柽柳、油橄榄、木麻黄等。土壤中所含盐类为氯化钠、硫酸钠时，土壤呈中性。含有游离碳酸钙的土称钙质土。有些植物在钙质土上生长良好，这称为钙质土植物（喜钙植物），如南天竺、柏木、青檀、臭椿等。

5. 空气对植物的生态作用

1）空气对植物的重要性。空气中含有氧、二氧化碳、氮等。

（1）氧和二氧化碳。空气中的二氧化碳和氧的浓度直接影响到植物的健康生长与开花状况。

氧是植物呼吸作用必不可少的，但在空气中它的含量基本上是不变的，所以对植物的地上部分不形成特殊的作用，但是植物根部的呼吸及水生植物尤其是沉水植物的呼吸作用则靠土壤中和水中的氧气含量。如果土壤中的氧不足，会抑制根的伸展以至于影响到全株的生长发育。

二氧化碳是植物光合作用必需的原料。以空气中二氧化碳的平均浓度为 320mg/L 计，从植物的光合作用角度来看，这个浓度仍然是个限制因子。有生理试验表明，在光强为全光照 1/5 的实验室内，将二氧化碳浓度提高 3 倍时，光合作用强度也提高 3 倍。但是，如果二氧化碳浓度不变而仅将光强提高 3 倍，则光合作用仅提高 1 倍。因此，在现代栽培技术中，有些温室采用施二氧化碳气体的措施。二氧化碳浓度的提高，除有增强光合作用效果外，还有促进某些雌雄异花植物的雌花分化率提高的效果，因此可以用于提高植物的产量。

（2）氮。空气中的氮虽然占 4/5，但是高等植物不能直接利用它，只有固氮微生物和蓝绿藻可以吸收和固定空气中的游离氮。根瘤菌是与植物共生的一类固氮微生物，它的固氮能力因所共生的植物种类的不同而不同。据测算，$1km^2$ 的紫花苜蓿一年可固氮达 200kg 以上，$1km^2$ 大豆或花生可固氮达 50kg 左右。此外，蓝绿藻的固氮能力也较强。

（3）空气中还常含有植物分泌的挥发性物质，其中有些也能影响其他植物的生长。如铃兰花朵的芳香能使丁香萎蔫，洋艾分泌物能抑制圆叶当归、石竹、大丽菊、亚麻等的生长。

2）空气中的污染物质及其对植物的影响。

（1）空气中的污染物质。由于工业的迅速发展和防护措施的缺乏或不完善，造成了大气和水源污染。目前，受到人们关注的污染大气的有毒物质已达 400 余种，通常危害较大的有 20 余种，按其毒害机制可分为 6 种类型：

①氧化性类型：臭氧、过氧甲酰、硝酸酯类、二氧化氮、氯气等。

②还原性类型：二氧化硫、硫化氯、一氧化碳、甲醛等。

③酸性类型：氟化氢、银化氢、三氧化硫、四氟化硅、硫酸烟雾等。

④碱性类型：氨等。

⑤有机毒害型：乙烯等。

⑥粉尘类型：按其粒径大小又可分为落尘（粒径在 $10\mu m$ 以上）及飘尘（粒径在 $10\mu m$ 以下），如各种重金属无机毒物及氧化物粉尘等。在城市中汽车过多的地方，由汽车排放的尾气经太阳光中的紫外光的照射会发生光化学作用变成浅蓝色的烟雾，称为光化学烟雾。

（2）大气污染对植物的影响。被污染的空气中的有毒气体破坏了叶片组织，降低了光合作用，直接影响植物的生长发育，表现在生长量降低、早落叶、延迟开花结实或不开花结果、果实变小、产量降低、树体早衰等。

3）风对植物的生态作用。风对植物有利的生态作用表现为帮助授粉和传播种子。兰科和杜鹃花科的种子细小，质量不超过 0.002mg，杨柳科、菊科、萝摩科、铁线莲属、柳叶菜属植物有的种子带毛，榆属、槭属、白蜡属、枫杨属、松属某些植物的种子或果实带翅，这些都借助于风来传播。此外，银杏、松、云杉等的花粉也都靠风传播。

风对植物有害的生态作用表现在台风、焚风、海潮风、冬春的旱风、夏季的干热风、高山强劲的大风等。沿海城市树木常受台风危害，如厦门台风过后，冠大荫浓的榕树被连根拔起，大叶桉主干折断，凤凰木小枝纷纷被吹断，盆架树由于大枝分层轮生，风可穿过，只折断小枝，只有椰子树和木麻黄最为抗风。四川渡口、金沙江的深谷、云南河口等地，有极其干热的焚风，焚风一过，植物纷纷落叶，有的甚至死亡。海潮风常把海中的盐分带到植物体上，抗不住高浓度盐分的植物就要死亡，青岛海边红楠、山茶、黑松、大叶黄杨、大叶胡颓子、柽柳的抗盐性就很强。北京早春的旱风是植物枝梢干枯的主要原因。由于土壤温度还没提高，根部还没恢复吸收机能，在干旱的春风下，枝梢失水而枯。强劲的大风常出现在高山、海边、草原上。由于大风经常性地吹袭，直立乔木迎风面的芽和枝条干枯、侵蚀、折断，只保留背风面的树冠，如一面大旗，故形成旗形树冠的景观，在高山风景点上，犹如迎送游客。有些吹不死的迎风面枝条，常被吹弯曲到背风面生长，有时主干也常年被吹成沿风向平行生长，形成扁化现象。为了适应多风、大风的高山生态环境，很多植物生长低矮、贴地，株形变成与风摩擦力最小的流线形，成为垫状植物。

6. 自然植物群落结构组成及其启示

1）植物群落。在自然界，任何植物种都不是单独生活的，总有许多其他种的植物和它生活在一起。这些生长在一起的植物种，占据了一定的空间和面积，按照自己的规律生长发育、演变更新，并同环境发生相互作用，称为植物群落。植物群落按其形成可分为自然群落及栽培群落。自然群落是在长期的历史发育过程中，在不同的气候条件及生境条件下自然形成的群落；栽培群落是按人类需要，把同种或不同种的植物配置在一起形成的，是服从于人们生产、观赏、改善环境条件等需要而组成的，如果园、苗圃、行道树、林荫道林带、树丛、树群等。植物造景中栽培群落的设计必须遵循自然群落的发展规律，借鉴丰富多彩的自然群落结构；切忌单纯追求艺术效果及刻板的人为要求，不顾植物的习性要求，拼凑成违反植物自然生长发育规律的群落。

2）植物群落结构组成。每一种植物群落应有一定的规模和面积且具有一定的层次，这样才能表现出群落的种类组成。在规范群落的水平结构和垂直结构以保证群落的发育和稳定状态，使群落与环境的相对作用稳定时，才会出现"顶级群落"。群落中的植物组合不是简单的乔、灌、藤本、地被的组合，而应该从自然界或城市原有的、较稳定的植物群落中寻找生长健康、稳定的植物组合，在此基础上结合生态学和园林美学原理建立适合城市生态系统的人工植物群落。

（1）观赏型人工植物群落。观赏型人工植物群落是生态园林中植物配置的重要类型。选择观赏价值高且功能多的园林植物，运用风景美学原理进行科学设计及合理布局，才能构成自然美、艺术美、社会美的整体，体现出多单元、多层次、多景观的生态型人工植物群落。在观赏型植物群落中应用最多的是季相变化，园林工作者在设计中应合理配置植物，以实现四季有景。

（2）抗污染型人工植物群落。以园林植物的抗污染性为主要评价指标，并结合植物的光合作用、蒸腾作用、吸收污染物特性等测定指标，选择出适于污染区绿地的园林植物进行合理配置，就可以组建抗污染型的植物群落。该群落以抗性强的乡土树种为主，结合使用抗污性强的新优植物。其种植模式设计以通风较好的复层结构为主，组成抗性较强的植物群落。它可以有效地改善重污染环境局部区域内的生态环境，提高生态效益，有利人们健康。它既丰富了植物种类、美化了环境，又适应了粗放管理的方式，比较适合污染区大面积绿化养护管理的需要。

（3）保健型人工植物群落。保健型人工植物群落主要利用特殊植物的配置形成一定的植物生态结构，利用植物有益分部物质和挥发物质，达到增强人们健康、防病、治病的目的。在公园、居住区尤其医院、疗养院等单位，应以园林植物的杀菌特性为主要评价指标，并结合植物吸收二氧化碳释放氧气、降温增湿、滞尘及耐阴性等测定指标，选择适应相应绿地的园林植物种类。

（4）知识型人工植物群落。可以在公园、植物园、动物园、风景名胜区等地方收集多种植物群落，按分类系统或种群生态系统排列种植，建立科普性的人工群落供人们欣赏、借鉴及应用。在该群落中应用的植物不仅着眼于色彩丰富的栽培种类，还应将濒危和稀有的野生植物引入其中。这样既可丰富景观，又保存和利用了种质资源，激发人们热爱自然、探索自然奥秘的兴趣和爱护环境、保护环境的自觉性。

（5）生产型人工植物群落。可以根据不同的绿地条件建设生产型人工植物群落，发展具有经济价值的乔、灌、花、果、草、药和苗圃基地，与环境协调，既能满足市场的需要，又可以增加社会效益。例如，在绿地中选用干果或高干性果树如板栗、核桃、银杏、枣树、柿树等；在居住区种植桃、杏、海棠等较低矮的果树等。

3）植物群落景观设计启示。风景园林植物配置造景要遵循生态学原理，充分考虑物种的生态特征，合理选择配置物种类，避免种间直接竞争，形成结构合理、功能健全、种群稳定的复层群落结构，以利于种间互相补充，既能充分利用环境资源，又能形成优美的景观，建立人类、动物、植物相联系的新秩序，兼顾生态美、科学美、文化美和艺术美。其主要应遵循以下几点：

（1）尊重植物的生态习性及当地自然环境特征；

（2）遵循生物多样性原则合理配置；

（3）适地适树；

（4）符合植被区域；

（5）遵从"互惠共生"原理协调植物之间的关系。

4.2　园林植物的美学原理

4.2.1　美的概念

人类感受到的各种美，总体上来说不外乎 3 类，即生活美、自然美和艺术美。关于美，主观唯心主义者认为，美没有客观标准，如当杨贵妃被迫自缢身亡后，唐明皇觉得大自然也变得不美了；客观唯心主义者认为，美是一种绝对观念、绝对精神、绝对理念；机械唯物主义者认为，美是没有阶级性的，是脱离人类社会而存在的；辩证唯物主义者认为，美是有客观性的，但由于经济基础、风俗习惯、艺术传统等的差异，形成不同的审美观，这一定义无疑是最科学、最客观的。

4.2.2　色彩美原理

1. 色彩基础认识

赏心悦目的景物往往是因为色彩引人注目，其次是形体美、香味美和听觉美。园林中的色彩以绿色为基调，配以其他色彩，如美丽的花、果及变色叶，构成了缤纷的色彩景观。园林植物多为彩色，如红花、绿叶等，景观则较少用白、灰、黑色，主要是一些白色干皮植物、白色花及黑色果实等。色彩有色相、明度和饱和度 3 个属性。色相是区分色彩的名称，即物体反射阳光所呈现的各种颜色。其中红、黄、蓝为三原色，两两等量混合即为橙、绿、紫，称为二次色。二次色再相互混合则成为三次色，即橙红、橙黄、黄绿、蓝绿、蓝紫、紫红等。自然界各种植物的色彩变化万千，凡是具有相同基础的色彩如红蓝之间的紫、红紫、蓝紫，与红、蓝两原色相互组合，均可以获得比较调和的效果。二次色与三次色的混合层次越多，越呈现稳重、高雅的感觉。明度是色彩明暗的特质，光照射到物体时会形成阴影，由于光的明暗程度会引起颜色的变化，而明暗的程度即"明度"。白色在所有色彩中明度最高，黑色明度最低，由白到黑，明度由高到低顺序排列，构成明暗色阶。饱和度为某种色彩本身的浓淡或深浅程度。艳丽的色彩色系的饱和度高，明度也高。黑、白色无色度，只有明度。

2. 色彩情绪效应

色彩因搭配与使用的不同，会使人的心理产生不同的感受。一个空间所呈现的立体感、大小比例及各种细节等，都可以因为色彩的不同运用而显得明朗或模糊。熟悉、理解和掌握色彩的各种"情感"，并巧妙地运用到景观设计中，可以得到事半功倍的效果。

色彩一般可以分为冷色系、暖色系两大类。给人以温暖的感觉的为暖色系，给人以冷凉的感觉的为冷色系，冷暖感取决于不同的色相。暖色以红色为中心，包括由橙到黄之间的一系列色相。冷色以蓝色为中心，包括从蓝绿到蓝紫之间的一系列色相，绿与紫同属于中性色。此外，明度、色度的高低也会影响色相的冷暖变化。白色显得冰冷，而黑色给人以温暖。灰色则属中性，对视者不会产生疲劳感。冷色及灰色对人的刺激性较弱，故常给人以恬静之感。

色彩容易引起视线的注意，色彩诱目性高，而由各种色彩组成的图案能否让人分辨清楚，是其是否为明视性的重要标准。要达到良好的景观设计效果，既要有诱目性，又要考虑明视性。一般而言，色度高的鲜艳色具有较高的诱目性，如鲜艳的红、橙、黄等色彩，给人以膨胀、延伸、扩展的感觉，所以容易引起注目。

然而诱目性高未必明视性也高，例如红与绿非常抢眼，但不能辨明。明视性的高低受明度差的影响，一般明度差异越大，明视性越强。色彩的轻、重感觉受明度的影响，色彩明亮让人觉得轻快，色彩暗浅让人觉得沉重，明度相同者则色度越高越轻、越低越重。深色与暗色感觉重，因此在室内绿化中多采用暗色调植物，以显稳重、威严。浅色调感觉轻，活泼好动者喜欢在室内摆色彩浅淡的植物，给人以亲近、轻松、愉快的感觉。而在室外的植物景观设计及插花艺术中如果上暗下浅，则上重下轻，会有动感、活泼感，但重心不稳；下暗上浅，则相反（图4-1）。不同明度的色彩给人的距离感是不一样的，深色趋向观赏者，浅色远离观赏者（图4-2）。

3. 配色原则

1）色相调和。

（1）单一色相调和：在同一颜色之中，浓淡明暗相互配合。同一色相的色彩，尽管明度或色度差异较大，但容易取得协调与统一的效果；而且同色调的相互调和，意象缓和、和谐、有醉人的气氛与情调，但也会产生迷惘而精力不足的感觉。因此，在只有一个色相时，必须改变明度和色度组合，加之植物的形状、排列、光泽、质感等变化，以免单调乏味。在园林植物景观中，并非任何时候都有花开或彩叶，绝大多数是绿色。而绿色的明暗与深浅的"单色调和"加上蓝天白云，同样会显得空旷优美。如草坪、树

图 4-1　深色叶丛作基础，枝条及细叶在上，构图稳定

图 4-2　深色趋向观赏者，浅色远离观赏者

林、针叶树，以及阔叶树、地被植物的深深浅浅，给人们不同的、富有变化的色彩感受。

（2）近色相调和：近色相的调和与配色仍然具有相当强的调和关系，然而它们又有比较大的差异，即使在同一色调上，也能够分辨其差别，易于取得调和色；相邻色相，统一中有变化，过渡不会显得生硬，易得到和谐、温和的气势，并加强变化的趣味性；加之以明度、色度的差别运用，更可设计出各种各样的调和状态，配成既有统一又有起伏的优美配色景观。近色相的色彩，依一定顺序渐次排列，用于园林景观的设计中，常能给人混合气氛的美感。如红、蓝相混以得紫，红紫相混则为近色搭配。同理，红、紫或黄绿亦然。欲打破近色相调和之温和平淡，又要保持其统一和融合，可改变明度或色度。强色配弱色，或高明度配低明度，加强对比度效果也不错。

（3）对比色相调和：对比色配色给人以现代、活泼、洒脱、明视性高的效果。在园林景观中运用对比色相的植物花色搭配，能产生对比的艺术效果。在进行对比色配色时，要注意明度差与面积大小的比例关系。对比色相会因为其两者的鲜明印象而互相提高色度，所以至少要降低一方的色度方达到良好的效果。如果主色恰巧是相对的补色，效果太强烈，会较难调和。

（4）中差色相调和：红与黄、绿和蓝之间的关系为中差色相，一般认为其间具有不调和性，植物景观设计时，最好改变色相或调节明度，因为明度要有对比关系，可以掩盖色相的不可调和性。中差色相接近于对比色，一般均因鲜明而诱人。

2）色块应用。绿色景观中的色彩是由各种大的色块有机地拼凑在一起而形成的。如广场绿化和道路绿化两侧的绿化带，通常用紫叶小檗、金叶女贞、黄杨篱和草坪等配成各种大小不等的色带或色块，以增强城市的快节奏感。在西方古典规则式园林中心的各种模纹花坛更是喜用矮篱修剪成各种图案，其中大部分强调色彩的构图。为表现色彩构图之美，设计者应考虑以下几个方面：

（1）色块的面积。色块的面积可以直接影响绿地中的对比与调和，对绿地景观的情趣具有决定性作用。一般来说，配色与色块体量的关系为：色块大，色度低；色块小，色度高；明色、弱色色块大；暗色、强色色块小。如大面积的森林公园中，强调不同树种的群体配植，以及水池、水面的大小，建筑物表面色彩的鲜艳与面积及冷暖色比例等，都是以色块的大小来体现造景原则的方法。

（2）色块的浓淡。一般大面积色块宜用淡色，小面积色块宜用深色，但要注意面积的相对大小还与视距有关。对比的色块宜近观，有加重景色之效应，但远眺则效果减弱；暖色系的色彩，因其色度、明度较高，所以明视性强，其周围若配以冷色系色彩植物，则需强调大面积，以寻得视觉平衡。如园林造景中，经常采用草坪缀花，景致非常怡人，因为草坪属于大面积的淡色色块，而花草多，色彩艳丽。

3）背景色搭配。中国古典园林中常有以"藉以粉壁为纸，以石为绘也"的例子，即为强调背景的优秀例子。任何色彩植物的运用必须与其背景景象取得色彩和体量上的协调，现代绿地中经常用一些攀缘植物爬满黑色的墙或栏杆，以求得绿色背景，前面相应衬托各种鲜艳的花草树木等，整个景观鲜明、突出，轮廓清晰，可展现良好的艺术效果（图4-3）。

图 4-3 深色叶丛作为浅色植物的背景

4）配色修正。绿地中以乔、灌等配置的景观一般不易更改，而花坛和节庆日临时性摆花的色彩搭配可以加以修正或改变色相、明度和色度。对单一色相的配色，要用不同的明度、色度来组织搭配，以避免与流于单调乏味同种色相的配色，相近色与对比色均易取得调和；如果有中差色相的存在，最好改变一方色相，增大、减小色块的面积，对较难调和的补色色相，最好从改变色相或面积大小考虑；3种色相配色，不宜均采用暖色相；控制色相在2~3种间，以求典雅不俗。对同一明度色彩，不易调和，应尽量避免；明度差异大时易调和，明视性高。将色度不同的各种颜色配在一起，会相互加强效果；色彩差很大时，应以高色度为主色，低色度为副色。在色彩调和时，无法从更改色相、明度和色度中得到缓解，则可考虑色块的大小、色块的集散、色块的排列及配置、色块的浓淡等。若两种颜色互相冲突，可以在配色之间加上白、黑、灰、银、金等线条，将其分隔、过渡（图4-4）。

图 4-4 中色调植物作为深色与浅色植物的过渡

植物与植物及其周围环境之间在色相、明度及色度等方面应注意差异、秩序、联系和主从等艺术原则。任何景观设计都是围绕一定的中心主题展开的，色彩的应用或突出主题，或衬托主景。不同的色彩带有不同的感情，而不同的主题表达亦要求与其相配的色彩调和出或热闹、或安详、或甜美温馨、或野趣、或田园风光等氛围。

4. 园林植物的色彩及其观赏特性

景观欣赏最直接、最敏感的接触来自色彩，不同的色彩在不同国家和地区具有不同的象征意义，而欣赏者对色彩也极具偏好性，色彩同形态一样也具有"感情"色彩。不同的植物及植物的各个部分都显现出多样的色彩效果。好的色彩搭配可以令平凡而单调的景观得到升华，"万绿丛中一点红"就将少量红色凸显出来，而"层林尽染"则突出"群色"的壮丽景象。不同色彩的"情感"及植物景观的表现可参考如下几点：

（1）红色：充满刺激，意味着热情、奔放、喜悦和活力。红色给人以艳丽芬芳、热情和成熟青春的感觉，因此极具注目性、诱视性和美感。但过多的红色，刺激性过强，令人倦怠，心理烦躁，故应用时要慎重。

（2）橙色：橙色为红和黄的合成色，兼有火热、光明的特性，象征古老、温暖和欢欣。橙色给人明亮、华丽、健康、温暖、芳香的感觉。

（3）黄色：黄色明度高，给人以光明、辉煌、灿烂柔和、纯净之感，象征着希望、快乐和智慧，同时也给人崇高、神秘、华贵、威严、高雅等感觉。

（4）蓝色：蓝色为典型的冷色和沉静色，有寂寞、空旷的感觉。在园林中，蓝色系植物用于安静处或老年人活动区。

（5）紫色：紫色乃高贵、庄重、优雅之色，明亮的紫色令人感到美好和兴奋。高明度紫色象征光明，易形成舒适的空间环境。低明度紫色与阴影和夜空相联系，有神秘感。

（6）白色：白色象征着纯洁和纯粹，神圣与和平。白色明度最高，给以明亮、干净、清楚、坦率、朴素、洁净、爽朗的感觉，也易给人单调、冰凉和虚无之感。

5. 色彩在植物景观设计中的应用

色彩与园林意境的创造、空间构图及空间艺术表现力等有着密切的关系。在古典园林中用色彩来表现景观者比比皆是。《花镜》中提到：因其（植物）质之高下，随其花之时候，配有"梅花蜡瓣之极清，宜陪篱坞，曲栏暖阁，红白间植，古干横施""桃花妖冶，宜别墅山限，小桥溪畔，横参翠柳，斜映明霞"。北宋诗人欧阳修云"深红浅白宜相间，先生仍须次花开"，道出了诗人对花色的深刻理解与钟爱。现代城市园林中以色彩为主的景点也很多。在广场或公路绿化中，多用彩色叶矮篱组成各种图案。另外，还有以各种不同秋色叶类植物群植在一起展现秋季的绚丽色彩，如北京香山植物园的"绚秋园"。

4.2.3　形式美原理

好的作品都是形式与内容的完美结合，园林植物造景中同样遵循着绘画艺术和造景艺术的基本规律，即对比与调和、稳定与均衡、比例与尺度、节奏与韵律、变化与统一等规律。

1. 对比与调和

对比是借两种或多种性状有差异的景物之间的对照，使彼此不同的特色更加明显，提供给观赏者一种新鲜兴奋的景象。调和是通过布局形式、造园材料等方面的统一、协调，使整个景观效果和谐。植物景观设计时要注意相互联系与配合，使其具有柔和、平静、舒适和愉悦的美感，找出近似性和一致性，体现调和的原则，配植在一起才能产生协调感。相反，用差异和变化可产生对比的效果，具有强烈的刺激感，形成兴奋、热烈和奔放的感受。因此，在植物景观设计中常用对比的手法来突出主题或吸引眼球。当植物与建筑配植在一起时要注意体量、高矮等比例的协调。

对比可有以下几种：

1）闭合空间对比开敞空间。如果人从开敞空间骤然进入闭合空间，视线突然受阻，会产生压抑感；相反，从封闭空间转到开敞空间，则会豁然开朗，柳暗花明又一村。围合封闭与空旷自然、互相对比、互为衬托，从封闭的森林走向空旷的草原，令人心旷神怡，顷刻释放所有的恐怖和压抑；从空旷走向封闭，深邃而幽寂，别有一番滋味。因此，巧妙地利用植物创造封闭与空旷的对比空间，有引人入胜之功效。

2）方向对比。园林中由植株构成的具有线的方向性时，会产生方向对比，它强调变化，增加景深与层次。如空旷的草坪和竖向高耸的密林对比，高大乔木与低矮的灌木及草坪地被形成高矮之对比，草坪显得更加开阔。又如水平方向开敞的大草坪与垂直方向的孤植树之间的对比，使孤植树更加突出。

3）体量对比。体量指景物的实体大小、粗细与高低的对比关系，是感觉上的大小，目的是相互衬托（图4-5）。各种植物在体量上存在着很大差别，不仅是种类不同，还表现在同种的不同生长级别上。利用此对比也可体现不同的景观效果，如以假槟榔和散尾葵对比，蒲葵与棕竹对比，而其叶形及热带风光的姿态又得以调和。植物有常绿与落叶之分，冠为实而冠内为虚，以灌木围合四周，以乔木围合顶部，在需要突出透景线的地方不加种植。"植物为实，空间为虚，实中有虚，虚中有实"是现代园林植物景观设计中较好的设计方法。

(a) 形态各异，大小相同，观赏效果不佳

(b) 形态各异，大小不一，观赏效果好

图 4-5 体量对比

4）材质对比。园林植物景观是由植物的景观素材特性及其与周围环境综合构成的。植物的景观素材主要由植物的色彩、体形及质地构成，这些构成要素都存在大小、轻

重、深浅、距离感的差异（图 4-6）。园林植物景观设计中应用对比，会使景观丰富多彩，生动活泼；同时适用调和原理，以求统一和凸显主题（图 4-7）。植物的姿态分为向上型、平行型和无方向型，同时也表现了其方向性。其中向上与平行，一横一立，同处一画面，更突出个性表达。

图 4-6　粗质趋近，细质远离

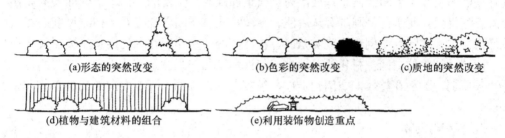

(a)形态的突然改变　　　(b)色彩的突然改变　　　(c)质地的突然改变

(d)植物与建筑材料的组合　　　(e)利用装饰物创造重点

图 4-7　突出植物的几种方式

2. 均衡与稳定

构图在平面上的平衡为均衡，在立面上的平衡则为稳定。园林植物景观是利用各种植物或其构成要素在体形、数目、色彩、质地及线条等方面展现量的感觉。均衡是人们在心理上对对称或不对称景观在体量感上的感受稳定。质感、色彩、大小等都可以影响均衡与稳定（图 4-8）。一般来说，色彩浓重、体量大、数量多、质地粗厚、枝叶茂密的植物种类，给人以重的感觉。相反，色彩素淡、体量小巧、数量少、质地细、枝叶疏朗的植物种类，则给人以轻盈的感觉。均衡也适用于景深，在园林中应该始终保持前景、中景、背景的关系。

图 4-8　非对称式与对称式均衡

规则式均衡常用于规则式建筑及庄严的陵园或雄伟的皇家园林中。自然式均衡赋予景观以自然生动的感觉，常用于花园、公园、植物园、风景区等较自然的环境中（图 4-9）。

3. 比例与尺度

比例是部分和部分之间、整体和局部之间、整体和周围环境之间的大小关系，其与具体尺度无关。不同比例的景观构成在人的心理上会产生不同的感觉。尺度是指与人有

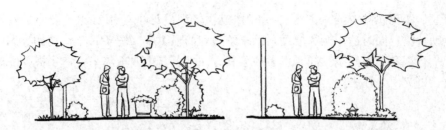

图 4-9　构图均衡与构图不均衡的植物构图

关的物体实际大小与人印象中的大小之间的关系，它和具体尺寸有着密切的关联，并且容易在人心理上产生定式。一般来说，人们倾向于将物体大小与人体比较，因此与人体具有良好的尺度关系的物体总是被认为是合乎标准的、正常的。比正常标准大的比例会使人感到畏惧，而小比例则具有从属感。在园林建筑空间设计中对比例与尺度的要求比较严格，因为实际的比例和尺度美是以各种几何的图形构图在人的视觉印象比较中产生的。而园林植物的空间受材料的自然生长特性的制约和限制，其比例和尺度美的运用显得比较薄弱，然而在整体的空间构造中，模糊考虑植物的长度及空间的比例也是非常必要的。

4. 节奏与韵律

有规律的再现称为节奏，在节奏的基础上深化而形成的既富于情调又有规律、可以把握的属性称为韵律。韵律包括连续韵律、渐变韵律、交替韵律和起伏韵律等。连续韵律指重复出现相同距离的相同图案，如行道树的种植方式；渐变韵律是以不同元素的重复为基础，重复出现的图案形状不同、大小呈渐变趋势，形式上更复杂一些，如西方古典园林中的卷草纹式柱头和模纹花坛即属此类；交替韵律是利用特定要素的穿插而产生的韵律感，如道路分车带中的图案种植常用这种变化方法；起伏韵律指一种或几种因素在形象上出现较为有规律的起伏变化，如指由于地形的起伏、台阶的变化造成的植株有起伏感，或模拟自然群落所做的配置造成林冠线的变化。

园林植物景观设计中，可以利用植物的单体或形态、色彩、质地等景观要素进行有节奏和韵律的搭配，同时要注意纵向的立体轮廓线和空间变换，做到高低搭配，有起有伏，产生节奏韵律，避免布局呆板（图 4-10）。配植中有规律的变化，就会产生韵律感（图 4-11）。当然植物形成的空间旷凹的变化，也要考虑节奏与韵律变化。

　(a) 同种树种的重复　　　(b) 种植形式的重复　　　(c) 形式与质地的重复

图 4-10　重复熟悉的形式、质地、色彩，给人安全感，易统一

5. 变化与统一

植物景观设计时，树形、色彩、线条、质地及比例都要有一定的差异和变化，显示多样性，但又要使它们之间保持一定的相似性，引起统一感、简洁感。变化太多，整体就会显得杂乱无章、支离破碎和失去美感。过于繁杂的色彩会引起心烦意乱，无所适从（图 4-12）。但平铺直叙、没有变化，又会显得单调呆板（图 4-13）。因此要在统一中求变化、在变化中求统一。运用重复的方法最能体现植物景观的统一感、简洁感。如行道

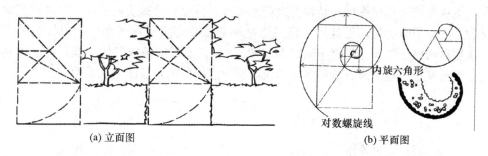

(a) 立面图　　　　　　　　　　　　(b) 平面图

图 4-11　黄金分割在园林配植中的应用

树绿带中，用等距离配植同种同龄乔木树种，或在乔木下配植同种同龄花灌木，这种精确的重复最具有统一感（图 4-14）。规划时，一座城市中的树种分基调树种、骨干树种和一般树种。基调树种种类少，但数量大，形成该城市的基调及特色，起到统一的作用。而一般树种则种类多，每种量少，五彩缤纷，起到变化的作用。

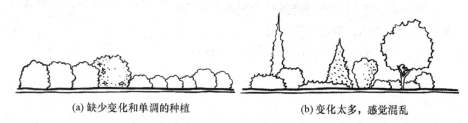

(a) 缺少变化和单调的种植　　　　　　　　(b) 变化太多，感觉混乱

图 4-12　变化是增加、构成趣味性的重要原则

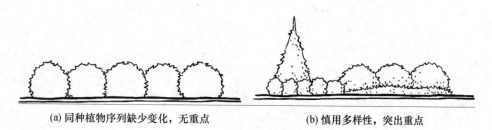

(a) 同种植物序列缺少变化，无重点　　　　(b) 慎用多样性，突出重点

图 4-13　增加变化时要注意突出重点

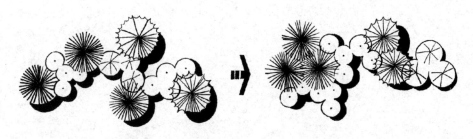

图 4-14　集中配置常绿植物，统一感强

6. 主与从

主从即主体与从属的关系。主与从构成了重点和一般的对比与变化。"在主从比较中发现重点，在变化关系中寻求统一"是艺术设计中的法则。尤其是在植物配置中，如

何表现主从与统一是获得良好景观的决定性因素。在园林植物景观设计中，强调和突出主景的方法除了树丛几何设计外，还可以把轴心或重心安置在中轴线上或轴线的交会处，从属景物置于轴线之两侧副轴线上（图 4-15）。而就区域或群体的设置，应以具围合重心为重点，根据体量、色彩等因素及心理效应的影响，分配主从景物。

图 4-15　植物强调主景

课后习题

1. 你能举出植物色彩在植物造景中运用的例子吗？
2. 花相的类型和代表植物分别是什么？
3. 生活中植物色彩、形态搭配较好的景点有哪些？

第5章

园林植物景观设计形式

5.1 植物造景艺术

园林植物历来是我国造园布景中最富于变化的因素，而且也是园林艺术的重要组成部分，常被誉为园林之容貌。在从事园林景观设计时应熟悉各种植物的习性、体量、形态、色彩、质感、季相变化及相互之间的生物学特性，然后将园林植物采用组合、对比、分隔、多单元、多层次等艺术手法进行构图，使之步步有佳境、处处有画意。

园林的景色中离不开植物景观，因此园林规划设计归根结底就是植物的设计组合。设计时多采取大小相间、幽畅变换、开合交替、虚实结合和高低错落等手法，形成不同的园林植物景观。

5.1.1 植物层次的组合与景深

在自然界中，园林植物的观赏性、观赏价值往往是相互补充的，这被人们称为"相得益彰"。不同层次的组合不但提高了本身的观赏价值，而且在分隔园林空间方面也起到很重要的作用。所以，在种植设计时，选用不同品种、体量、特性、类型的植物进行配植，可以组成变化多样的景色、景观。

自然光投照于物体上，会产生不同的景观效果和意境，计成的《园冶》中所言的"梧荫匝地""槐荫当庭"和"窗虚蕉影玲珑"等都是对植物阴影的描述。在日光或阳光之下，墙移花影，蕉荫当窗。以竹为例，则有"日出有清荫，月照有清影"，突出了"清"的美感。张先的诗"云破月来花弄影"，将影子写活了。以这种敏锐的视觉感悟去欣赏园林中的植物，在形、色、香之外，又增添了一道风景。苏州留园"绿荫轩"临水敞轩，西有青枫挺秀，东有榉树遮日，夏日凭栏，确能领悟元末明初著名诗人高启"艳发朱光里，丛依绿荫边"的诗意。东岳泰山普照寺旁的筛月亭即为欣赏月影的景点。亭旁有一棵六朝古松，虬枝弯曲如蟠龙，每当皓月当空，朗朗月光透过茂密的松针洒向地面，光怪陆离，如同筛月，故名，遂成为泰山赏月佳处。月行中天，丝丝缕缕的月光，从枝繁叶茂的缝隙中筛落而下，骤然间，掠过几丝晚风，树梢一阵"沙沙"地颤动，"摇落"的月光似片片雪花，使人通体生凉。待定神看时，杳无踪迹，树影又恰似凝住了。虬枝、枝丫、针叶，各具其态；从繁枝茂叶的缝隙中"筛落"的月光，静时"丝丝缕缕"，动时"似片片雪花"；忽而"摇落的月光"使人通体生凉，忽而"片片雪花"杳无踪迹。

5.1.2 植物材料与景观设计

景观植物造园形式决定了景观的可观赏性，人们通过视觉、嗅觉、触觉、听觉和味觉来感知。对景观植物的造园效果而言，视觉、嗅觉和触觉在园林造园美学中起着主导性的作用，同时听觉、味觉及人的运动感觉某种程度上在审美中也发挥着不可忽视的间接辅助作用。"卧听松涛""雨打芭蕉"就是园林中由听而感的生动景观。

通常，人们欣赏植物，大多以外部的形态、姿色等为主，尤以赏花最多见。但在传统文化的影响下，人们欣赏植物景观，远远超越了对其外形的观赏，更超越了单纯赏花的习俗。一般艺术的审美感知，多强调视觉的感受，唯园林植物中的嗅觉更具独特的审美效应。花香在园林中属于一种极不稳定的因素，它飘忽不定，对人的感受却起着很重要的作用。古人对花香的感受极尽描绘之能事，留下了丰富的花香文化。芳香在中国人的赏花文化中占有非常重要的地位，被学者誉为"花卉的灵魂"。中国人在花卉审美中"意"重于"形"或"形""意"并重，不仅注重视觉上，更喜欢视觉和嗅觉的双重享受。

5.1.3 园林植物审美特性

现代植物景观设计不再强调大量植物品种的堆积，也不再局限于植物个体美，如形体、姿态、花果、色彩等方面的展示，而追求植物形成的空间及尺度，以及反映当地自然条件和地域景观特征的植物群落，尤其着重展示植物群落的自然分布特点和整体景观的美感。因此，美学渗透于植物景观设计之中，通过客观条件的理性分析与设计师主观的感性认识贯穿于整个植物景观设计过程，通过不断的实践、反复的思考，逐步体会到植物景观设计的本质，并逐渐摸索出植物景观设计中的一般审美规律。植物景观设计的主要美学原理植物是建筑与构筑物空间塑造及划分的重要组成部分，构筑物构成硬质景观，而植物是软质部分。植物景观不仅可以净化、美化环境，本身也具有独特的魅力。在植物景观设计中，场地不同，但可沿着同一美学原理去创造美的景观，巧妙地运用线条、空间感、质感、颜色、风格等美学原理是创造美景的有效途径。以下是园林植物在美学方面的几个特点：

1. 园林植物美的自然特性

园林植物在生长期中，会呈现出不同的、自己所特有的外部形态，会产生不同的观赏效果，这就是植物所表现出来的自然特性。园林植物的美是以其自然美为特征的。无论是观赏其个体美或是群体美、色彩美或是形体美等，它们都具有自然的特性，不能由人随意创造。

2. 园林植物的时空特性

园林植物在生长过程中受生境条件的影响和年龄季节的变化，各种美的表现形式会不断地丰富和发展，在时间上和空间上处于动态变化之中。这个变化包括两方面：一是植物随年中季相的变化会表现出"春花盛开，夏树成荫，秋果累累，冬枝苍劲"的四季景象；二是随植物整个生长过程，个体也会发生相应的变化，即从幼年期到壮年期，再到老年期，植物就由小苗长成了大树。随着时间的推移，其体量在不断地发生变化，由稀疏的枝叶到茂密的树冠，从很小的苗木长到参天大树，树干、枝条不断向高和宽延伸，充塞空间。占领空间在不同的时期所表现出的形态特点就有所不同。植物的时空特性是植物自然生长规律形成的。

3. 园林植物的延伸特性

园林植物的美，除了通过人体感觉器官直接感受之外，还能通过人的思维器官加以比拟、联想，使园林植物的美得到更进一步的扩展、延伸，形成园林植物的风韵美或抽象美，这种美比形式美更广阔、深刻、持久。由于园林植物的不同自然地理分布，会形成一定的乡土景色和情调；不同民族或地区的人民，由于生活、文化及历史上的习俗等原因，对不同的园林植物常形成带有一定思想感情的看法，有的更上升为某种概念上的象征，甚至人格化了。因此，它们在一定的艺术处理下，便具有使人们产生热爱家乡、热爱祖国、热爱人民的思想感情和巨大的艺术力量。

5.2　植物景观的基本形式

5.2.1　园林植物的配置形式

园林植物的配置形式大体有自然式、规则式和混合式 3 种。

自然式的树木配置反映自然界植物群落之美，体现自然状态，无明显的轴线，注重植物本身的特性和特点，植物间或植物与环境之间的和谐，体现"虽由人作，宛自天开"的意境。树木多选用美观、奇特的品种，配置自由变化，没有一定的模式。植物布置方法主要有孤植、丛植、群植和林植等。花卉布置则以花丛、花境等自然式构图为主，体现柔和、舒适、亲近的空间艺术效果。

规则式植物配置一般突出表现人工征服自然的痕迹，有明确的中轴线，树木配置以行列式或对称式，也以规则的树阵式等为主，树木常被人为修剪或雕刻构成整形式、几何式、图案式等的整体画面。花卉布置通常是以图案式为主要形式的模纹花坛、花带、花坛群等，一般与规则式建筑物或环境相互配置。

无论是自然式还是规则式，都有其优势和特点，同一空间使用不同的配置方式，会产生截然不同的效果：自然式栽植随意，空间变化丰富，景观层次鲜明；规则式栽植整齐，空间界定明确，景观效果统一。

混合式植物配置是规则式与自然式的完美结合，种植设计强调传统艺术手法与现代形式相结合，既体现自然之美又突显人工雕琢之美。这种形式最关键的是处理好规则与自然植物配置的过渡，常以草坪陪衬花境或整形式植物达到两者的完美结合。

5.2.2　中国园林植物造园形式

中国传统园林长期以来形成的文人园林，其中的每一株景观植物都被赋予深刻的内涵和思想，甚至会成为园林的一种主导思想，从而使园林成为文人墨客的一种诗画实体。而在诸多的艺术门类中，文学艺术的"诗情画意"对园林景观植物造园形式的欣赏、创造和风格的形成，尤为明显。

植物形态上的外在姿色、生态上的科学生理性质，以及其神态上所表现的内在意蕴，都能以诗情画意做出最充分、最优美的描绘与诠释，从而使游人获得更高、更深的园林享受；反过来，景观植物造园如能以诗情画意为蓝本，就能使植物本身在其形态、生态及神态的特征上得到更充分的发挥，才能使游人感受到更高、更深的精神美。所以说，以诗情画意写入园林是中国园林的一个显著特点，也是中国造园手法的一种优秀传统。它既是中国现代园林继承和发扬的一个重要方面，也是中国园林景观植物造园风格形成中的一个主要因素。

1. 按诗格取裁植物景观

一种景观植物的形成，表现其枝干、叶、花、果的风姿与色彩，以及在何时何地开花、长叶、结果的物候时态，春夏秋冬四季的季相美，使观赏者触景而生情，产生无限的遐思与激情。或做出人格化的比拟，或面对花容叶色发出优美的赞叹，或激起对社会事物的感慨，甚至引发出对人生哲理的联想，咏之于诗词歌赋，绘之于回卷丹青，从而反映出园林景观植物造园形成诗情画意的风格。这种具有文人气息与意蕴的植物造园，通过文人们的诗情画意及植物的形态、生态和神态的具体表现，就产生了中国园林独有的文人风格。

在植物配置中坚持文化原则，把反映某种人文内涵、象征某种精神品格的植物科学合理地进行配置，使城市园林向充满人文内涵的高品位方向发展，使不断演变的城市历史文脉在园林景观中得到延续和显现，形成具有特色的城市园林景观。"诗者，人心之感物而形于言之余也"（朱熹）；诗格者，是诗词的宗旨（包括体裁、字义等文学内涵，因非本书讨论对象故不深论），也是作者的思维感受与描写的客体，相互结合后用精炼的文字来表达的一种文学形式。唯物论者历来认为"存在决定意识"，良好的客体即具备良好的环境，引发自身的感受思维，就是诗人说的"诗情缘境发"。"草木葱茏，满山绿映，万物之生意最可观，……人与天地一物也"（《二程集·河南程氏遗书·卷十一》）的环境，也就是人们常说的那种与自身心志相融合的自然条件，最能引发诗情，形成诗的氛围。但因地区、环境、气候等具体情况不同，营造氛围不能生搬硬套，这样才能反映出各地不同的文化风貌。

2. 按画理取裁植物景观

山水画的兴起，使士人们对天地自然景色的描绘，可以不单纯依靠文章诗词，又增添了一种有力的工具，可以把山水佳景描绘于纸上，以供随时欣赏；向往之理想天地，也可借助于山水画，表现在图纸之上。同时又可依赖工程力量、艺术手法，在山水画的表现法指导下，运用造园技艺，把心目中的理想天地在适宜的地点营造城市山林。

画理者是符合国画原理和技法的论述，绘画经验之总结。中国山水画是以自然山水、风景形象为主的，是源于自然、高于自然的艺术表现。可是山水风景范围广阔，若要达到"咫尺之图，写百千里之景。东西南北，宛尔目前；春夏秋冬，生于笔下"（王维《山水诀》）的效果。

山水画丰富了造园艺术，也丰富了植物配置的艺术。风景甲江南的苏州，是画家辈出的文化名城。以"明四家"为代表的吴门画派，开创了画中有诗、诗画相融的画风。他们对造园、植物配置潜移默化地产生了不可低估的影响，使园景融进了画意，画理指点了植物配置。现存许多明清园林，大多有画家的参与，诸如文徵明与拙政园、倪云林与狮子林、文震亨（文徵明曾孙）与艺圃、陆廉夫与怡园、樊少云与楼园等。因有画家的参与，园景充满了画意，清新脱俗。

5.3　植物景观空间的形式感

植物同建筑材料一样都有建造构成空间的功能，所不同的是植物造景的空间组成是在遵循自然群落生长规律的基础上，使用植物群落围合场所，以某种方式衔接在一起设计空间形式。植物景观质量的优劣除受到单体植物特性影响外，其整体效果往往还取决于植物空间的设计。

植物景观的空间形式是种植首要考虑的因素，对设计优美的园林景观具有决定性作用。植物可以用于空间中的任何一个平面，在地平面上，以不同高度和不同种类的地被植物或矮灌木来暗示空间的边界。在此情形中，植物虽不是以垂直面上的实体来限制着空间，但它确实在较低的水平面上框定一定范围。在垂直面上，植物能通过几种方式影响空间感。空间封闭程度随树干的大小、疏密及种植形式而不同。树干越多，空间围合感越强。植物同样能限制、改变一个空间的顶平面。植物的枝叶犹如室外空间的天花板，限制伸向天空的视线，并影响垂直面上的尺度。

空间对比通过空间的形体变化、明暗虚实等的对比，常能产生多变而富有感染力的艺术效果，使空间富有吸引力。植物按整齐规则的形状围合出的空间与自然、曲折、富于变化的植物空间之间的气氛迥然不同，产生强烈的对比。尤其对经过修剪后的植物形成的空间来说，人工创造与自然的空间对比更为强烈。

5.3.1　虚实

空间的虚实不同于文学、电影、绘画、雕塑等的虚实。空间的虚就是"无"，可存在其中；空间的实，就是"有"就是实体。不过这仅仅是概念，我们要关心的更在于空间的虚实所产生的审美心理效应。可是，从审美上说，空间也不一定越虚越美，而是要视不同场合，采用不同的处理手段。所谓虚实并举或说虚中有实、实中有虚、虚实并举，在植物景观设计中不可或缺。

虚景的创造有许多途径。除了视觉途径外，听觉途径和嗅觉途径所产生的虚景对景观意境设计有着特殊的意义。视觉途径较常见的虚实景如水中月影（月亮-水面-月影）、镜中花影（花朵-镜面-花影）、粉墙上摇曳的斑驳树影（树枝-阳光、粉墙-树影）等；听觉途径的利用，是引发联想、激发诗情画意的重要途径。在景观艺术中，以赏声为主题，未见其景，先闻其声。以虚景之声激发共鸣，引人入胜。较常见的虚实景如松涛阵阵（松林-风-松涛）、雨打芭蕉（芭蕉-雨-雨打芭蕉）、竹露滴清响（竹叶露珠-竹叶-清响）、八音涧（涧-水流-八音）等。嗅觉途径与听觉途径相类似。植物的芳香气息可使游人精神愉悦，激发诗一般的心情，同时也有未见其景、先闻其味之妙。景物散发的芳香虚景可引发游人对实景的充分好奇与想象。嗅觉途径虚实之景的媒介主要是流动的空气和风，常用的虚实景如荷花与其散发的阵阵清香、金桂与其扑鼻的异香、米兰与其浓郁的幽香等。

5.3.2　层次

空间的层次在于限定物的适当安排，空间层次的手法就在于藏露和虚实的处理。景观空间的层次之美，另有一种是非视觉直观的，一层空间进去，又是一层空间，层层深入，情趣无穷，而不是一眼望到头的。因此，层次的美感体现在"知"和"情"，然后升华为"意"。但是这不是唯一的手法，如果用滥，也会显得"老套"。植物空间的渗透与层次变化，主要通过处理空间的划分与空间的联系两者之间的关系所取得。两个相邻的植物空间如果没有明确的划分界线，则缺乏层次变化，而完全隔绝的两个相邻植物空间也不会产生空间的相互渗透，只有相邻空间之间呈半敞半合、半掩半映的状态，以及空间的连续和流通等，才能使空间的整体富有层次感和深度感。选用通透的植物可以使视线流通，但空间仍被阻隔。如使远景从树木枝叶的缝隙里透漏过来形成漏景；利用乔木的树冠、枝干与另一空间中的景观共同形成框景；利用竖向植物空间形成夹景，甚至可以直接将其他空间中的植物景观引到空间中来形成借景。

在园林植物空间中，漏景、框景、夹景和借景的运用，使空间之间产生流动感，增加景深，丰富空间的层次。游人在某一植物空间中游赏时，空间之外的景观时隐时现，画面断续地在人们面前展开，达到"步移景异"的效果，也引发了游人进一步探求的欲望。

5.3.3 轴线

空间轴线指空间限定物的特征而引起空间的心理上的空间轴向感，这种感觉与人本身的"轴向"有关。人的空间轴向定位是以人的形态为基准的。从心理学来说，空间的对称中轴线与不对称流水性轴线，都是拟人的心理反应。因为人的形态是对称的，但当他运动时，多为不对称形状。前者有静止感，后者有运动感。而从审美心理来说，也正是这种不对称倾向，形成缘情和畅神的特征。

用植物封闭垂直面、开敞顶平面，就形成了竖向空间。分枝点较低、树冠紧凑的中小乔木形成的树列，修剪整齐的高树篱等，都可以构成竖向空间。由于竖向空间两侧大多完全封闭，视线的上部和前方较开敞，极易产生"夹景"效果，以突出轴线景观，狭长的垂直空间可以起到引导游人行走路线的作用，适当种植可以加深空间感。公园、校园的入口处，常以甬路的形式出现；道路两旁种植高大圆锥形树冠的乔木来加强纵深感。而在纪念性园林中，园路两边常栽植松柏类植物，使游人在垂直的空间中走向轴线终点瞻仰纪念碑时，会产生庄严、肃穆的崇敬感。

5.4 园林植物景观营建与环境条件的关系

5.4.1 园林植物与建筑的配置

建筑物一般外轮廓清晰，棱角分明，而植物的色彩、形体让人感觉舒适、亲近，在建筑物周围配上合适的高度、形体和色彩的植物，可以软化其生硬的感觉，同时也赋予建筑物以生命力。

通过植物景观设计，可以完善建筑物的功能，如在公园或风景区入口处配置植物，设计一个港湾式的入口，起到导游的作用。这比起单一的大门来，更让人感到温馨和愉悦，有一种归宿感。在景观设计中，有些园林建筑如果让人一览无余、尽收眼底，就缺少了神秘感、深邃感，而通过植物配置则可以解决这方面的问题。例如远处的高塔，如果巧妙地配置植物，利用夹景、障景、框景等设计手法，会引起人的好奇心，让不同的人产生不同的想象，以达到引人入胜、增强感染力的效果。还有一些构筑物如洗手间等，由于其特殊的性质、功能，可以通过植物将其遮挡隔离开，达到遮丑的效果。

建筑物在园林中作为景点时，植物的体量应远远小于建筑物。植物形体上可选与之对比度大的，如几何形建筑物周围配圆锥形、尖塔形、圆球形、钟形、垂枝形或拱枝形的植物，高耸的建筑物周围用圆球形、卵圆形、伞形的植物。用建筑墙面作背景配置植物时，植物的叶、花、果实的颜色不宜与建筑物的颜色一致或近似，宜与之形成对比，以突出其景观上的效果。如在北京古典园林中，红色建筑、围墙的前面不宜选用红色花、红果、红叶植物，灰白色建筑物、围墙前不宜选用开白色花的种类。

5.4.2　园林植物与山石的配置

山的四时之色实为植物的四季色相。古人说"风景以山石为骨架，以水为血脉，以草木为毛发，以烟云为神采。故山得水而活，得草木而华，得烟云而秀媚"，也说"山，骨于石，褥于林，灵于水"，还说"山有四时之色，春山艳冶而如笑，夏山苍翠而如滴，秋山明净而如洗，冬山惨淡而如睡"这都说明了山因为有了植物才秀美，才有四季不同的景色，植物赋予了山体以生命和活力。

人工山体的山峰与山麓高差不大，为突出其山体高度及造型，山脊线附近应植以高大的乔木，山坡、山沟、山麓则应选较为低矮的植物。山顶植以大片花木或色叶树，可以有较好的植物景观远视效果，如松、柏、杨、臭椿、栾树等。山坡植物配置应强调山体的整体性及成片效果，可配以色叶树、花木林、常绿林、常绿落叶混交林，景观以春季山花烂漫、夏季郁郁葱葱、秋季漫山红叶、冬季苍绿雄浑为佳。山谷地形曲折幽深，环境阴湿，应选耐阴树种，如配置成松云峡、梨花峪、樱桃沟等。以石为材质堆砌的假山一般体量较大，但多半以赏石为主，很少配植物。用不同材质来体现春、夏、秋、冬四季的假山，与之相对应的植物亦有不同。春山，用湖石芽叠花坛，花坛内植散生竹，竹间置剑石（形状似竹笋）；夏山，湖石配水，植古松（其姿与湖石的透、瘦相协调）；秋山，配黄石、松、柏、玉兰（常绿树的厚重与黄石的稳重相协调）；冬山，配宣石，后植一株广玉兰（其花白色与宣石配）。

中国古典园林中出现较多的是置石与植物的配植。在入口、拐角、路边、亭旁、窗前、花台等处，置石一块，配上姿、形与之匹配的植物即是一幅优美的画。能与置石协调的植物种类有南天竹、凤尾竹、箬竹、松、芭蕉、十大功劳、扶芳藤、金丝桃、鸢尾、沿阶草、菖蒲、石菖蒲、旱伞草、兰花等。

5.4.3　园林植物与水体的配置

水给人以明净、清澈、近人、开怀的感受，古人称水为园林中的"血液"和"灵魂"。古今中外的园林，对水体的运用非常重视。据宋代周密《吴兴园林记》曰："前面大溪，为修堤画桥，蓉柳夹岸数百株，照影水中，如铺锦绣。"明代郑元勋《影园日记》云："前后夹水，隔水蜀岗蜿蜒起伏，尽作山势……环四面柳万屯，茶千余顷芦苇生之，水清而多鱼，渔棹往来不绝。"因地盖于柳影、荷影、山影、水影之间，故名影园。又如承德避暑山庄 72 景中，以水生植物命题的景点就有"曲水荷香""观莲所""采菱渡""萍香泮"，而与水生植物有关的水景如"香远益清""澄波叠翠""芝径云堤""芳渚临流""远近泉声""双湖夹镜""水心榭""冷香亭""如意湖"等。

水体与植物配置有以下原则：

1）生态原则：种植在水边或水中的植物在生态习性上有其特殊性，植物应耐水湿，或是水生花卉，自然驳岸更应注意。

2）艺术原则：水给人以亲切、柔和的感觉，配植物时宜选树冠圆浑、枝条柔软下垂或枝条水平开展的植物，如垂枝形、拱枝形、伞形、钟形、圆球形等。创造宁静、幽静环境的水体周围，宜以浅绿色为主，色彩不宜太丰富或过于喧闹。水上开展活动的水体周围，则以色彩喧闹为主。

3）多样性原则：根据水体面积大小，选择不同种类、不同形体和色彩的植物，形成景观的多样化和物种的多样化。

水面因低于人的视线，与水边景观呼应，而构成欣赏的主题，多半以欣赏水中倒影为主。在不影响其倒影景观的前提下视水的深度可适当在水面或水边点缀一些水生花卉。水中种植挺水植物，如菖蒲、香蒲、千屈菜、慈菇；水中植浮水或浮叶植物，如睡莲、萍蓬草等。

5.4.4　园林植物与园路的配置

在景观场所中，园路大约占总面积的 12%，是景观构图的骨架，具有引导游览、分散人流的功能，同时也可供游人散步和休息之用。园路本身就是景，是最贴近游人的景。同时，对后续景点的展现起到诱导和情绪的酝酿和培育作用。因此。园路的种植设计也应根据其不同的功能，创造不同的环境氛围。园路作为公园绿地的重要组成部分之一，是园林的脉络，是联系各景区、景点的纽带，起着交通、导游、构景的作用。按其作用和性质的不同，一般分为主要道路、次要道路、散步小道 3 种类型。主路宽度在4~5m，其两旁多布置左右不对称的不需截顶的行道树和修剪整形的灌木，利于游人观望其他景区，也可结合花境或花坛布置成自然式树丛、树群，从而丰富园内景观；若主路边有座椅，可在其附近种植高大的落叶阔叶庭荫树，以利于遮阴。次路旁多用林丛、灌丛、花境，有利于设计出大自然的美丽景观；散步道旁可配置乔、灌木，形成色彩丰富的树丛，还可布置花境，创造出一种真正具有游憩功能的幽雅环境。

在自然式园林中，园林径路为道路的主体。游人游兴的起伏、情绪的缓冲、过渡和变化都在其中完成。与园林主路的种植不同，不必强调主路的礼仪性和正式性，而多了些悠闲、随意和自在。与起伏的地形和水石相结合，更添了几分自然野趣和山林气息。园林径路种植设计没有一定之规，符合总体立意的前提下，越自然越好，给人以回归大自然的感觉。一般道路多弯曲，两边采用不对称的种植形式。常采用两边交替分段式、一边郁闭、一边开敞。间或点缀三两丛花丛、禾草、山石，形成步移景异、变幻莫测的景象。同时上层乔木宜采用树姿自然、高大的树种。与下层灌木、地被、山石形成高低、大小的对比、更添自然之趣。此外，花径也是园林中特色鲜明、令人赏心悦目、为之陶醉的景象。花径的设计：应选择花形独特、花色鲜艳、气味芳香、花期一致的品种，且应适当抬高种植床。限制花径宽度，使游人更易亲近和观赏。最好为花带设置常绿的背景树丛，使其姿色更加出众。

　　植物与园路配置有以下原则：

　　1）生态原则：园路所处的地段不同，植物所生长的环境有很大的区别，配置植物时，首先要满足植物对生态因子（光、温、水、土、气）的要求。如用作行道树的树木都要求喜光，林下小径旁的植物要求耐阴。

　　2）艺术原则：园路两旁配置植物除了满足道路的功能要求之外，还要考虑植物景观设计。

　　3）特色性原则：用不同类型、质感的植物配置在不同环境、宽度的园路两旁，形成各具特色的园路景观。如树林＋花径（或地被），形成幽静的小径或山中小径；菊科、禾本科、蓼科植物形成野趣式的小径；高大乔木植于道路两旁形成夹景，有统一、整齐的效果；草地上的汀步、镶嵌草坪（或地被）形成典雅气氛。

　　园路两边的植物生长环境条件相对较好，在选择植物时以观赏和造景为主。依园路的性质及宽度分为：

　　1）主干道：主干道是沟通各活动区的主要道路，宽 3～5m，多为规则式布置，以遮阴及构景为主，选用观赏价值较高的乔木如鹅掌楸、李属、槭树属、苹果属、玉兰、桂花等。树下植耐阴的花灌木或地被植物，注重色彩和季相的变化。

　　2）次干道：次干道是园中各区内的主要道路，一般宽 2～3m，多为自然式或规则式布置，离道路或远或近设置孤植树、树丛、灌丛、花丛或花径等，亦可布置行道树。

　　3）游步道：游步道多曲折，分布自由，常设在山际、水边或树林深处，多为自然式布置于疏林草地、缀花草坪、花径、镶嵌草坪等。如园路穿过树丛，在高大的浓荫树下，自由地散置着几块石头，形成野趣之路。

课后习题

1. 坚持可持续发展的植物设计，在设计原则方面要遵循哪几点？
2. 举 3 个你认为较好运用设计原则的古典园林景点。
3. 在以上 3 个案例中，解析该景点的设计手法。

第6章

园林植物景观设计方法

6.1 植物景观设计的基本方法

6.1.1 植物景观的艺术设计

植物景观设计同样遵循着绘画艺术和造园艺术的基本原则，即统一、调和、均衡和韵律。

1) 统一原则：也称变化与统一或多样与统一的原则。进行植物景观设计时，树形、色彩、线条、质地及比例都要有一定的差异和变化，显示多样性，但又要使它们之间保持一定相似性，引起统一感。这样既生动活泼，又和谐统一。变化太多，整体就会显得杂乱无章，甚至一些局部支离破碎，失去美感。过于繁杂的色彩会使人心烦意乱，无所适从，但平铺直叙没有变化，又会单调呆板。因此，要掌握在统一中求变化、在变化中求统一的原则。

运用重复的方法最能体现植物景观的统一感。如街道绿带中行道树绿带，用等距离配植同种、同龄乔木树种，或在乔木下配植同种、同龄花灌木，这种精确的重复最具统一感。一座城市中树种规划时，分基调树种、骨干树种和一般树种。基调树种种类少，但数量大，形成该城市的基调及特色，起到统一作用；而一般树种，种类多，种量少，五彩缤纷，起到变化的作用。长江以南盛产各种竹类，在竹园的景观设计中，众多的竹种均统一在相似的竹叶及竹竿的形状及线条中，但是丛生竹与散生竹有聚有散；高大的毛竹、钓鱼慈竹或麻竹等与低矮的箬竹配植则高低错落；龟甲竹、人面竹、方竹、佛肚竹则节间形状各异；粉单竹、白秆竹、紫竹、碧玉间黄金竹、金竹、黄槽竹、菲白竹等则色彩多变。这些竹种经巧妙配植，很能说明统一中求变化的原则。

2) 调和原则：即协调和对比的原则，植物景观设计时要注意相互联系与配合，体现调和的原则，使人具有柔和、平静、舒适和愉悦的美感。找出近似性和一致性的植物，配植在一起才能产生协调感。相反，用差异和变化可产生对比的效果，具有强烈的刺激感，给人兴奋、热烈和奔放的感受。因此，在植物景观设计中常用对比的手法来突出主题或引人注目。

植物与建筑物配植时要注意体量、重量等比例的协调。如广州中山纪念堂主建筑两旁各用一棵冠径达 25m 的、庞大的白兰花与之相协调；南京中山陵两侧用高大的雪松与雄伟庄严的陵墓相协调；英国勃莱汉姆公园大桥两端各用由九棵椴树和九棵欧洲七叶树组成似一棵完整大树与之相协调，高大的主建筑前用九棵大柏树紧密地丛植在一起，成为外观犹如一棵巨大的柏树与之相协调。一些粗糙质地的建筑墙面可用粗壮的紫藤等植物来美化，但对质地细腻的瓷砖、马赛克及较精细的耐火砖墙，则应选择纤细的攀缘植物来美化。南方一些与建筑廊柱相邻的小庭院中，宜栽植竹类，竹竿与廊柱在线条上极为协调，一些小比例的岩石园及空间中的植物配植则要选用矮小植物或低矮的园艺变种；反之，庞大的立交桥附近的植物景观宜采用大片色彩鲜艳的花灌木或花卉组成大色块，方能与之在气魄上相协调。

植物景观设计首先要选择植物材料在场地中适宜的种植位置，即与周围或局部小环境合理配置，以利于植物成长和形成景观，如同家具、书画等在室内的陈设一样，要安放得体、形成格局。同时植物景观必须呈现出美丽生动的色彩面貌，以及自然优美的形态特征，色彩的流动加上轮廓的起伏，形成和谐优美的旋律，具有高尚的艺术观赏价值。一般来说，植物景观的艺术美通过植物色彩设计、造型设计和布局安排相互协调而实现。

色彩的色相、明度、饱和度三属性的关系变化组合形成了不同的景观特色。如中国古典园林中，朴素的色相和弱化的纯度使植物景观色彩呈现简洁、淡雅、深远的意韵，衬托出深远的意境；而西方古典园林重在以植物为"调色板"，欣赏植物明艳的色彩变化带来的无穷乐趣。植物景观呈现的色彩感觉可概括为温和雅致与绚烂多彩两类，设计中可根据色彩调和的原理进行植物配置。例如，英国谢菲尔德公园，路旁草地深处一株红枫，鲜红的色彩把游人吸引过去欣赏，改变了游人的路线，成为主题。梓树金黄的秋色叶与浓绿的栲树，在色彩上形成了鲜明的一明一暗的对比，而远处玉龙雪山尖峭的山峰与近处侧柏的树形非常协调。这种处理手法在北欧及美国也常采用。上海西郊公园大草坪上一株榉树与一株银杏相配植。秋季榉树叶色紫红，枝条细柔斜出，而银杏秋叶金黄，枝条粗壮斜上，两者对比鲜明。浙江自然风景林中常以阔叶常绿树为骨架，其中很多是栲属，叶片质地硬且具光泽的照叶树种，与红色、紫色、黄色均有的枫香、乌桕配植在一起具有强烈的对比感，致使秋色极为突出。

3）均衡原则：除了植物色彩，植物形态的对比协调及轮廓线的变化也应在设计中充分考虑。植物的色、香、姿、古、奇等自然属性是感观审美的对象，更是"畅神"的基础。植物的枝、叶、花、果在给人以美感的同时，也激发着人们的思想，表达着一定的情感。古木奇花更是给人以时空的联想，从而使景观更具深远意蕴。

这是植物配植时的一种布局方法。将体量、质地各异的植物种类按均衡的原则配植，景观就显得稳定、顺眼。如色彩浓重、体量庞大、数量繁多、质地粗厚、枝叶茂密的植物种类，给人以重的感觉；相反，色彩素淡、体量小巧、数量较少、质地细柔、枝叶疏朗的植物种类，则给人以轻盈的感觉；根据周围环境，在配植时有规则式均衡（对称式）和自然式均衡（不对称式）。规则式均衡常用于规则式建筑及庄严的陵园或雄伟的皇家园林中。如门前两旁配植对称的两株桂花；楼前配植等距离、左右对称的南洋杉、龙爪槐等；陵墓前、主路两侧配植对称的松或柏等。自然式均衡常用于花园、公园、植物园、风景区等较自然的环境中。一条蜿蜒曲折的园路两旁，路右若种植一棵高大的雪松，则邻近的左侧须植以数量较多、单株体量较小、成丛的花灌木，以求均衡。

4）韵律原则：配植中有规律的变化，就会产生韵律感。杭州白堤上间棵桃树间棵柳树就是一例。云栖竹径，两旁为参天的毛竹林，如相隔50m或100m就配植一棵高大的枫香，则游客沿径游赏时就不会感到单调，而感到有韵律的变化。

种植设计的总体布局指植物在地域上的整体安排和配合，通过巧妙搭配展现出有韵律变化的美的形象。我国传统园林种植设计中出现一些主题、意境和形式相对固定的种植设计模式，论及了骨干树种的栽植、植物与环境的相互衬托、背景设计、色彩搭配、虚实关系、主次布置和意境设计，是前人创造的优秀实例，值得现代植物设计借鉴应用。

6.1.2　植物景观的生态设计

随着生态园林的深入发展及全球生态学等多学科的引入，植物造景从利用植物的观赏功能发展到维持城市生态平衡、保护生物多样性和再现自然的高层次阶段。

植物长期生长在某种环境里，受到该环境条件的特定影响，并通过新陈代谢，在生长过程中形成了对气候、土壤、阳光、水分、温度等生态因子的特定需要，这就是植物的生态习性。植物有不同的生态和生物学特性，例如有落叶、常绿之分；有慢生、速生之分；有喜阳、耐阴之分；有喜酸性、耐碱性之分；有耐水湿、喜干旱之分等。如果环境条件不符合这些生态特性，植物就不能生长或生长不好，就更谈不上设计景观风格了。例如垂柳耐水湿，适宜栽植在水边；红枫弱阳性、耐半阴，阳光下红叶似火，但是夏季孤植于阳光直射处易遭日灼之害，故宜植于高大乔木的林缘区域。东瀛珊瑚耐阴性较强，喜温暖湿润气候和肥沃湿润土壤，是林下配置的良好绿化树种。因此，在植物景观设计时，应尊重植物的生态特性，搭配时做到因地制宜、适地适树。

6.1.3　植物景观的动态设计

植物是鲜活的生机体，呈现着衰盛荣枯的生命动态变化，这是植物在景观设计中独具的、值得利用的特性之一。同时，自然界的阴晴风雨为植物设计了变化多端的时空环境，并与植物相交融，产生出丰富多彩的空间环境和心理感受。植物景观的动态设计就是充分利用植物自身及空间环境的变化，把有限的景观形象赋予更深广的寓意，结合意境思维，调动和激发审美者的想象能动性，突破时空的限制，获得远胜于原有形象的精神享受的一种艺术手段。

6.1.4　植物景观的文化设计

植物本身虽然是自然之物，但是作为富有情感和道德标准的人，却赋予其以品格与灵性，依据植物自身特征，表达人的复杂心态和情感，使植物具有精神之美，即植物具有比较抽象、引人深思、产生联想和感情升华的作用。这称为植物的意境美，又称联想美、人格美、抽象美、社会美、文化美或象征美等，即植物具有的文化特征。植物的意境美是通过植物的形、色、香、声、韵等自然特征，创造出寄情于景的环境而实现的。意境美的形成较为复杂，与民族的文化传统、风俗习惯、文化教育水平、社会历史发展等密不可分，更加具有民族性和文化色彩。中国历史悠久，文化灿烂，很多古代诗词及民众习俗中都留下了赋予植物人格化的优美篇章，赋予植物丰富的感情和深刻的内涵。

植物可以记载一个城市的历史，见证一个城市的发展历程，向世人传播它的文化，也可以像建筑、雕塑那样成为城市文明的标志。例如杭州城中的三秋桂子、十里荷风，苏州光福的香雪海，北京香山的红叶，这些著名的植物景观已经和城市的历史文脉紧紧联系在一起。同时，植物景观设计也反映在日常生活和传统习惯中，与人们的衣食住行、婚丧嫁娶、节日礼仪等发生了密切的联系，构成了民俗内容的一部分，如"松柏同春""蟾宫折桂""金玉满堂"等植物配置，成为中华民族一种独特的文化形式。因此，有长远影响的植物景观必须考虑植物的文化设计。

　　文化是人类社会在历史实践中创造的物质财富、精神财富的总和。随着民族的形成，每一个民族各自的生产方式、生活方式、精神生活，积淀而成了本民族的文化，也就是民族文化。因此，文化实际上是人类生活方式、生产方式和精神生活在文明发展进程中留下的记录，文化设计也应该是对意识形态、生活方式及与之相适应的社会面貌的正确反映。植物景观设计的一项重要任务，就是在景观设计过程中充分体现意识形态、生活传统和时代特征，并将传统与现代有机地联系起来，使中国的景观设计更具民族性和本土文化特性。如"比德说"是儒家的自然审美观，强调的是作为审美客体的山水花木可以与审美主体人（子）相比附，即从山水花木的欣赏中可以体会到某种人格美。中国园林植物种类丰富，受比德思想的影响，大都被赋予了"人化"特征，借其自然生态特性表达园主人的思想、品格和意志，以花木言志，其中使用频率最高的要数松、梅、竹、荷。

6.2　植物景观设计与营造

6.2.1　根据立地条件选择植物种类

　　不同地区的气候、土壤等自然条件差别很大，因此不同地区的园林中应选择不同的植物材料。即使在同一个园林绿地中，由于山水地形、建筑等因素的存在，植物的生长环境也不尽相同，必须选择与当地环境相适应的植物，保证植物健康生长发育，设计优美的植物景观。

6.2.2　适合不同配植方法的植物材料

　　要做到适地适树，就必须充分了解"地"与"树"的特性，深入分析植物特性与立地因子的关系，尤其是要找出立地条件与植物生态要求的差异，选择最适宜的园林植物。

　　在同一气候带内，土壤条件与树木生长的关系极为密切。树种不同，对土壤条件的要求也不同。在土壤条件中影响树种选择的主要因素是土壤的养分、水分、酸度及盐渍化程度等。从土壤水分来看，大多数树种在土壤水分中等湿润程度时生长最好；在水分过多时生长不良，积水会引起死亡。但柳树、枫杨、水杉、池杉、乌桕等，可以在低洼潮湿的地方生长，二针松类、麻栎、臭椿、白榆和侧柏等耐旱，泡桐、刺槐等不耐涝，一般浅根性树种抗旱能力较差。从土壤肥力来看，大多数树种喜深厚肥沃的土壤。但在具体安排时，应在土壤条件好的地方栽培喜肥沃的树种，如玉兰、核桃、蜡梅、银杏等。贫瘠干旱处应选择耐干旱瘠薄的植物，如松、柏、刺槐、黄檀、小黑杨、珍珠梅、榆叶梅、臭椿等。一般阔叶树种比针叶树种对土壤中矿物的营养要求较高。有根瘤菌的豆科树种或有菌根共生的树种（如松类、栎类）或根系非常发达的树种（如臭椿等）较能适应贫瘠的土壤。从对土壤的酸碱度要求来看，一般树种在微酸性（pH＝5.5～6.5）及中性（pH＝7～10）的土壤上生长较好。在碳酸盐反应的土壤中，栽植喜钙植物如侧柏；而油茶、马尾松、茶树则在酸性土壤上生长较好，杜鹃、栀子花必须栽植在酸性土壤中，柳树、胡杨、乌桕、紫穗槐等较耐盐碱。土层浅薄之处，只宜栽植浅根性树种。滨海及内陆地区土壤含盐量较高的地方，应选择抗盐能力强的植物，如黑松、桂香柳、胡颓子等。靠近工厂污染源的地区，土壤大多被有毒物质毒化，一般植物难以生长，应选用抗污染能力强的植物栽植，如丝兰、凤尾兰、大叶黄杨、女贞等。此外，土壤条件还要考虑排水状况、石渣含量、地下有无不透水层等。

6.2.3 植物与园林其他要素的协调

植物景观设计首先要与建筑环境相协调。植物布置是融会建筑与其环境最为灵活、生动的手段，利用植物可把建筑与建筑之间、建筑与环境之间统一在一个整体的景观意象中。通过选择合适的基调树种，可获得与其他建筑、与环境整体的统一和谐，在此前提下，通过配置不同特色的植物，又能形成具有个性的建筑环境。就建筑本身而言，最忌完全暴露于空间中，总要有些种植物掩其根基和棱角。掩映在绿荫中的建筑，或露出顶、或露出檐、或露出门窗，虚虚实实间丰富了空间层次，生硬的建筑立刻变得柔情万种，富有画意。如果建筑物的体量过大或过小，建筑形式、色彩有缺陷，位置不当等，都可借植物来弥补。

传统园林有凭自然山体而成景，也有人工叠山造景，两者都十分重视植物和山体的结合。"山之秀丽"在于巧妙的种植设计，植物的形体、色彩、疏密构成极具变化的景色，在形成山体景观风格方面起着重要作用。"树之精神"要靠山来衬托，植物和山体的结合，要深究山体的干湿阴阳变化，根据山体生态特征和景观特征进行巧妙的布置安排，形成不同情趣的"行、望、游、居"空间。山坡是山体的隆起部位，根据朝向不同可分为阴坡和阳坡。在自然界中，山坡和山谷一起构成山的主体，并因坡度、光照、水分、土壤等生态条件不同而形成丰富多样的植物生境。传统园林种植设计常利用山坡坡度变化，彰显植物季相色彩，展现高远、平远、深远的层次变化。山谷是山体中景观最丰富多变的区域，不仅容易产生背风向阳、外旷内幽的地形，而且往往土层深厚、水分充足，是山水、植物、建筑景观的交接之处。在传统园林中，山谷往往是造景的重点。

水边栽植的树丛无论大小、长短，都有一个高低不等、形态不同的树冠轮廓线，它既是植物空间的分隔线，也能表现树丛的外貌与风格。我国古代园林的植物景观比较讲究植物的形态与习性，如垂柳是"更须临池种之，柔条拂水，弄绿搓黄，大有逸致"。也有"湖上新春柳，摇摇欲唤人"的诗句，加以人格化，足见池边种柳，已成为我国水边植物景观的传统风格。当水旁有建筑物时，更要注意植物配置与之形成的林冠线。随建筑布局，形成了建筑线条有交错、有起伏、有韵律的立体轮廓线。建筑隐现于树丛中，获得了构图上相得益彰的效果。

在有景可借的地方，水边种树时，要留出透景线。但水边的透视景观与园路的对景有所不同，它不限于一个亭子、一株树木或一座山峰，而往往是一个景面。在配置植物时，应选用高大乔木，加宽株距，用树冠形成透景面。

不仅如此，植物的色、香、姿、季相变化等，给建筑带来了生机和活力，赋予建筑生命，使其成为生生不息的大自然中的有机组成部分。建筑物一经建成，其位置、形体就固定不变，而植物则是随季节、树龄改变的。在建筑环境中栽种植物，可使建筑空间产生春、夏、秋、冬的季相变化，同时产生空间比例上的差异，夏天树叶茂盛，空间感浓郁、紧凑；冬天树叶凋落，空间显得空旷、爽朗。

6.3　园林植物的选择

6.3.1　园林植物配置原则

植物配置是利用植物材料结合园林中的其他素材，按照园林植物的生长规律和立地条件，采用不同的构图形式、组成不同的园林空间，创造各式园林景观以满足人们观赏游憩的需要。在园林设计中，植物配置占有重要的地位，是园林设计的重要组成部分。一个公园、一块绿地可以没有地形、没有水体、没有园林建筑等，但是不能没有能给公园带来生机的植物。

园林植物是园林工程建设中最重要的材料，植物配置的优劣直接影响到园林工程的质量及园林功能的发挥。园林植物配置不仅要遵循科学性，而且要讲究艺术性，力求科学合理的配置，创造出优美的景观效果，从而使社会、经济、生态三者效益并举。

园林植物配置要遵循一定的原则：

（1）服从园林绿地的性质、功能，并与其总体艺术布局相协调。

（2）要考虑四季景色的季相变化。

（3）要考虑植物造景在形、色、味、韵上的综合应用。

（4）要恰当处理园林植物的通相与殊相。

（5）要根据园林植物的生态习性来配置。

（6）要合理确定种植形式、种植密度及相互间的搭配。

6.3.2　园林植物配置的艺术效果

观赏植物必须具备观赏特性才能成为选取的对象。主要取形态美观或色香俱佳的植物。通常易为人们注意的是植物的形体美和色彩美，以及嗅觉感知的芳香美、听觉感知的声音美等。除此以外，树木（植物）尚具有一种比较抽象的却极富于思想感情的美，即联想美。配置上的韵味效果，颇有"只可意会不可言传"的意味。只有具有相当修养水平的园林工作者和游人才能体会到其真谛。总之，欲充分发挥植物配置的艺术效果，除应考虑美学构图上的原则外，必须了解到物是具有生命的有机体，它有自己的生长发育规律和各异的生态习性要求，在掌握有机体自身和其与环境因子相互影响的规律基础上，还应具备较高的栽培管理技术知识，并有较深厚的文学、艺术修养，才能使配置艺术达到较高的水平。

6.3.3　各种用途园林植物的配置

1. 风景林

现代城市园林要求创造大环境植物景观。因此，风景林便成了园林植物配置中极为重要的形式。较大规模的风景林，可称得上是特殊用途的森林，它是大面积园林绿地，特别是城郊森林公园和风景名胜区的森林植被景观。风景林的作用是保护和改善环境大气候，维持环境生态平衡；满足人们休息、游览与审美要求；适应对外开放和发展旅游事业的需要；生产某些林副产品。风景林的配置除根据植物配置的一般原则进行外，还必须掌握风景林植物群落生长发育和演替的自然规律，充分考虑生长发育各时期植株间的相互关系及可能产生的竞争，予以合理搭配。

2. 行道树

人行道绿带中与街道轴线平行成行成排栽植的乔木称为行道树。它是人行道绿带的重要组成部分，主要的功能是夏季遮阴。行道树的配置要有利于街景与建筑物协调，不应该妨碍街道通风及建筑物内的通风采光。在行道树的应用上，目前我国有"一板二带""二板三带"和"花园林荫道"等形式（街道中通行部分称作板，栽植部分称作带），大多在道路的两侧以整齐的行式进行种植。高速公路不同于一般公路，这种不同主要是由于速度引起的。由于速度对观景的影响，高速公路的绿化设计一般强调简洁、大气、美观，也可采用自然配置的方法。另外，还要满足工程技术（封闭作用，防止边坡水土流失）和交通安全的要求。

3. 花坛

花坛按所用材料不同分为1、2年生草花坛、球根花坛、灌木花坛，按布置形式不同分为毛毡花坛、带状花坛和立体花坛。配置花丛花坛植物时，应注意色彩构图。红色、黄色、橙色花卉，通常给人热情、活泼、温暖的感觉，适用于繁华地区或寒冷季节。蓝色、绿色、紫色通常给人悠闲、安静、凉爽的感觉，适用于安静休息区或炎热季节。对比色使人兴奋，调和色显示平静。花坛的线条、纹样间要防止出现顺色现象。组成花丛花坛的花卉应是中间高、四面低，互不遮挡视线。

4. 绿篱

绿篱是紧密的株行距延长栽植并控制一定高度，经常修剪，维持一定形状的栽植形式。绿篱按高度分类：高篱（高 3～6m），作为背景、风障或隐蔽用；中篱（高 1～2m），用得较多，主要作为区界或装饰用；矮篱（高 30～60cm）；主要作为镶边用。绿篱按修剪方式分为规则式及自然式两种。绿篱按观赏和实用价值分为常绿篱、落叶篱、彩叶篱、花篱、观果篱、编篱等。绿篱的配置一般采用自然式和规则式。自然式任其自然生长，到一定时期更新复壮，多用于花灌木绿篱。规则式以人工修剪成型，如球形、杯形、三角形，纵断面剪成平墙式、城垣式或波状式等。

课后习题

1. 论述中国古典园林植物配置的艺术手法，并举例说明。
2. 植物造景如何体现文化性？
3. 中国古典园林中阐述的"师法自然"是如何协调园林其他要素的？

第7章

城市广场植物景观设计

7.1　城市广场植物造景概述

7.1.1　城市广场的定义与分类

城市广场是指为满足多种城市社会生活需要而建设的，以建筑、道路、山水、地形等围合，由多种软、硬质景观构成的，采用步行交通手段，具有一定的主题思想和规模的节点型城市户外公共活动空间。

1. 历史沿革

15—16 世纪，欧洲文艺复兴时期，随着城市中公共活动的增加和思想文化各个领域的繁荣，相应地出现了一批著名的城市广场，如罗马的圣彼得广场、卡比多广场等。后者是一个市政广场，雄踞于罗马卡比多山上，俯瞰全城，气势雄伟，是罗马城的象征。威尼斯城的圣马可广场（图 7-1）风格优雅，空间布局完美和谐，被誉为"欧洲的客厅"。17—18 世纪法国巴黎的协和广场、南锡广场等是当时的代表作。19 世纪后期，城市中工业的发展、人口和机动车辆的迅速增加，使城市广场的性质、功能发生了变化。不少老广场成了交通广场，如巴黎的星形广场与协和广场。现代城市规划理论和现代建筑的出现，交通速度的提高，引起城市广场在空间组织和尺度概念上的改变，产生了像巴西利亚三权广场这样一种新的空间布局形式。

图 7-1　威尼斯的圣马可广场

中国古代城市缺乏公众活动的广场，只是在庙宇前有前庭，有的设有戏台，可以举行庙会等公共活动。此外，很多小城镇上还有进行商业活动的市场和码头、桥头的集散性广场。衙署前的前庭，不是供公众活动使用；相反，还要求公众肃静回避。这在古代都城的规划布局中更为突出，如宫城或皇城前都有宫廷广场，但不开放。明清北京城设置了一个既有横街又有纵街的 T 字形宫廷广场（在今天安门广场）。在纵向广场两侧建有千步廊，并集中布置中央级官署。广场三面入口处都有重门，严禁市民入内，显示宫阙门禁森严的气氛（图 7-2）。

图 7-2　明清宫廷广场

2. 具体分类

广场按照主要功能、用途及在城市交通系统中所处的位置分为集会游行广场（其中包括市民广场、纪念性广场、生活广场、文化广场、游憩广场）、交通广场、商业广场等。但这种分类是相对的，现实中每一类广场都或多或少具备其他类型广场的某些功能。

1）纪念性广场建有重大纪念意义的建筑物，如塑像、纪念碑、纪念堂等，在其前庭或四周布置园林绿化，供群众瞻仰、纪念或进行传统教育。设计时应结合地形使主体建筑物突出、比例协调、庄严肃穆，如南昌八一广场（图 7-3）。

图 7-3　南昌八一广场

2）商业广场为商业活动之用，一般位于商业繁华地区。广场周围主要安排商业建筑，也可布置剧院和其他服务性设施；商业广场有时和步行商业街结合。城镇中的集市、贸易广场也属于商业广场。

3）公共活动广场一般是政治性广场，应有较大场地供群众集会、游行、节日庆祝、联欢等活动之用，通常设置在有干道连通、便于交通集中和疏散的城市中心区，其规模和布局取决于城市性质、集会游行人数、车流人流集散情况及建筑艺术方面的要求，如北京天安门广场（图 7-4）。

图 7-4　北京天安门广场

4）集散广场供大量车流、人流集散的各种建筑物前的广场，一般是城市的重要交通枢纽，应在规划中合理地组织交通集散。在设计中要根据不同广场的特性使车流和人流能通畅而安全地运行。

5）交通广场为几条主要道路会合的大型交叉路口。常见形式为环形交叉路口，其中心岛多布置绿化或纪念物以增进城市景观，如长春市人民广场有 6 条道路相交（图 7-5），中心岛直径为 220m。

图 7-5　长春市人民广场卫星图

城市跨河桥桥头与滨河路相交形成的桥头广场是另一种形式的交通广场。当桥头标高高出滨河路较多时，按照交通需要可做成立体交叉。

6）宗教广场一般布置在寺庙或者祠堂的前面，主要是进行宗教祭祀、活动、集会的广场。一般宗教建筑群会设有专门的进行宗教活动的内部广场，在外部会设置群众集会、休息的广场空间（图7-6）。

图 7-6　梵蒂冈圣彼得广场

7）生活休闲广场与人们生活最为息息相关，一般会设置在小区中心区或者小区周边，生活休闲广场多考虑到周边居民的生活需要，无论从整体的空间形态还是从小品、植物造景等方面，都要有人性化考量，为居民提供一个休闲、游憩的公共空间。

7.1.2　城市广场植物造景的发展趋势

1. 生态化

随着环境保护意识的加强，植物造景设计的生态化也越来越重要，对植物造景设计的生态化就是将生态原则与景观规划设计相结合，使城市与自然相融合，创造性地利用自然景观，采用"源于自然而又高于自然"的造景原则，强调生态环境的合理性、适应性，增加人与自然的对话，为城市的发展留一个良好的生态发展空间。

植物配置强调以生态学理论作指导，虽然生态学思想在越来越多的园林设计中被运用，但是往往只停在表面而不深入，要真正更新当代植物配置的生态理念，就要树立科学的生态观来指导植物配置。

2. 人性化

现代植物配置在遵循生态的基础上，也要根据自然条件从人的本能出发，把广场植物景观改造得更适合于大众活动、休闲。创造以人为本的植物景观设计，做到真正地为大众设计。

3. 艺术化

植物造景应有一定的艺术性，强调根据美学要求进行融合创造。不仅要讲求园林植物的现时景观，更要重视园林植物的季相变化及生长的景观效果，从而达到步移景异、时移景异，创造"胜于自然"的优美景观。

7.2　城市广场植物造景原则

7.2.1　植物造景与使用功能相结合的原则

城市广场绿化的主体是植物景观，一般而言，植物景观的功能主要体现在建造、观赏和生态这 3 个方面。

1. 建造功能

可利用植物起到分隔联系空间的作用，尤其利用乔、灌木范围的空间，不受任何几何图形的制约，随意性很大。若干个大小不同的空间通过乔木空隙相互渗透，使空间层次深邃、意味无穷。

2. 观赏功能

观赏功能是植物最基本的功能，设计者通过效仿自然的设计手法使植物景观更具观赏性。要求以美化为主，就要选择树冠、叶、花或果实部分具有较高的观赏价值的种类，丛植或者列植在行道两侧形成带状花坛，同时还要注意季相的变化，应做到四季有绿、三季有花，必要时需点缀花草来补充。

3. 生态功能

植物的生态习性及与周围环境的生态关系决定了多种多样的生态要求，因此，植物造景必须将植物的生态功能作为基础原则，满足植物生长的基本要求，并尽可能发挥植物改善环境的生态效应。首先，必须注意植物的自然生态习性；其次，要综合考虑生存环境中的光照、温度、水分、空气、土壤、地形、地势及人类的活动等生态因子对其生存、生长发育的影响，做到生态上的"适地适树"；最后，应考虑城市生态环境的特殊性对土壤、光照、水分的影响。

7.2.2　植物造景与广场文化内涵相结合的原则

城市的历史文脉是一个城市文化内涵的基础和出发点，是它的灵魂和精神所在、风韵和魅力所在，即一城之"神"、一城之"韵"。要从城市的历史文化背景和资源着手，注重其与自然环境条件相结合，提炼、设计文化主题，强调历史文脉的"神韵"。如将植物景观组合成构图符号，与具有鲜明城市文化特征的景观小品等融合，共同体现地方文化韵味。城市广场的植物造景也要重视人性化、特色化的文化原则。植物景观也要注意反映市民文化，体现时代气息，突出个性，设计特色植物景观。

7.2.3　植物造景与广场硬质景观相结合的原则

广场中植物栽植和铺装占据了整个广场的绝大部分面积。植物景观要与铺装形式很好地协调起来，植物的绿色可以衬托红、白、黄等多种色彩的铺装，使铺装图案和形式更加突出。植物的自然形态可以软化硬质铺装所带来的生硬质感，给人提供一种相对柔和平静的环境。合理的植物造景还可以与广场硬质铺装相协调，产生明暗不同的效果。合理地采用抗性较强的树种，则可以吸收由硬质材料产生的日照辐射和人流集中造成的高温和污浊空气，调节广场小气候，创造出舒适宜人的休闲环境（图 7-7）。

在城市广场的设计中，大型雕塑和喷泉无疑成为整个广场的视觉焦点。可在雕塑下方或喷泉周边的花坛中种植时令花草，这样的配置不仅没有喧宾夺主，而且能更好地衬托出主题雕塑或喷泉的庄严（图7-8）。

图7-7 广州珠江公园　　　　　　　　　　图7-8 北京植物园喷泉广场

7.2.4 创造地域性植物景观的原则

利用植物来创造地域景观时，可采用各种有地域特色的图案。图案设计要突出乡土气息，或庄重古朴，或怀旧古典，或具有民族特色等（图7-9）。此外，城市广场植物造景应选择对环境污染等不利因素适应性强、养护管理方便、观赏效果较好的乡土树种。结合广场的使用功能，考虑植物的生长习性，将喜光与耐阴、速生与慢生、深根性与浅根性等类型合理配置。同时必须对植物造景的效果进行预见，远期与近期相结合，从而创造出富有地域性的特色植物景观（图7-10）。

图7-9 凡尔赛宫模纹花坛　　　　　图7-10 G20峰会时的植物景观

7.3 城市广场植物造景要点

7.3.1 大城市广场植物造景

1. 城市中心广场植物造景

大城市中心广场无疑是城市的标志性景观，而其入口部分即为最可造之处，具体表现在：首先，入口部分配置在色彩上具有色彩对比效果较强的植物，例如冷暖色和互补色的对比；其次，采用不同的植物形状（会给人以不同的视觉审美感受）。人们认识物体，先看到的是物体边线形成的外轮廓，而将一物体与其他物体分割开的外轮廓具有粗细、曲直、浓淡、虚实之分，加上不同的排列，都会使人们在视觉、心理上产生不同的效果。所以在大城市中心广场植物造景中，可适当安排形状奇特的观赏性植物以供欣赏。更重要的是，要突出市花市树在象征城市精神面貌方面所起的作用，可将它们摆放在突出的位置（图 7-11）。

图 7-11　儿童主题广场入口

2. 公园景观广场植物造景

在大城市的公园中，引导作用也是植物造景的一大功能，特别是在繁华的大都市，能为游客提供许多方便。而植物景观空间与游人的行为活动是相互作用的，环境的特点能够引导相同需求的游人进入其空间内发生相应的行为，处在特定环境下的游人也会对环境做出反应。因此，景观与人的联系是控制人对环境的感知的重要因素。所以在植物造景时也应注意到植物的引导性，设计出植物的空间感；同时良好的植物景观让游人放松，并有自然的归属感（图 7-12）。

图 7-12　覆盖植物景观

3. 居住区广场植物造景

居住区是构成城市建筑的重要部分，同样也是大城市居民主要的活动单元之一，因此其面临的问题也是最直观和最显著的。在居住区内设计植物景观时，应充分考虑其生态作用，并且朝着更加理性化和体系化的趋势发展，具体表现在：强调以绿为主的园林绿化生态效益的发挥，主要由树木、花草的种植来实现。因此，以绿为主是住宅小区绿化的着眼点。良好的植物景观往往作为园林小品甚至铺装、座凳的独特背景，通过色彩、质感等方面的对比突出园林小品及铺装、座凳所处的特定空间，起到点景的作用。以绿为主的另一层含义是住宅小区的园林绿化不仅要平面化，而且要提倡"林荫型"的立体化模式。利用墙壁种植攀缘植物，可以弱化建筑形体生硬的几何线条，使这部分空间增强美化、彩化效果，从而提高住宅小区广场的生态效益（图7-13）。

图 7-13　居住区广场植物景观

7.3.2　中小城市广场植物造景

1. 中心城区广场植物造景

中小城市由于面积上的局限性，在一定程度上限制了植物造景的发展，但也不容忽视。相对大城市来说，中小城市的植物造景在体系化和制度化方面都难以相提并论，但其经过良好设计，在个性化方面也能发挥出独有的特色与魅力。在个性化方面，中小城市广场通过更加灵活的植物布局方式，既满足了观赏的需要，又改善了空气质量。

另外，中小城市有两大重要特征：作坊林立和文化古迹保留程度相对较高。在作坊方面，中小城市以饮食方面为主，这必然排放许多污染物质。面对这种情况，应充分发挥植物的生态作用，多选用成片的高大乔木种植在作坊区的周围，将作坊区与居民日常生活区分割开来，这样能够在很大程度上改善整个城市的空气质量，同时也有助于作坊区内工作人员的身心健康。至于文化古迹，若能将其与现代植物造景技术良好地结合起来，在原本孤单的古建筑周围合理地点缀适量的绿植，会给传统文化带来新的生机。

2. 居住区广场植物造景

随着人们对居住环境的日益重视，中小城市居民也不满足于简单的"有房可住"，而越来越重视居住区内部的环境建设，其中绿地景观占有很大比重。在中小城市居住区植物造景方面，居民在选择居住环境的时候，会重点从居住区的环境美化程度、舒适程度等多方面进行考虑，因此舒适性原则是必须重点考虑的部分。而其中良好的植物造景会在居住环境优化上起到加分的作用，具体体现在提高小区美观程度和分隔空间上。居住区广场是居民平时最重要的公共空间，由于面积狭小，不可能像大城市那样有很强的立体性，植物种类也相对较少，但这并不影响其个性的体现，反而在广场内能够通过各种灵活的布置，设计不同的景观效果，丰富居民的生活，有助于居民的身心健康。

　　另外，中小城市由于受污染程度相对较轻，本身自然环境要优于大城市，所以在居住区广场植物造景时，要充分考虑大自然的因素。人在大自然面前永远是渺小的，美景本身不是推翻自然重塑，而是在自然的环境下加以点缀和联系。所以在居住区内建造植物景观时，应充分考虑大自然的因素，将人造的植物景观与大自然有机地结合起来。这样既能满足居民的需求，又能保护环境。

7.3.3　公共集散空间的植物造景

1. 上升式广场

在上升式广场的布局中，应将车行道设计到较低的层面上，把步行及非机动车交通放在较高的设计标高上，实行良好的人车分流，而在人行穿越的核心处构筑景观广场，还风景旅游区绿色和生命。在这类景观广场中，植物造景主要起到生态、造景兼休闲作用，主要采取规则式造景方式。规则式的植物造景就是将植物按一定的几何图形或一定规则加以整形修剪。规则式的植物造景与规则式建筑外形线条较为协调一致，有很高的人工艺术价值。规则式的植物景观具有庄严、肃穆的气氛，常给人以雄伟的气魄感。西方国家的上升式广场设计中，以规则式的植物造景较多。

2. 中小型铁路客站前广场

站前广场作为城市的门户空间，其环境质量往往决定了旅客对这个城市的第一印象。从满足人们精神文化需求层面考虑，站前广场应具备一定的景观环境设计，从而起到改善、协调城市景观环境的作用。其中植物造景所起到的作用也不容忽视。在植物景观设计过程中，应在周边建筑设计良好的界面景观和视线通廊。在绿化方面也应合理布局，例如可将广场上的绿化分布在 3 个区域：其一，可在广场前方设置绿色交通岛；其二，可在集散广场边缘设置绿化带；其三，可在车站建筑前方设置护坡的花坛。另外，还应在站前广场上种植绿色树木，为旅客和市民提供较好的休息环境（图 7-14）。

图 7-14　重庆龙头寺火车客站站前广场景观方案

7.3.4 环境艺术小品的植物造景

在现代建筑中，公园里的花台，花架、休息椅，马路边的公共电车、汽车车站，广告牌和布告栏，路灯和指路标，建筑前的标志等，它们不依附在建筑上而独立存在，都属于小品建筑。对小品建筑的植物造景，具体表现为在城市广场中心雕塑下设置一圈花坛供游人欣赏，或者在休闲座椅周围点缀一些花草作为装饰等。这样安排有助于弥补小品建筑在体量上的单薄的感觉，丰富了小品建筑的内容，也能够吸引更多游人前来观赏，实现了环境效益、生态效益和经济效益的统一。

7.4 城市广场植物造景的细部处理

7.4.1 建筑物风格与植物的协调

1. 休闲建筑格局的居民区广场

休闲建筑格局的居民区广场应注重绿化风格的协调性，体现在丰富的植物种类、多元化的植物搭配及布局上的灵动变化，并注意调动居民的参与意识与保护意识。设计应做到植物品种丰富、季相变化多彩、划分区域栽植、配置杜绝雷同。如果可以兼顾观赏性与实用性，则更理想。

2. 中规中矩的旧式广场

一个旧广场绿化不应该只顾及整体几何结构的协调，而应该广泛选取绿化素材，以层次错落、变化自然的曲线造型来削减原建筑风格的呆板凝滞。设计时，如果大的框架需要照顾其协调性而采用几何布局的话，则在其间应穿插各具特色、形式不一的小布景，来打破建筑格局带给居民单调的风格感觉和心理暗示（图 7-15）。

图 7-15　林肯客栈旧广场

3. 围墙的植物配植

一般来说，墙的正常功能是承重与分隔空间。如果我们利用墙南面良好的小气候，引种栽培一些美丽的植物，可以发展成美化墙面的墙园。目前，一般的墙园都是用藤本植物或者经过整形修剪及绑扎的观花观果的灌木，以及极少数的乔木来美化墙面，加上各种球根、宿根花卉作为基础栽植，经过美化的墙面，能够使自然气氛更加凸显（图 7-16）。

图 7-16　围墙植物配置

7.4.2　建筑思想反照植物造景

建筑不仅仅从属于景观，也是景观的一部分，当建筑融入景观后，其本身也是对景观的一种改造。所以，建筑的设计不仅要考虑与景观的融合，也要考虑对景观的创造性塑造。让景观衬托建筑，用建筑改造景观。在城市广场植物造景中，要以建筑的理念对待植物景观设计，用建筑分析、决策、设计的方法来造就景观美学。具体设计中，建筑技术能够拓展植物空间以表现科学与艺术的结合。同时，用建筑思维解决问题。城市广场中的建筑与景观往往要面对许多制约，包括场地限制、经济限制，在设计过程中，采用建筑的思维方式可以解决植物景观设计中的很多制约因素。

7.4.3　灯光与植物的处理

城市夜晚景观由各类景观元素构成，而其中灯光与植物的处理显得尤为重要。植物是最常见的造景因素，大多数城市都可见到植物夜景照明。通过植物遮挡、灯槽隐藏、低位遮盖等方式将灯具隐藏起来，让光能透出来，同时注意防眩光，既能实现"见光不见灯"的效果，又能形成悬浮、剪影等特色的灯光效果，营造意境极其富有想象力的感官享受。要达到这些效果，首先，要了解光线对植物的影响，以更好地设计夜间景观照明，避免滥用各种光源照射植物。其次，光源与灯具的合理选型都对植物照明的效果起到重要作用，所以要对灯具进行合理选择。最后，是角度的选择，选择植物照明的灯具主要考虑的因素是灯具的控光能力，即光束角。所以一般应根据植物的高低、疏密、形态等选择适合的光束角对其进行照射（图 7-17）。

图 7-17　灯光与植物

7.5　景观植物在城市广场中的应用形式

7.5.1　景观植物的应用形式

1. 空间格局式

植物可以分割空间，也可以扩大景深。植物的种植可以形成绿色的生命之墙，软性地划分出不同的空间界限。植物稀疏种植和密闭种植，又能够给人以远景、近景不同尺度的距离感。运用好植物立体空间的占据能力，可以实现在开敞和密闭空间的不同景观效果，使游客总是处于新颖、新奇、变化的景观之中。城市广场主要为开敞空间，可以乔木和地被植物为主，将人造广场与大自然进行良好结合。开放空间格局的植物配置，可以使用乔、灌、草及水生植物，但要根据空间的大小和视线的方向，有选择地配置种植植物。

2. 视觉冲击式

这种植物配置方法强调对游客产生强大的视觉冲击力，而使用这种方法的重点在于色彩的搭配，所以花海、彩叶海都是可以追求的配置效果。但颜色可以是对比色比较强的植物组合，也可以是以某一色调为主，配以其他颜色做调和，避免视觉枯燥而产生审美疲劳。颜色对视觉有重要的影响，而视觉冲力最大的是红色，给人以热情和活力；黄色代表着太阳的颜色，也是视觉感应明亮度较高的颜色，它象征着皇家的气派，金碧辉煌的高雅，可以带动气氛；白色象征纯洁和素雅，可在火热的季节改变视觉温度，也可使阴暗的角落显得明快起来；紫色代表高贵，色彩明快，浪漫轻松，极富动感。自然界最多的颜色是绿色，绿色代表着青春和生命，而绿色也有深浅之分，景观效果也不同。其他如蓝色、粉色、橙色等，在视觉上也都有不同的冲击力。

3. 景致四季式

这是一个动态植物配置方法，充分考虑四个季节物候变化的规律来选择与不同季特征相应的植物组合，从而实现每个月都会有可看之景。这种方法主要是在人群比较聚集的地方设置一定的休憩设施，让游客一年四季都可以驻足。使用这种方法时要注意以下几点：植物的季相变化明显而准时；乔木、灌木、地被、湿生、水生等植物的层次组合丰富而完整有序；不同的季节有不同的植物成为季相景观的"主角"，而花、叶、果、枝是季相变化的载体；植物景观要与建筑物互相映衬，甚至在颜色上给予互补。做到以上几点，才能获得一年四季都有可看之景的效果。

4. 景观互动式

在景观互动法中，要将植物的配置与周边建筑相融合，在城市广场景观设计中，建筑物的存在给人以艺术享受，体现一定的文化气息和技工艺术。但建筑物毕竟是固定的物体，建筑线条硬朗、轮廓固定、外形生硬，缺乏生机与活力。利用植物的柔和线条、多样姿态、丰富色彩等优势特点与景观建筑物融合，不但能够在线条、姿态和色彩上产生互动效应，也可调节建筑物周围的空间效果。在植物与建筑物融合设计时，要注意建筑物的体量、颜色、风格等，通过合理的植物配置，让人体会到植物的景观美与建筑的艺术美的完美交融。广场中大多为体量较小的建筑物，应选用姿态优美、色泽鲜艳的植物配置，且灌木、地被、草本等植物都可以适当选择。在颜色选择上，可以选择与建筑物颜色对比度较大的植物配置，凸显不同的实体及其存在的空间。

7.5.2　花卉的应用形式

1. 花坛

花坛是指在具有一定几何轮廓的种植床中，以花卉为主要材料组成的花卉图案，一般多设在广场的出入口和广场内道路的中央、两侧及周围等处。花坛的布置原则：图案简洁，所用的花材种类不宜过多；花卉选用花色鲜艳亮丽、花朵繁茂、覆盖效果良好的种类。春季花坛常用草本花卉有金盏菊、福禄考、羽衣甘蓝、矮牵牛、一串红、报春花等。夏季花坛常用草本花卉有凤仙花、飞燕草、醉蝶花、千日红等。

2. 花镜

花镜（图 7-18）是模仿自然界深山小径两旁的奇花异卉自然散布生长、错落有致的景观，后加以艺术提炼而应用于广场布置的一种形式。不同种类的花卉以自然斑块状混交栽植，边缘不用建筑材料形成一定形状的种植床，可以是自然流畅的曲线，也可以是直线，因环境而异。花镜布置应突出自然和耐粗放管理的特性，花卉配置应考虑到同一季节中彼此的色彩、质地、数量、生长繁殖速度等的调和与对比，整体构图必须协调，曲线要自然流畅，才能给人自然舒畅的感受。此外还要求有季节变化，能给人春华、秋实、夏荫、冬雪的季节变换感受。大多数露地花卉都适合布置花镜，但为建设节约型广场，最好的花材是宿根和球根花卉。

3. 花丛及花群

花丛及花群是将自然风景中野生花卉散生于草坪山坡的景观借用于广场建设的园林造景之中，通常布置于开阔的草坪周围，使林缘、树丛、树群与草坪之间起到联系和过渡作用；也可用于布置自然曲线型道路的转折点，使人产生步移景换的感觉；还可点缀于小型院落及铺装场地（包括小园路、台阶等）之中。在现代城市广场建设的园林布置中常用花丛、花带等点缀在大面积草坪中，能起到很好的烘托和渲染作用。

图 7-18　花镜

4. 篱垣及棚架

在广场建设的景观配置中，对篱垣、栏杆及棚架等也常用花卉材料加以掩蔽与点缀，能获得很好的绿化效果。

材料常用草本蔓性花卉，因其茎叶纤细、花果艳丽、装饰性较藤本花卉强，生长速度也较藤本花卉快，能很快见效。此外，也常用支架专门制成大型动物如大象、长颈鹿、鱼等形象或蘑菇、太阳伞、花瓶等形状，待花草生长布满后，细叶茸茸，繁花点点，十分生动有趣，极适合布置儿童的游乐场所。常用花材有牵牛、观赏南瓜、小葫芦、金银花等。

7.5.3　绿篱的应用形式

1. 整形绿篱

任何形式的绿篱都要保证阳光能够透射到植物基部，使植物基部的分枝茂密，因而在整形修剪时，绿篱的断面必须保持上小下大，或上下垂直。上大下小则下枝照不到阳光，下部即枯死；如主枝不剪，成尖塔形，则主枝不断向上生长，下部亦容易自然枯死。一般中矮篱选用速生树种，例如女贞、小蜡、水蜡，可用 2～3 年生苗木于栽植时离地面 10cm 处剪去，促其分枝。如应用针叶树或慢长树，如桧柏、黄杨等，则须在苗圃先育出大苗。高篱及树篱，最好应用较大的预先按绿篱要求修剪的树苗。规则式园林的树木整形有时是建筑的一部分，有时则代替雕塑，大体有几何体整形、动物整形、建筑整形等。

2. 不整形绿篱

不整形绿篱是指绿篱不按几何形状整形的绿篱，一般均作为高篱或绿墙应用。结合生产的绿篱，为了多收花、果，以不整形为宜。杞柳、紫穗槐、雪柳等绿篱，其枝条可用于编织。玫瑰、金银花、栀子、桂花、月桂、九里香、米兰等花可用于香料。葡萄可产果。在城市广场中，也可应用这种形式，既满足了美观上的要求，又使生态效益和经济效益得到了统一。

7.5.4　垂直绿化

垂直绿化也可称为竖向绿化、立体绿化，是相对于地面绿化而言的，指在垂直方向上进行的绿化，以争取更大空间的绿化覆盖，在城市广场中主要表现为墙体或其他垂直方向的绿化。垂直绿化中所使用的植物大多依附于墙体而生长，其在不同方面能构造出不同的景观效果。其叶形态多种多样，一般有扇形、菱形、椭圆形、心形、掌形、卵形、圆形、针形、三角形等，当植物树叶为圆形和椭圆形这类圆滑无棱角形状时，易使人产生温和亲近感。植物的花色是制造广场景观的主要装饰手法，墙体立面不仅可以用多种花色来丰富外墙效果，还可通过花色和墙面的对比来设计强烈的视觉感。当墙体与周边环境融合时，需选用相近色；当建筑需从区域景观中脱颖而出时，可使花色与建筑颜色或与周边环境形成强烈对比，就需选用对比色来设计不同的效果（图 7-19）。

图 7-19　垂直绿化

7.6　实例分析

7.6.1　国内实例

1. 大雁塔广场

大雁塔是西安的标志性建筑之一，该广场是以大雁塔为中心，包括北广场、南广场、东苑、西苑、南苑、步行街和商贸区等在内的旅游新景观。广场绿化布局完好地结合周边的自然环境和人造景观环境，同时保持自身风格的统一，体现了对称和平衡的原则，更好地装饰、衬托了广场。主水道左右两侧的植物选材、种植模式基本相近：为对称的绿化造景设计，布局采用唐代坊的"九宫格"局，主轴线两侧的条形广场上配有银杏、竹林、松柏、棕榈、玉兰等植物；水景雕塑区周边植有桂花、樱花、国槐、紫薇、石榴等珍贵树种，并选配有四季花卉供游人观赏；地景浮雕区，为北广场主题树林区，栽植的银杏为中国植物的活化石，每 8 棵一组，共 10 组，除彰显北广场整体气势外，还为游客提供赏景、休憩的场所（图 7-20）。

图 7-20　大雁塔广场

2. 上海人民广场

被誉为"城市绿肺"的上海市人民广场位于上海市中心，总面积达 30 多万平方米。上海市人民广场植物造景以均衡的规则式实物景观布局为主，渲染时尚现代、庄重大度、简洁明快的环境气氛。中心绿化广场中，与大面积草坪结合布置色块式时令花卉和动物造型的植物小品，主题突出、色彩明快，富于装饰感。内侧绿地注意与休闲空间结合，提供市民活动的绿色背景，同时还是设置得很好的私密空间。下沉广场中采用立体绿化丰富空间层次，周边绿地则采用地被植物造型构成景观空间的前景。骨干植物为绿色地被植物、时令花卉等。总体能适应功能要求，体现其休息、活动、游览价值（图 7-21）。

图 7-21　上海人民广场

7.6.2　国外实例

1. 法国里昂街头广场

在里昂街头的广场内，野花野草都可以是植物景观设计的主角，这些法国野生生境中常见的种类使里昂的植物景观即使在深秋也能展现出富有生命张力的美感。但是不同于印象中的野花野草的杂乱无章，里昂野生植物被简单处理过边界，完全能和城市的环境相结合，是可以让人亲近的景观。里昂街头的野生植物有以下特点：一是多为乡土的多年生草本，可以省去移栽和更换的工作；二是可以观赏多个季节。因此即使没有很多的人工维护也能产生较好的景观效果（图7-22）。

图 7-22　法国里昂广场鸟瞰图

2. 美国达拉斯喷泉广场

美国达拉斯喷泉广场是由贝聿铭事务所设计的达拉斯市中心联合银行大厦外环境设计。它的特点在于将植物、水体和喷泉组成的几何空间与现代建筑紧密结合起来，完美解决了形式、功能与使用之间的矛盾。这样将植物与水体结合起来形成了一种流动的景观空间，从而使整体景观呈现丰富变化的空间（图7-23）。

图 7-23　美国达拉斯喷泉广场

课后习题

1. 选取中国古代广场案例，解析其结构及功能组成。
2. 结合国外城市广场构造手法，阐述现代城市广场应当如何设计。
3. 如何看待宗教性广场的艺术性及文化性？

第8章

城市公园植物景观设计

8.1 我国城市公园现状及分析

8.1.1 我国城市公园发展现状

改革开放以来，我国城市公园面积增长 10 倍之多，年增长率浮动在 20％左右；公园数量增加 10 余倍，年增长率在 18％以内；人均公园绿地面积也由 $1.57m^2$ 增加到 $11.80m^2$。

8.1.2 我国城市公园发展问题

1. 城市公园建设与维护问题

我国的城市公园长期靠国家拨款支持，其建设与维护一直由地方财政支持，但拨款数量有限，对公园的建设、发展很难顾及，尤其是内地的欠发达城市，无疑是一个新挑战。早期"以园养园"的做法经实践证明，对公益性质的公园并不适用，这会迫使公园为了解决资金问题、减轻经济负担，盲目招商引资、扩大人工设施，从而降低了公园的质量。

2. 公园与城市公共空间总体规划问题

在早期建设的城市公园中，建设者为了便于公园管理，用围墙和高大的乔木将公园围合起来，用城市道路隔断公园和周围建筑物、社区等设施环境的联系，公园被作为一块特殊用地，进行封闭式围合，这实际上是对城市公园性质的误解。从园林本身来看，围墙在一定程度上起到了远离世事尘嚣的目的，但是从城市景观和整个城市绿地系统看，围墙使城市景观变得单调而封闭，造成景观与城市关系的脱节。

3. 城市公园设计理念问题

从 20 世纪初始于西方殖民地建造的城市公园至今，许多新建公园一直沿用大片草坪、曲折的河流及小山为特征的英国风景式园林模式等。现代城市公园设计理念崇尚西方化，这种强调礼仪化、形式化的空间突显出公园建设的非理性，忽视人性空间。虽然西方的园林风格和文化符号在某种程度上给现代公园设计注入了新的活力，甚至在理论方面开辟了新的方向，但也带来了许多负面影响，使本土景观文化受到前所未有的冲击。园林设计缺乏文化内涵，城市历史文化与文脉延续的缺失，致使城市记忆消失，同时也缺乏地域特色与个性，理应作为展示地域特色和城市个性窗口的城市公园，正随着城市整体特色和个性的模糊而逐步丧失自身的地域特点。

4．公园景观建设缺乏人性化设计

由于城市化的加速发展，包括城市公园在内的城市基础设施建设严重不足。有的公园出于商业性目的，促进了公园景观的快速建设，也产生了施工质量不高，不顾地理和气候条件，以简单的西方式的大草坪作为景观现代化的方式，往往一边砍掉高大乔木破坏绿化环境，一边种植草坪促进景观现代化，这是一种欠缺持续发展眼光的公园建设方式。许多公园缺乏便利残疾人、老年人的游览设施，如残疾人坡道、导盲设施、公园环境指示牌等人性化的设计。

5．城市公园本身定位和开发问题

随着社会经济活动日趋多元化，人们的生活方式、社会心理和价值观念也发生变化，公园的开发商和管理者们为了谋取利润和提高个人福利，在公园内或者景区附近建设商业建筑或者游乐设施，甚至在周围建立大型商业街区，"新"的规划理念包装后的"城市公园"，向游人展示的不是大自然的绿色景观，而是由园林局所管辖的商业街或游乐场，"城市园林化"没有开发实现，反而成为"园林城市化"。商业街区和游乐场不是园林，更不能把游乐场在城市总体规划图中涂成绿色块，游乐场不是改善城市生态环境的绿地。

6．我国城市公园发展趋势

1）投资多元化趋势。投资方式有独资、合资、集资三种方式。随着经济社会的发展，公园投资建设从一开始的政府拨款建设转变为社会资本合资建设与政府建设并存。城市公园投资的多元化带来了从公园建设方式、管理方式到景观设计方式的转变。单一的政府包办的管理、建设模式不能适应投资多元化需求，终极式的景观设计模式也不能适应景观的不断发展变化。这需要相关政策、管理方式及设计方法等方面的改变。

2）城市公园的公益性与开放性加强的趋势。我国城市公园景观的公益性与开放性逐渐加强，这具体体现在城市公园免费开放潮流与拆墙透绿政策的广泛实施。我国不少城市如珠海、上海浦东已经对城市公园实施免票。城市公园走向开放的趋势是时代发展的必然。

3）城市公园景观多元化的趋势。经济发展和人民群众的物质文化、精神生活水平的不断提高，使人们对游憩的需求也呈多元化发展趋势。城市公园景观多元化具体表现为游乐内容多元化，景观风格的多样化，景观趋向参与性、动态性发展，多元化中趋向自然、文化、科技的倾向等方面内容。

8.2　城市公园的类型及特点

8.2.1　城市公园的类型——以北京市城市公园为例

1．文化遗址公园

北京市文化遗址公园数量达 32 个，仅次于社区公园，反映出北京市历史悠久、文化古迹众多的特色，占总数的比重为 21.62%，面积规模达 1664.69hm²，占总面积的比重为 22.82%，加上森林公园面积几乎占了北京市公园总面积的一半，平均每个文化遗址公园占地 52.02hm²，主要包括圆明园遗址公园、元大都城垣遗址公园、八大处公园、天坛公园、日坛公园、地坛公园（图 8-1）、中华民族园、中华文化园、明城墙遗址公园等。圆明园是典型的文化遗址公园，标志性的断壁残垣记录着中国历史的一页。

图 8-1　地坛公园

2. 游乐公园

游乐公园数量为 17 个，占总量比重的 11.49%，总面积规模在 5 种类型之中最小，仅为 523.23hm²，平均面积也较小，为 30.78hm²，仅大于社区公园。游乐公园主要包括儿童乐园、北京动物园（图 8-2）、方庄体育公园等。游乐公园以娱乐健身活动为主，除了满足孩子的一般游乐园，随着 2008 年北京奥运会的成功举办，以体育为主题的游乐公园的比重也有所增加。

图 8-2　北京动物园

3. 综合性公园

综合性公园数量仅 7 个，占公园总数的比重也只有 4.73%，面积规模为 1233.26hm²，占总面积的比重达到 16.91%，在 5 种城市公园类型中平均面积最大，达到 176.18hm²。综合性公园包括海淀公园、望京公园、朝阳公园等，一般是面积规模较大的区域性公园绿地的中心，适合于公众开展各类户外活动和休憩的配套文化娱乐、康体活动、儿童活动、休憩游览等，游玩内容比较丰富。

4. 社区公园

社区公园的特点是数量多、面积小。数量达到 60 个，占公园总数的比重高达 40.54%，但总面积只有 710.19hm²，仅高于游乐公园，而且平均面积在 5 种城市公园中最小，每个社区公园占地只有 11.84hm²。社区公园包括南馆公园、柳荫公园、青年湖公园等。社区公园是百姓家门口的公园，其主要服务对象是周围的居民，供老人晨练、儿童玩耍。一般附近居民重游率高，远距离游玩的概率小。

5. 生态公园

生态公园（图 8-3）的数量仅次于社区公园，共有 32 个，占公园总数的 21.63%。但面积规模是最大的，高达 3162.52hm²，占总面积比重的 43.36%。单个生态公园的平均面积也较大，为 98.83hm²，仅次于综合性公园。生态公园包括百望山森林公园、东小口森林公园、八家郊野公园、古塔郊野公园等。由于有保留较好的自然生境状态，人为干扰程度较低，具有多样性的生物物种资源，很多居民选择在周末到生态公园亲近自然。

图 8-3　生态公园

8.2.2　城市公园的功能特点

1. 旅游休闲功能

城市公园自其诞生起天然具有旅游休闲功能，显著区别于以高楼林立、玻璃幕墙、水泥路面、交通立交桥、奔驰的汽车等为特征的城市景观，这种自然特性的异质性特征吸引人们前往旅游休闲。这一功能又可以细分为旅游、休闲、健身、社会交往等功能。城市公园旅游一般利用节假日，以增长见识、开阔眼界和愉悦心情为目的，欣赏自然景观、文化古迹或领略民俗风情等，时间频度较长，游客中既有本地人，也有一定比率的外地人。人们在城市公园休闲，通常利用工作以外可支配的剩余时间，以消遣娱乐、休憩放松、愉悦身心为目的，更强调宁静的自然环境、丰富的休闲设施等，以本地人为主体。随着健康意识的不断增强，城市公园健身的重要性也更加凸显，利用闲暇时间，日常性地从事散步、运动、锻炼等活动已经成为城市居民普遍的生活习惯和社会需求。此外，城市公园已成为人们接触不同行业人群、认识和增进友谊等的重要场所。

2. 生态价值功能

湿地被称为地球之肾，而城市公园则是城市之肺，在城市生态环境发展中起着重要作用，是城市系统中具有自净功能的重要系统，主要体现在维护城市生态系统、提供生态产品、保护生物多样性等方面。①维护城市生态系统。城市公园能够改善局地小气候，降低城市热岛效应，调节空气湿度，促进局地气体环流，改善通风条件；城市系统产生大量的余热、噪声和"三废"，城市公园可以对污染物质起到吸收、减弱和消除作用，综合调节城市环境。②提供生态产品。城市公园中的绿色植物通过光合作用吸收二氧化碳释放氧气，可以降低环境中的二氧化碳浓度，在城市低空范围内调节和改善城区的碳氧平衡，提供更加清洁的空气，城市绿地具有提供清洁水源和保持水土的作用。③保护生物多样性。城市公园中的绿地可以为不同的野生动物提供相应的生存空间，生态系统之中各个物种之间相互依赖、彼此制约，而且生物与其周围的环境也相互作用，保障生物群落、生存环境及其生态作用的丰富和多样化，从而发挥其生态价值。

3. 防灾减灾功能

伴随着城市化水平的持续提高，城市人口规模和人口密度不断增长，虽然防灾减灾技术手段不断进步，但是应对灾害的脆弱性和易损程度不断加深。城市公园绿地一般有着较大面积的开敞空间，发挥着重要的防灾减灾作用，城市绿地防灾减灾系统也引起人们高度重视，城市公园是其中重点。其中最重要的是应对地震灾害，1976 年唐山大地震期间，唐山市各类公园立即成为避灾、救灾的基地，北京也有近 200 万人进入各类公园绿地进行避震，现在北京常住人口已经超过 2000 万，城市公园的防灾避险功能不容忽视。2003 年建成的元大都城垣遗址公园是北京第一个按照应急避难标准设计的公园，拥有 39 个疏散区的避难所、应急避难指挥中心、应急避难疏散区、应急供水装置、应急供电网、应急简易厕所、应急物资储备用房、应急直升飞机坪、应急消防等多类型防灾减灾设施。城市公园还具有重要的防火功能，一定面积规模的城市公园等绿地，能阻断火灾在更大范围的蔓延。北京的城市公园还有重要的削减沙尘暴等自然灾害的作用，公园绿地由于植物特别是林木的生长，增加了地表粗糙度，降低风速，可以防风固沙。

4. 教育科普功能

公园从早期的单纯旅游休闲不断地拓展功能，近年来很多城市公园都被开辟为爱国主义教育基地或科普基地，这是由公园自身的特点而自然延伸出来的作用。在城市的综合公园、居住公园及小区的绿地等设置展览馆、陈列馆宣传廊等以文字、图片形式对人们进行相关历史文化知识的宣传，举行相关主题的表演等活动，能以生动形象的活动形式，寓教于乐地进行历史文化的宣传，提高人们知识面的广度和深度。同时，城市公园绿地也是城市居民接触自然的主要途径，人们可以到公园来认识各种动植物，观察动物、植物外貌特征及其生活习性或生长特征，认识人类与自然的密切关系，养成保护动植物、爱护环境的良好习惯，增强环境保护意识。

8.3　城市公园植物类型及其在园林中的作用

8.3.1　城市公园植物类型

1. 观花植物

观花植物即以观花为主的植物。其花色艳丽，花朵硕大，花形奇异，并具香气。春天开花的有水仙、迎春、春兰、杜鹃、牡丹、月季、君子兰等；夏、秋季开花的有米兰、白兰花、扶桑、夹竹桃、昙花、珠兰、大丽花、荷花、菊花、一串红、桂花等；冬季开花的有一品红、蜡梅、银柳等。这些都丰富了公园景观。

2. 观叶植物

观叶植物一般指叶形和叶色美丽的植物（图 8-4），原生于高温多湿的热带雨林中，需光量较少。观叶植物又分为草本植物和木本植物，草本植物多属多年生宿根草本，如椒草类；木本植物大多属灌木或灌木状植物，如小叶榄仁、鹅掌藤、福禄桐等。不同种类植物的叶片大小、形状、颜色、质地各异，即使同一植株也有差异，表现出较高的多样性和观赏价值。

3. 观果植物

观果植物（图 8-5）主要以果实供观赏的植物。其中有的色彩鲜艳，有的形状奇特，有的香气浓郁，有的着果丰硕，有的则兼具多种观赏性。常用以点缀园林风景，还能够丰富四季园林景观，在城市绿化中被广泛应用。常见的观果植物有黄金果、紫珠、南天竹等。观果植物还具有一定的经济效益。

图 8-4　观叶植物

图 8-5　观果植物

4. 行道和庭荫植物

行道树分为常绿类和落叶类，常绿类的代表植物为香樟，落叶类的代表植物为水杉、柳树和槐树。庭荫树指栽种于庭园、绿地或公园以遮阴和观赏为目的的植物，代表植物为油松、白皮松、梧桐等（图 8-6）。

5. 地被绿篱植物

地被和绿篱是庭园、道路绿化常用的植物种类，其中包括草本类、藤本类和灌木类，这类植物不是以观花为主，而是以覆盖地表、创造各种造型为主，增加庭园的整体观赏效果。代表植物有红龙草、一叶兰、天南星等（图 8-7）。

图 8-6　行道树和庭荫树

图 8-7　地被绿篱植物

8.3.2 植物在城市公园中的作用

1. 设计多样化空间的功能

园林建设的根本目的是设计良好的可供人们交流、活动、游憩的公共空间，美化我们的生活空间。而利用各种园林植物的特性及通过对其进行合理的配置，可以丰富园林景观的层次，设计出可以满足不同功能需求的园林空间，满足游赏者不同的活动需求，给游赏者带来多样化的空间感受。例如：将高大乔木密植的方式设计相对私密、安静的闭合空间，满足沟通交流、静坐沉思的需求；合理搭配灌木、地被，围合形成半开敞空间，满足休憩及赏景的需求；设置开阔的疏林草地，满足对运动空间的需求等。

2. 引导游人视线，组织游览路线的功能

园林设计中要求景观的丰富性，做到步移景异、移步换景，因此，在植物景观设计中，通过对植物属性的了解进行植物品种选择，高大的树木可以起到阻挡视线的作用，而景观性较好的观赏性植物可以吸引游赏者的目光，同时植物栽植疏密的不同可以起到引导游人视线的作用，结合不同的场地需要，对植物进行合理配置，可以引导游人视线、组织游览路线。通过植物的合理配置来组织游览路线，引导游人视线，丰富了游览者的感官体验，提高了游人的游览兴趣。

3. 创造景点的功能

植物造景按照植物在景点中的地位分为两种：一种是以植物为主景，即利用植物本身的某些观赏特性或者植物的某种特殊寓意，形成以植物本身为观赏主景的景观。如拙政园中以赏梅为主的雪香云蔚亭、以海棠为主要观赏对象的海棠春坞、西安观音禅寺中的千年银杏等。而《西京杂记》的"池中有洲，洲上黏树一株，六十余围，望之重重如盖"则描述了太液池西一处以孤树为主景的孤树池。以树作为主景来设计仙境，这一景观的形成源于汉代人们对植物的崇拜。另一种就是以植物为背景衬托主景，通过适当的配置设计空间氛围，丰富景观层次，形成更好的景观效果，增强游客对景点的印象。

4. 设计季相景观的功能

植物作为园林景观要素中唯一的生物，拥有丰富的季相变化，随着季节的变化产生出不同的景观效果，这种四季变换的生长规律使植物拥有了特殊的景观属性。植物的存在使园林具有四季的变换，使人们可以在相同地点的不同时间欣赏到不同的风景，因此，通过对观花期、观果期不同的植物与色叶植物，以及其他园林植物的合理配置，可以使园林实现四季有景可赏、四季景观各异的效果。

5. 生态功能

在园林建设中，合理的植物种植设计在为人们设计优美的休憩环境的同时，对区域内的生态环境改善及生物多样性的维护也起到了很大的作用，起到净化空气、隔尘降噪、改善周边小气候等作用。同时植物开花会引来昆虫和鸟类，也为许多生物提供了栖息的场所，这对区域内生物多样性的维护有着积极的作用。几年来随着人们对环境关注度的提高，生态意识的增强，园林的生态功能也受到越来越多的重视，而影响园林生态功能最主要的因素就是植物，因此，对植物种植设计的研究尤为重要。需要对植物进行合理选择及配置，使其在达到更好的景观效果的同时发挥更大的生态功能。

6. 经济功能

园林中植物的经济效益除了一部分生产育苗所产生的直接经济效益外，更重要的是其对净化空气、隔尘降噪、防沙固沙、防止水土流失，以及为一些生物提供栖息场所等间接的经济效益。根据相关测算表明，植物景观的间接经济效益是其自身直接经济效益的 8～16 倍。

8.4　城市公园植物景观设计的特点和发展趋势

8.4.1　城市公园植物景观设计的特点

1. 适地适树，品种多样

在公园植物造景中，以乡土树种为主，驯化品种为辅。乡土树种具有适应性强的特点，能够塑造当地的乡土景观，如白榆、槐树、油松、山梨等。驯化品种生长速度适中，既可观叶又可观干，如新疆杨、银中杨、毛白杨等。大量选用乡土树种及驯化品种为绿化骨干树种，再配以观花亚乔木及灌木，能够突出植物季相变化特色。

2. 以"师法自然"为理念

综合性公园是城市中重要的公园类型之一，它有别于一般绿地及街路绿化，构成的植物景观既能满足人们欣赏的需要，又起到划分空间、降噪、除尘的生态作用。在植物配置中，一方面植物本身保留了自然状态，尽量避免修剪；另一方面植物种类并不单一，通过不同材料、不同规格、不同高度、不同栽植密度的适应竞争，实现了群落的共生与稳定，让游人仿佛置身于大自然中。

8.4.2　城市公园植物景观设计的发展趋势

1. 延续传统的趋势

保留基地的原有植被，最能适应当地自然生存条件，并且代表了特定的植被文化和地域风情。以沈阳南运河公园为例，其水系在公园穿流而过将公园分成南北两部分。每到春季两岸垂柳吐绿、柳枝摇曳的时候，都会吸引很多游人到河边看柳。因为游人在公园里不仅可以体会到古诗中描绘的"碧玉妆成一树高，万条垂下绿丝绦"的美丽诗境，而且可以观赏到苍劲的百年古柳。有些干型奇特的古柳，园林专家赋予它们很形象的名字，如饮鹿柳、丫柳、桥头柳等。它们都是建园时保留下来的实生树，这些凝聚传统文化韵味的古柳，也形成了南运河公园独特的代表性的植物景观。所以现代公园植物造景在加强养护管理、注重保护的同时，越来越重视从传统诗句中延续植物景观设计。

2. 植物层次更加丰富的趋势

植物景观的垂直界面如果缺乏变化就会显得单调，植物空间类型单一。自然状态下生长的风景林，由各类植物共同组成一个十分和谐的生态群落。在现代公园植物景观设计中，出现越来越多的模仿自然植物的群落，乔、灌和草本共同组成高低起伏和自然柔和的曲线，从而使人们获得具有韵律节奏的视觉美感。

3. 植物与建筑相互衬托的趋势

园林建筑如：亭、台、廊、榭、墙、桥等小品，除可供人们歇足休息、欣赏风景外，还可配置植物或水体将自然山水的实体纳入公园绿地中，形成微缩景观。同时可以为攀缘植物创造生长的条件，使建筑与植物自然相互渗透，浑然一体。因此，植物配置与园林建筑相得益彰的配置，可以使园林中的景观和环境显得更为和谐优美。随着植物学科理论的逐渐发展和完善，对园林植物的认识不断加深，现代城市园林景观中植物设计的作用更加突出。现代城市园林在植物设计上手法更为多样，今后公园植物景观的发展方向就是要科学、合理、高效地配置和利用植物，通过对树种的选择、树形与色彩的人为设计，艺术加工等多种方式，形成多层次的景色分区和功能分区，建立接近自然的绿地，展示城市环境中自然景观的潜力，为生物的觅食、安全和繁衍提供良好的空间，给公众提供自然的、生态健全的绿色开放空间。

8.5 公园植物的造景

8.5.1 植物景观造景

植物造景以自然乔、灌、藤、草本植物群落的种类、结构、层次和外貌为基础，通过艺术手法，充分发挥其形体、线条、色彩等自然美进行创作，形成山水-植物、建筑-植物、街道-植物等综合景观，让人产生一种实在的美的感受和联想。要创作完美的植物景观，必须具备科学性与艺术性两方面的高度统一，必须从丰富多彩的自然植物群落及其表现的形象汲取创作源泉。植物造景中栽培植物群落的种植设计也必须遵循自然植物群落的发展规律。

8.5.2 树木的景观设计

每个成功的景观设计大概都有这么一个共同点——有树木，在传统景观及超现代化的景观中也是如此。即使空间感不同，树木也会将人们带回自然，告诉人们即使荒凉的地方也能生存。

1）将树木当作一种艺术：各种各样的树木划分了空间结构，同时也为游客建造出休闲空间，以欣赏所收集的树木。

2）将树木当作设计灵感：景观设计师时常面临设计无从下手的情况，于是树木便可发挥作用。现有树木中交错的小路可打破公园结构，构成一个美观且具功能性的设计。

3）将树木当作"保护符"：许多城市重视历史保护，想让居民记住重要的人或事件，而景观是常常被保留的对象，设计师对树木景观的保留建造出一个充满韵味的空间（图 8-8）。

8.5.3 花卉植物造景

所谓花卉植物造景（图 8-9），就是在园林造景艺术的指导下及满足植物生长要求的基础上，使用各类花卉植物且配水、山石和建筑等点缀进行园林绿化建设，经过仔细选材、精心设计、科学合理地配置，不仅可以将植物本身的形体、线条及色彩等自然美的特点充分展现出来，还可以形成多样化的景观，以此实现园林绿化设计的目标。

图 8-8 树木景观设计

图 8-9 花卉植物造景

花卉造景手法分为自然式和规则式：自然式的植物造景手法，就是选取奇特的植物品种，对自然森林、草原及农田风光进行模仿设置。这必须与当地的特征进行结合，充分展现出植物的个体美和群体美，从而达到最佳的观赏效果。目前，自然式植物造景手法越来越成为主流形势。规则式的植物造景手法是按照几何图形或相应的规则对植物进行修剪或整形。规则式植物造景的协调性与规则式建筑相一致，通过对规则式的植物造景进行分析，发现其人工艺术价值非常高。园林绿化设计中采用规则式的植物造景手法，可以设计出庄严肃穆的气氛。

8.5.4 草坪与地被植物造景

在公园的入口主景，四周是灰色硬质的建筑和铺装路面，缺乏生机和活力。铺植优质草坪，形成平坦的绿色景观，对公园的美化装饰具有极大的作用（图 8-10）。如同绘画一样，草坪是画面的底色和基调，而色彩艳丽、轮廓丰富、变化多样的树木、花卉、建筑、小品等，则是主角和主调。如果园林中没有绿色的草坪作基调，这些树木、花卉、建筑、小品无论色彩多么绚丽、造型多么精致，由于缺乏底色的对比与衬托，得不到统一的美感，就会显得杂乱无章，景观效果明显下降。

图 8-10　草坪与地被植物造景

地被植物比草坪更为灵活，在不良土壤、树荫浓密、树根暴露的地方，可以代替草坪生长，且种类繁多，可以广泛选择，有蔓生的、丛生的、常绿的、落叶的、多年生宿根的及一些低矮的灌木。多种开花地被植物与草坪配置，可形成高山草甸景观；在假山、岩石园中配置矮竹、蕨类等地被植物，也能构成假山岩石小景。藤本地被植物或悬挂于大岩石上形成崖壁景观或布置于不同的花架、建筑物的窗格、墙面上，构成藤蔓景观。

8.5.5　水生植物造景

1. 水域宽阔处的水生植物配置

此配置应以设计水生植物群落景观为主，主要考虑远观。植物配置注重整体、宏大而连续的景观效果，主要以量取胜，给人一种壮观的视觉感受，如荷花群落、睡莲群落、千屈菜群落或多种水生植物群落组合等。

2. 水域面积较小处的水生植物配置

此配置主要考虑近观，更注重水生植物的单株观赏效果，适合细细品味植物的姿态、色彩、高度等；手法往往较为细腻，注重水面的镜面作用，故水生植物配置时不宜过于拥挤，以免影响水中倒影及景观透视线。配置时水面上的浮叶及漂浮植物与挺水植物的比例要保持恰当，一般水生植物占水体面积的比率不宜超过 1/3，否则易产生水体面积缩小的不良视觉效果，更无倒影可言。水生植物应间断种植，留出大小不同的缺口，以供游人亲水及隔岸观景。

3. 水域狭长处的水生植物配置

在河流等条带状水域中的水生植物配置则要求水生植物高低错落、疏密有致，体现节奏与韵律。

4. 人工溪流的水生植物配置

人工溪流的宽度、深浅一般都比自然河流小，一眼即可见底。此类水体的宽窄、深浅是植物配置重点考虑的因素，一般应选择株高较低的水生植物与之协调，且体量不宜过大，种类不宜过多，只起点缀作用。

8.6 城市公园植物景观设计实例

1. 全市性公园——纽约中央公园

纽约中央公园（图 8-11）位于美国纽约市曼哈顿区，是世界上较大的人造自然景观，被称为纽约的后花园。在公园内，设计者营造了一种视觉走廊：沿路各种树种带来一种或多种连续的视觉与空间经验的延续，也是任一视觉或明显的空间体验。纽约中央公园设计了一条贯穿大多数景观的林荫大道，形成了一条绿化带，增加了倾向性和引导性，使人们更好地感知公园内的开放空间。纽约中央公园的植物景观虽然都是人工创作的，但其与自然环境巧妙地融合在了一起。设计师丰富的想象力和惊人的创造力将原本平淡无奇的土地变成了景色宜人的都市绿洲。在公园设计时遵循原有的地形地貌，加以轻微修饰，使人造环境能够与自然环境完美结合，使人有回归自然之感，达到明代计成在《园冶》中所说的"虽由人作，宛若天开"的效果。

图 8-11 纽约中央公园

2. 区域性公园——郑州紫荆山公园

郑州紫荆山公园（图 8-12）坐落在郑州市区的东北部，南邻金水河下游，北临金水大道，东靠城东路，与中州国际饭店遥遥相望；西与黄河博物馆相连。紫荆山公园绿化主要以苍松翠柏作基调，各种颜色的花、灌木点缀其间；乔、灌、花、草搭配栽植，构造出大面积的树林、草地园林景观，全园现有树种 120 个，24000 余株；绿地面积为 15.8m^2，覆盖率达 93.2%，园林建筑艺术小品和景石遍布各个主要景区，使山清水秀的公园更为活泼、幽雅。东园由绿韵景区、东湖景区和儿童乐园组成，以山水风景为主。从东大门入口处远远望去是一片翠绿葱葱的灌木，棵棵松柏都葱郁茂盛，西园湖堤垂柳依依，湖中波光潋滟，主要景点有月季园、湖心岛、钓鱼村、樱花山等。东园和南园以吊桥相通。南园主要以观赏植物为主，原先的花草苗圃区现已改建成了蔷薇园和敬林园。由此观之，郑州紫荆山公园更像一个纯天然的植物园。

图 8-12　郑州紫荆山公园

课后习题

1. 现代城市公园设计应当注意哪些内容？
2. 公园植物造景如何结合文化性、艺术性？
3. 现代城市公园与中国古典园林在植物设计方面有何区别？

第9章

城市滨水植物景观设计

9.1 城市滨水植物造景概述

9.1.1 我国城市滨水区域的界定与分类

对滨水区区域的界定有好几种解释。美国的《沿岸管理法》《沿岸区管理计划》中所界定的沿岸区域，水域部分包括从水域到临海部分，陆域部分包括从内陆100ft～5mile（1ft＝0.3048m，1mile＝1609.344m）不等的范围，或者一直到道路干线。它既是陆地的边缘，也是水体的边缘。空间范围包括200～300m的水域空间及与之相邻的城市陆域空间，其对人的诱致距离为1～2km，相当于步行15～30min的距离范围。这种类型的界定，在更广阔的区域内被延伸至从山体分水岭到海水群流的范围。另外，还可根据滨水区在城市中如何被看待来界定。城市滨水区域，不仅是指根据水陆线可以机械求得的距离的长短，而且也是指城市居民对城市滨水区域认识的较浓地区。按照用途的不同，我国城市滨水区可分为滨水住宅区、滨水综合活动区、滨水自然风景区、滨水商业区、滨水史迹区、滨水自然湿地、滨水文化区、滨水公园区、滨水工业区、港口区。

9.1.2 城市滨水植物景观的概念

滨水植物景观是指水岸线一定范围内所有植被按照一定结构构成的自然综合体。这种自然综合体因其错落有致、富有层次的组织，充分发挥了植物的姿韵、线条、色彩等自然美，创造出了宜人的美景和意味悠长的意境。滨水植物主要由水生植物、水缘湿生植物和岸际植物构成。

滨水即介于水体和陆地之间，植物景观既要考虑陆地上的观赏效果，又要考虑对水体的景观效果。在色彩构图上，水边植物群落会在淡蓝透明的水里留下倒影，因此，植物配置应格外重视色彩搭配；在线条构图上，平直的水面和水岸给人以宁静、平和的效果，但有时会感觉单调，通过各种株形植物的配置，可以丰富岸边的线条构图，如株形为竖向线条的湿生鸢尾类、落羽杉、香蒲类等，株形为下垂线条的云南黄馨、榕树等的应用，可以打破水面和岸边的平直感，使景观生动起来。

9.1.3 我国城市滨水植物造景的现状

随着近年来国家对环保的重视，出现了一批以自然生态保护为目的的湿地公园和水生植物专类园，其中应用的水生、湿生植物种类繁多，通过合理地模拟自然群落的设计形成了既优美又兼具生态功能的公园，且随着人们对生活环境的重视，植物带来的生态效益也越来越受到关注。

9.2　城市滨水植物造景原则

9.2.1　植物造景与功能相结合的原则

　　Meinig 早在 20 世纪 70 年代就给出了同一景观的 10 种解释：大自然、栖息地、艺术品、系统、问题、财富、意识、历史、场所和美。植物景观当属其中一个景观类型，客观反映了景观的 10 项功能。车生泉等将城市绿地功能归纳为组织城市空间、生态（改善环境、生物多样性保护）、游憩休闲、文化（历史）、教育、社会、城市防护和减灾。在滨水植物景观设计中，应将植物造景与植物本身的功能紧密结合起来，以真正发挥植物在滨水景观中的作用。

9.2.2　植物造景与周边水系相结合的原则

　　在将滨水植物与周边水系相结合的过程中，可进行多样化的岸线处理，进行策略性的岸线改造，打破传统的工程化岸线，用生态湿地、草坡等处理，变生硬的岸线为生态的岸线，具体可将岸线化直为曲，设计更加丰富的景观效果，还可在阶地两侧设置绿化，使岸上植物与水系形成良好的统一体（图 9-1）。

图 9-1　植物与周边水系

9.2.3　植物造景与周边硬质景观相结合的原则

　　岸边植物栽植和硬质景观占据了整个广场的绝大部分面积。植物景观要与铺装形式很好地协调起来（图 9-2），植物的绿色可以衬托红、白、黄等多种色彩的铺装，使铺装图案和形式更加突出。植物的自然形态可以软化硬质铺装所带来的生硬质感，给人提供一种相对柔和平静的环境。合理的植物造景还可以与岸边硬质景观相协调,产生明暗不同的效果。合理地采用抗性较强的树种,则可以吸收由硬质材料产生的日照辐射、人流集中造成的高温和污浊空气,调节小气候,创造出舒适宜人的休闲环境。

图 9-2　郑州大学校园景观

9.2.4　滨水植物与湿地相结合的原则

在选择植物的时候,要坚持适地适树的原则,并且要充分结合当地气候、土壤及人文景观条件,从而使植物的耐污净化能力增强,并且促使湿地有充足的植物覆盖。恰当地选用挺水植物、浮水植物、沉水植物,从而不仅能够起到净化水体的作用,还能够起到丰富岸线的作用。与此同时,在设计滨水湿地植物景观的时候,要不断增加鸟嗜植物的种类及数量,从而吸引更多的鸟类,进而使湿地的生机得到增加。鸟嗜植物不仅可以为鸟类提供栖息及筑巢的场所,还能够形成良好的生态环境(图 9-3)。

图 9-3　某滨水湿地

9.2.5　创造地域性植物景观的原则

在对滨水树种进行选择时,除了要了解场地的周围环境、生态条件等事项外,还需要对当地特点、历史象征、四季景色等调查清楚，以便种植的植物形态和群落结构适合当地的风格，更好地展现水体的地域性特征。

9.3 城市滨水植物造景要点

9.3.1 大城市滨水植物造景

大城市由于其辖区面积大，滨水区域也相对较广。大城市滨水区植物造景的优势在于植物资源丰富，还可引进外来树种，且造景技术高超。所以在设计大城市滨水区植物景观时，应充分考虑植物种类的多样性，利用不同种类、不同形态、不同颜色的植物设计出不同的景观效果。另外，还要注意景观的变化性，避免单一的形式出现。

9.3.2 中小城市滨水植物造景

20 世纪 90 年代以后，随着经济的发展以及人们生活水平的提高，北方中小城市滨水区景观设计理论与实践开始丰富起来，加之对国内外城市滨水区景观设计的成功案例的更加了解，人们对城市滨水区景观设计的需要更加迫切。实践与现实表明，中小城市在设计滨水区植物景观的过程中，应积极求助国内外专家，充分利用本地植物，将传统文化和民族风情与植物景观的设计结合起来。

9.4 城市滨水区驳岸植物造景的处理

9.4.1 立式驳岸

立式驳岸（图 9-4）一般用在水面和陆地的平面差距很大或水面涨落高差较大的水域或者因建筑面积受限没有充分的空间而不得不建的驳岸。南京莫愁湖公园、玄武湖多采用这种立式驳岸，以泥土堆砌，在岸边配置桃柳树，并相间而植，形成桃红柳绿的景观效果。但在植物配置上，由于桃柳均属阳性树种，待柳树成形后，形成宽大的荫区，其荫下的桃树必然长势不良，最后只能砍去柳树顶以保桃树。这种间棵桃间棵柳形成的景观效果欠佳，如改用三棵桃、三棵柳或桃柳交叉，会形成比较好的景观效果。杭州西湖白堤上桃柳交叉种植与浩瀚的西湖水面相得益彰。南京财经大学对其学校旁河道连续进行了 3 次立式驳岸，整个景观凌乱不堪，耗费大量的人力物力，如石岸边采用种植垂柳和南迎春，细长柔软的柳枝下垂至水面，圆拱形的云南黄馨枝条沿着笔直的石岸壁下垂至水面，遮挡了石岸的丑陋，会对景观的改善起到一定的作用。

9.4.2 斜式驳岸

这种驳岸相对于立式驳岸更容易使人接触到水面，从安全方面来讲也比较理想，但适于这种驳岸设计的地方必须有足够的空间。斜式驳岸多采用石砌护坡，大多是为达到某些功利价值，如防洪、水运、灌溉等。将滨水区的环境作为工程实体而非城市公共空间来看待，较少考虑人的心理和生理需求。此方法虽能立竿见影，使滨水区景观看上去

图 9-4   立式驳岸

显得很"整洁""干净",却忽略了许多缓慢或不易察觉的负面影响。由于这样的岸线垂直陡峭,落差大,加之水流快,使人们行走在岸边,有一种畏惧感,不能获得良好的亲水性,使滨水区成为冷冰冰和缺乏生活情趣的堆砌体(图 9-5)。

图 9-5   斜式驳岸

9.4.3   阶式驳岸

与前面两种驳岸相比,这种驳岸让人更容易接触到水面,人们可坐在台阶上眺望水面,但它很容易给人一种单调的人工化感觉(图 9-6),且驻足的地方是平面式的,容易积水。上述做法虽能立竿见影,使河道景观看上去显得很整洁、漂亮,却忽视了人在水边的感受,人对水的感情往往和人的参与有关,人们聚集在水中体现出对水的钟爱。但上述驳岸让人看到的是被禁锢在水泥槽中的人工水,而不是自然的活水。它给人视觉和心理上的感受都大打折扣,并且由于人们走在河边有一种畏惧感,不能获得良好的亲水性。

图 9-6 阶式驳岸

9.5 滨水植物景观设计艺术手法

9.5.1 空间的渗透与联系

以重庆园博园为例。滨水植物景观空间按其活动的动静可分为动态空间和静态空间。

动态滨水植物景观空间是为游客动态游览、行走经过的植物景观空间，多结合亲水栈道和滨水道路而存在，因此动态滨水植物景观空间在有景可观时应利用低矮的植物或树冠稀疏、树干高于人的视平线的乔木留出透景线，满足游客观景的需求，使动态景观空间与静态景观空间产生联系，在无景可观或道路转弯需要保障游客安全时，应利用乔、灌、草搭配，遮挡游人的视线，引导游客向前；静态滨水植物景观空间是为游人休憩、停留和观景等功能服务的一种稳定、具有较强围合性的植物空间，多结合亭、廊、榭等园林建筑，以及亲水平台和广场而存在。但应注意静态空间并非绝对的，它应留出一定的面域与流动空间相联系，且此面域具有最佳观景的方向，植物景观设计时选择低于人的视平线的植物或不种植植物以留出观景视线，而在非观景面域选择乔、灌、草的搭配，营造安静、安全的环境。

动态空间和静态空间一个呈线状布局，另一个呈点状布局，各有特点，因此在滨水植物景观空间营建时应动静结合，动中有静，静中有动。从全园角度分析，重庆园博园滨水植物景观空间是由多个动态空间和几个静态空间组合而成的组合型空间，以动态滨水植物空间为主，注重游的特点，其间穿插了很多点状的空间，两者相互交融，相互穿插。由于相互之间的渗透，仿佛各自都延伸到对方中去，所以打破了原先的静止状态而产生一种流动的感觉。

9.5.2 空间的抑扬与顿挫

滨水植物景观空间按照空间围合的封闭程度分为封闭空间、半开敞空间和开敞空间。封闭的滨水植物空间给人宁静、亲切之感，在线性滨水环境中通常为点状布局；开敞的滨水植物空间使人视线通透，让人心胸开阔、心情愉悦，往往在滨水环境中呈面状布局；而半开敞空间是根据设计和功能需要，在其中一面或几面形成封闭，抑制人们的视线，引导空间的流向，其他面与其他空间发生联系，往往是联系封闭空间和开敞空间的枢纽，一般呈线状布局。宜人的滨水植物景观空间总是点、线、面结合，它们不是绝对的封闭和开敞，而是相互渗透又相互转换。开敞空间与乔、灌、草搭配形成的相对封闭的植物景观空间相结合，一抑一扬可以使空间特征更加鲜明。另外，开阔水面的滨水环境宜将水面空间与滨水植物空间联系，形成开敞或半开敞空间，增加游客观景空间的深远感，此时植物景观配置宜稀疏，用低于视平线以下的灌木进行造景或利用高于视线的大乔木疏植，使游人视线可达湖面，形成开阔、深远的视野。水面较小的空间，多设计一些半开敞或封闭的滨水植物空间，给人迂回曲折、宁静幽深的感觉。植物配置多选择枝叶相对繁茂的乔木和灌木，相互搭配，植物本身的形态、色彩和搭配效果是观赏的重点。总之，通过空间抑扬顿挫的艺术处理，设计深远的景深，产生多变而感人的艺术效果，使空间富有吸引力。

9.5.3　空间的引导与暗示

植物景观借助于空间的组织和导向性可以起到引导和暗示的作用。

当湖边或湖对面有景可观时，滨水植物景观配置应留出空间，以突出景观为主，形成陪衬或对景，通过植物围合的空间引导视线，强调景观。当无景可观或者需要将劣景遮挡时，需采用乔、灌、草的搭配模式，形成相对封闭的区域，转移游客的视线。另外，从行为学的角度出发，游人既具有亲水心理也具有远水心理，因此，滨水植物空间应引导游客体验不同的空间感受。亲水空间的植物景观宜稀疏配置，留出足够的亲水视距；远水空间的植物景观宜利用各类植物的合理搭配，形成视线相对封闭的可观赏的植物景观。

9.5.4　平面与立面的组织

1. 平面的组织

1）凹凸有致，疏密相间。中国古典园林突破空间局限，创造丰富园景最重要的手法，是采取曲折而自由的布局。因此，平面上，植物配置应统一中有变化，注重林缘线的层次，一般宜曲折如蛟龙，生动活泼，增加景观层次，尤其是对平直的水体岸线，弯曲的林缘线弥补了岸线呆板无变化的缺陷，增添了水岸风景的魅力。同时应注意，一般林缘线不宜与水岸线平行，可采用进退有序的变化曲线，一方面增添水岸空间与景观的变化，另一方面变化的曲线使滨水植物成为一条蜿蜒曲折的绿色走廊。稀疏的植物使空间更加开阔和通透，稠密的植物使空间更加私密和幽深，疏密相间的滨水植物会激发游人更多的观赏兴趣。

2）对比与微差。对比与微差是形式美法则中不可缺少的原则。对比可以借彼此之间的烘托陪衬来突出各自的特点以求得变化；微差则可以借相互之间的共同性以求得和谐。就水面而言，平直的水面应充分利用植物的形态和线条构图，来丰富水体和空间层次。高耸向上的水杉、落羽杉、水松等与水平面在空间上构成对比线形；种植在水边的垂柳，形成枝条拂水的线性轮廓，与水面既有柔的共性，又有形的微差；枝条探向水面的植物，或平伸，或斜展，或拱曲，在水面上均可形成优美的线条，与水面相得益彰。

2. 立面的组织

立面上，植物空间的立体轮廓线要有高有低，有平有直，与水体岸线的起伏变化相结合。等高的轮廓线，雄伟浑厚，但平直单调；不等高的轮廓线丰富自然，但不可杂乱，特别在地形起伏不大的园林中，更要注意。立体轮廓线可以重复，但要有韵律。自然式园林树丛的林冠线不宜平直，也不可过于曲折、烦琐。在空旷地上布置树丛，垂直方向要参差不齐，水平方向要前后错落，突出高低、虚实、阴暗，前后互相衬托。一般来说，最前面应是孤植树，次之是树丛，最后是树林，中间用花卉、草地连接，使之层次鲜明，突出景物的立体感。滨水植物可结合水岸地形，采用高低不同的植物群落类型，依照构图法则，进行巧妙组合，构成富有韵律感的林冠线，或者采用冠形不同的树种组合，如通过挺拔的针叶林和浑圆的阔叶林对比，形成林冠线的变化，使滨水植物景观的立面更为丰富。

9.5.5 滨水植物景观文化意境塑造的艺术手法

中国园林植物造景历来讲究取法自然，模拟自然，更讲究化情于物，融情于景，景中有诗，诗中有画，画里藏景，创造出富有诗情画意、情景交融的人文景观和优美的生活环境。重庆园博园薄霜枫崖就利用枫香秋停山体向湖延伸的断崖，因地制宜地设置卵石平台，延续枫香秋停景区的季相景观，形成"薄霜染秋叶，枫崖片片红"的意境。游人在薄霜枫崖景点于层林尽染中赏花、赏枫、赏如画湖景，会有"人在画中游"的感受。人们在欣赏自然植物美的同时，逐渐将形象美人格化，借以表达人的思想、品格。如以松柏的苍劲挺拔、蟠虬古拙形态，抗耐寒、常绿延年的生物特性比拟人的坚贞不屈、永葆青春的意志和体魄，成为正义、永垂不朽的象征。如重庆园博园悠园种植的荷花体现出淤泥而不染的高尚情操。如果说植物空间、植物本身的色彩、姿态、气味是躯体的话，根据不同立地环境条件、历史文化传统和不同季节特色的要求，塑造的意境将是景区的灵魂。

滨水植物景观文化意境塑造要实现与主体共鸣，应充分考虑游览群体的特性，通过提高景观审美感，使景观与使用者的认知高度契合，从而产生共鸣，即产生美好的联想与想象。如重庆园博园花絮舟渡用垂柳和碧桃营造的"桃柳花絮繁，凌乱洒泊舟"的意境，很容易让人联想到西湖桃红柳绿的景象。人们以中国传统山水文化、哲学思想、文学经典及人文精神，造就了中国古典园林独特的造园思想和意境，而现代滨水植物景观文化意境塑造必须考虑到不同时间的属性，在展现当代人们的审美品位的同时，又具有在时空上的可持续发展性。滨水植物景观文化意境塑造还要与场地生态现状进行结合，不能凭空想象。通过对场地空间肌理和脉络的梳理，因地制宜，创造出真正具有当地特色的生态滨水景观，实现滨水景观的可持续发展与生态发展。

9.5.6 小结

重庆园博园滨水植物景观设计合理应用了滨水植物景观空间营建、滨水植物景观组织、滨水植物景观文化意境塑造等方面的多种艺术手法，成功营造了优美的滨水植物景观，为今后营建空间多变、层次丰富、色彩多样、文化独特的滨水植物景观提供了方法。本节仅从湖的形态对滨水植物景观艺术设计手法进行了探讨，滨河、滨海等区域滨水植物景观设计手法又将不同，任何模式都不能将其全部概括完整，笔者希望通过本节的探讨，引起更多同行对滨水植物景观设计的重视，充分发挥宝贵的水体资源，设计更多的园林精品。

9.6　滨水植物景观主要配置模式

9.6.1　开敞植被带

开敞植被带是指由地被和草坪覆被的大面积平坦地或缓坡地。场地上基本无乔、灌木，或仅有少量的孤植风景树，空间开阔明快，通透感强，构成了岸线景观的虚空间。它是水陆物质和能量交换的通道，方便了水域与陆地空气的对流，可以改善陆地空气质量、调节陆地气温。另外，这种开敞的空间也是欣赏风景的透景线，对滨水沿线景观的塑造和组织起到重要作用。由于空间开阔，适于游人聚集，所以开敞植被带往往成为滨河游憩中的集中活动场所，可满足集会、户外游玩、日光浴等活动的需要。

9.6.2　稀疏型林地

稀疏型林地是指由稀疏乔、灌木组成的半开敞型绿地。乔、灌木的种植方式，或多株组合，形成树丛式景观；或小片群植，形成分散于绿地上的小型林地斑块。在景观上，构成岸线景观半虚半实的空间。稀疏型林地具有水陆交流功能和透景作用，但其通透性较开敞植被带稍差。不过，正因为如此，在虚实之间，创造了一种似断似续、隐约迷离的特殊效果。稀疏型林地空间通透，有少量遮阴树，尤其适合于炎热地区开展游憩、日光浴等活动。

9.6.3　郁闭型密林地

郁闭型密林地是由乔、灌、草组成的结构紧密的林地，郁闭度在0.7以上。这种林地结构稳定，有一定的林相外貌，往往成为滨水绿带中重要的风景林。在景观上，构成岸线景观的实空间，保证了水体空间的相对独立性。密林具有优美的自然景观效果，是林间漫步、寻幽探险、享受自然野趣的场所。在生态功能上，郁闭型密林具有保持水土、改善环境、提供野生生物栖息地等作用。

9.6.4　湿地植被带

湿地是介于陆地和水体之间，水位接近或处于地表又或有浅层积水的过渡性地带。湿地具有保护生物多样性、蓄洪防旱、保持水土、调节气候等作用。其丰富的动植物资源和独特景观吸引了大量游客和专家学者前来观光、游憩，或进行科学考察等活动。湿地上植物类型多样，如海滨的红树林及湖泊带的水杉林、落羽杉林等。

9.7　滨水植物景观主要配置原则

9.7.1　整体优化原则

景观是一系列生态系统组成的具有一定结构与功能的整体，在滨水植物景观设计时，应把景观作为整体考虑。除水面种植水生植物外，还要注重水池、湖塘岸边耐湿乔、灌木的配植。尤其要注意落叶树种的栽植，尽量减少水边植物的代谢产物，以达到整体最佳状态，实现优化利用。

9.7.2　多样性原则

景观多样性是描述生态镶嵌式结构的复杂性、多样性。自然环境的差异会促成植物种类的多样性而实现景观的多样性。景观的多样性还包括垂直空间环境差异而形成的景观镶嵌的复杂程度。这种多样性往往通过不同生物学特性的植物配置来实现，也可通过多种风格的水景园、专类园的设计来实现。

9.7.3　景观个性原则

每个景观都具有与其他景观不同的个性特征，即不同的景观具有不同的结构与功能。根据不同的立地条件与周边环境，可选用适宜的水生植物，结合瀑布、叠水、喷泉，以及游鱼、水鸟、涉禽等动态景观，以呈现各具特色又丰富多彩的水体景观。

9.7.4　综合性原则

景观是自然与文化生活系统的载体，景观生态规划需要运用多学科知识，综合多种因素，满足人类各方面的需求。水生植物景观不仅要具有观赏和美化环境的功能，其丰富的种类和用途还可作为科学普及、增长知识的活教材。

9.8　滨水绿地植物景观的地域性探讨

9.8.1　地域性分析

1. 地域自然属性

以临汾市汾河滨水绿地为例，临汾市地处半干旱、半湿润季风气候区，属温带大陆性气候，冬季寒冷干燥，夏季酷热多暴雨，年平均气温为 12.2℃，年平均降雨量为 550～600mm。临汾位于汾河中下游，地面水资源丰富，植物区系分布类型以北温带分布为主。

2. 地域文化属性

临汾古称平阳，是华夏民族的发祥地之一。作为尧、舜、禹时代的政治中心和文化中心，尧文化是临汾地域文化中最具代表性的内容；作为明朝大移民遗址所在地，临汾的根祖文化底蕴深厚。此外，旧石器时代的丁村文化、晋商文化、威风锣鼓、剪纸艺术、晋商时期的人居建筑艺术等都是临汾地域文化的丰富内容。

9.8.2 临汾汾河植物地域性调查与分析

1. 乡土植物

通过对临汾城区段汾河流域植被中植物的种类、分布及植物群落的组成结构进行调查，并查阅相关《山西植物志》等相关书籍与文献资料后，综合分析可知滨河绿地中乡土植物应用的比率较高。调查得出滨河植被中主要乔、灌木应用种类。

汾河城区段沿河两岸驳岸为自然式亲水生态驳岸，种植了大量的乡土水生植物与亲水植物，模拟自然驳岸植被构建出具有湿地特色的植物景观。

2. 外来植物

对汾河滨水绿地植被调查发现，植被中存在一定比率的外来树种。这些引种植物大多经过几十年的栽培驯化，已对当地生境、群落植被有了较强的适应性，且在丰富物种多样性、促进生态稳定性与构建植物群落等方面有着极为重要的作用。

3. 当地自然植物群落构成分析

植物群落能够最直观地体现地域自然植物景观，自然植物群落对植物地域性景观设计具有直接的指导意义。在临汾地区汾河流域自然植被带中选取若干具有代表性的植物群落，对其群落组成进行分析，得知汾河流域自然群落构成中草本种类最为丰富，乔、灌层植物种类较少；自然群落中常绿植物种类较少，乔、灌层多为落叶类植物；群落中主要优势植物均具有耐旱、耐寒等生物学特性。

9.8.3 临汾汾河独特文化调查分析

1. 尧文化

在基于文化属性的地域性植物景观设计中应该充分考虑文化的特性与内涵，发掘并充分利用乡土植物的特性。尧文化是华夏文化的主源，历史悠久且底蕴深厚。在景观设计中为体现其历史庄重感，基调树种应选择树形端庄、质感硬朗、色彩稳重的乡土植物种类如白皮松、油松、侧柏、卫矛等，焦点景观树种建议考虑树龄较大的松柏类、国槐、楸树、皂角等乡土树种。植物配置中应适量配置慢生树种以形成古树名木，并适当增加大树、古树的比率来营造厚重的文化氛围。此外，景观建筑、小品等是园林景观中体现特色文化主题与精神内涵的重要功能实体。滨水绿地中将典型乡土植物如槐树、榆树、油松、黄刺玫、野蔷薇等乔灌木及狗尾草、节节草、鹅观草、黄花蒿等草本植物，与展现尧文化的屋坊及水车、农具等景观建筑、小品艺术组合，能够突出体现地方文化，再现生动的历史场景。

2. 根祖文化

临汾洪洞县大槐树作为明朝初期大规模移民运动的历史见证者，承载着先人对家园故土的深沉依恋，也是最具象征意义的地域景观形象。在根祖文化地域性表达中应充分运用槐树这一景观形象，利用古大槐树形成焦点景观或通过槐树带植、片植成林来充分营造根祖文化氛围。另外，通过将具有典型乡土形象的乔木如国槐、榆树、皂角、桑树等与具有明清民居建筑风格的亭、廊、阁、舫等构筑物结合，并将典型乡土灌木如野蔷薇、黄刺玫、胡枝子等与园路、山石进行自然式配置，以渲染历史文化场景、突出根祖文化的主题。

9.8.4 小结

在当今的时代背景下，只有具备鲜明的地域特征，滨水植物景观才能具有独特性与生命力。近几年植物景观地域性表达的相关研究已有了一定理论与实践基础，在此之上，如何发展在植物地域性表达手法上的多样性、如何将植物景观地域特色表达得更深入，才是此刻我们亟待解决的问题。

9.9 实例分析

1. 建设花园式滨海景区营造最佳人居环境——日照市海滨生态绿化项目建设

近年来，日照市坚持"以人为本"的理念，科学规划，依海建"绿"，加快推进以沿海岸线控制、生态体系恢复、绿地景观建设为主要内容的海滨生态绿化项目，恢复和建设了以"海滨生态绿化带"为轴的生态绿化景观。其中东部的生态广场坚持人与自然和谐共处的设计原则，突出生态和海洋主题，注重植物多样性，形成整体生态背景。为了突出全方位的景观效果，市政府对绿地进行了"亮化"，在夜晚形成了亮丽璀璨的"亮化景观"。良好的生态环境，吸引了国内外众多的游客旅游观光，实现了环境效益、经济效益与社会效益的共赢。

2. 荷兰亲水式田园住宅

荷兰阿姆斯特丹是欧洲古老的水都，全市大大小小共有 165 条运河和 1292 座桥梁。形成于 16—17 世纪的城市水道网络，编织出风情浪漫的水都风光和迷人的亲水城市景观。

荷兰式滨水住宅是荷兰的标志性景观，住宅前面临水，后面为几户人家的后花园和菜园，园虽小，但植物景观相当丰富，乔木、灌木、草地、菜园相互映衬，体现了人与自然的和谐共生。

3. 黄金海岸 Fratalli 住宅区

这幢带檐廊的建筑，其住宅与车库为两个互不干扰的独立建筑，车库位于前，住宅退于后，中间正好布置成前花园。两颗体量较大的整形树一左一右，构成特殊的入口环境，既起到一定的遮掩作用，又成为住宅的标识。这幢建筑位于澳大利亚，澳大利亚的住宅多为开敞式，个别有围墙的也较低矮，只是象征的围护和界定，故这个住宅前方是一个开放型的小花园，园内整洁优雅，低矮的房子、伸展的树冠、优美的树形，营造了一个亲和高雅的住宅环境。

这里还有一种为数不多封闭式住宅：立体布置的庭院树木极具景观效果，低矮的门墙使植物景观更加突出。绿枝鲜花挂满院墙，枝条竞展，成为住宅区中一道亮丽迷人的景观。

课后习题

1. 试描述园林植物与水体的关系。

2. 静态水体与动态水体在园林植物造景中的运用有何区别？

3. 河流景观的特点是什么？设计方式有哪些？

第10章

城市居住区植物景观设计

10.1 居住区绿地的概念及类型

居住区绿地是指居住区内除住宅用地、公共服务设施用地、道路用地以外的绿地，包括居住区公共绿地、公共建筑及设施专用绿地、宅旁绿地、道路绿地及防护绿地等。此外，还有在居住区范围内但又不属于居住区的其他用地。如大范围的公共建筑与设施用地、居住区公共用地、单位用地和不适宜建筑的用地等。

在居住区内，绿地的类型及结构主要由居住区内建筑布局的不同形式决定。居住区建筑布局的常见形式主要有以下几种。

1. 行列式

在居住区中，行列式布局的建筑一般依照一定的朝向成行、成列布局。这种布局形式的优点是绝大多数居民能够得到一个比较好的朝向；缺点是绿化空间比较小，容易产生单调感。

2. 周边式

周边式布局的居住建筑一般沿道路或院落呈周边式安排。这种布局形式的优点是可形成较大的绿化空间，有利于公共绿地的布置；缺点是较多的居室朝向差或通风不良。

3. 混合式

混合式的建筑布局形式一般是周边式和行列式结合起来布置。这种布局形式一般沿街采取周边式，内部使用行列式。

4. 自由式

这种布局形式通常结合地形或受地形地貌的限制，充分考虑日照、通风等条件灵活布置。

5. 散点式

散点式的建筑布局形式常应用于别墅区或以高层建筑为主的小区，在散点式建筑布局的小区里，建筑常围绕公共绿地、公共设施、水体等散点布置。

6. 庭院式

庭院式的建筑布局形式一般位于建筑底层，住户有院落，也常应用于别墅区，这种布局有利于保护住户的私密性、安全性，绿化条件、生态条件均比较好。

10.2　居住区绿地的作用、类型与特点

10.2.1　居住区绿地的作用

居住区绿地的特殊之处在于与它与人的关系最密切，服务对象最广泛（各类人等均在其中生活），服务时间最长。居住区绿地的作用具体体现在以下 3 个方面：

1. 设计绿色空间

居住区中较高的绿地标准，以及对屋顶、阳台、墙体、架空层等闲置、零星空间的绿化应用，为居民多接近自然的绿化环境创造了条件。同时能改善居住区内的小环境，净化空气，减缓西晒，对居民的生活和身心健康都有很大的益处。

2. 塑造景观空间

进入 21 世纪，人们对居住区绿化环境的要求已不仅仅是多栽几排树、多植几片草等单纯"量"的增加，而且在"质"的方面也提出了更高的要求，做到"因园定性，因园定位，因园定景"，使入住者产生家园的归属感。绿化环境所塑造的景观空间具有共生、共存、共荣、共乐、共雅等基本特征，给人以美的享受，它不仅有利于城市整体景观空间的创造，而且大大提高了居民的生活质量和生活品位。另外，良好的绿化环境景观空间还有助于保持住宅的长远效益，增加房地产开发企业的经济回报，提高市场竞争力。

3. 创造交往空间

社会交往是人的心理需求的重要组成部分，是人类的精神需求。通过社会交往，使人的身心得到健康发展，这对今天处于信息时代的人而言显得尤为重要。居住区绿地是居民社会交往的重要场所，通过各种绿化空间及适当设施的塑造，为居民的社会交往创造了便利条件。同时居住区绿地所提供的设施和场所，还能满足居民休闲时间室外体育、娱乐、游憩活动的需要，得到"运动就在家门口"的生活享受。

10.2.2　居住区绿地的类型

居住区绿地是城市园林绿地系统的重要组成部分，是改善城市生态环境的重要环节，同时也是城市居民使用最多的室外活动空间，是衡量居住环境质量的一项重要指标。另外，居住区公共绿地集中反映了小区绿地质量水平，一般要求有较高的规划设计水平和一定的艺术效果。

1. 居住区绿地分类

1) 居住区公共绿地。居住区公共绿地为全区居民公共使用的绿地，其位置适中，并靠近小区主路，适宜于各年龄段的居民进行不同的活动，根据其规模大小及服务半径不同，又分为以下几种。

（1）居住区级公园：其主要服务对象是居住区居民，一般情况下，居住区级公园的规模相当于城市小型公园。

（2）居住小区游园：其主要服务对象是小区居民。

（3）组团绿地：其主要服务对象是组团内居民。

2) 宅旁绿地。宅旁绿地也称宅间绿地，是居住区中最基本的绿地类型，多指在行列式建筑前后两排住宅之间的绿地，其大小、宽度取决于楼间距，一般包括宅前、宅后及建筑物本身的绿化。它只供本幢居民使用，是居住区绿地内总面积最大、居民最经常使用的一种绿地形式，尤其是对学龄前儿童和老人。

3) 道路绿地。居住区道路绿地是居住区内道路红线以内的绿地，其靠近城市干道，具有遮阴、防护、丰富道路景观等功能，应根据道路的分级、地形、交通情况等布置。

4) 公共设施绿地。居住区内各类公共建筑、公共设施四周的绿地称为公建设施绿地，如俱乐部、展览馆、电影院、图书馆、商店等周围的绿地，还有其他块状观赏绿地等。其绿化布置要满足公共建筑、公共设施的功能要求，并考虑其与周围环境的关系。居住区的组织结构模式、绿地组成及服务对象之间的关系见表 10-1。

表 10-1　居住区的组织结构模式、绿地组成及服务对象之间的关系

居住区组织结构	绿地组成	服务对象
居住区	居住区公共绿地	居住区内所有居民
居住小区	宅旁绿地	小区内居民
居住组团	道路绿地	组团内居民
住宅楼	公共设施绿地	住宅楼内居民

2. 各类住宅类型的植物景观设计

按照《居住区环境景观设计导则（试行稿）》的描述，居住区的环境景观结构布局分为高层住宅、多层住宅、低层住宅、综合住宅，见表 10-2。

表 10-2　住宅分类及其景观布局

住宅分类	景观空间密度	景观布局	地形及竖向处理
高层住宅	高	采用立体景观和集中景观布局形式。高层住宅的景观总体布局可适当图案化，既要满足居民在近处观赏的审美要求，又要注重居民在居室中向下俯瞰时的景观艺术效果	通过多层次地形塑造来增加绿视率
多层住宅	中	采用相对集中、多层式的景观布局形式，保证集中景观空间合理的服务半径，尽可能满足不同年龄结构、不同心理取向的居民的群体景观需求	因地制宜，结合住区规模及现状进行适度地形处理
低层住宅	低	采用较分散的景观布局，让住区景观尽可能接近每户居民，景观的散点布局可结合庭园塑造尺度适宜的半围合景观	地形塑造规模不宜过大，以不影响底层住户的景观视野又可满足私密度要求为宜
综合住宅	不确定	宜根据住区总体规划及建筑形式选用合理的布局形式	适度地形处理

由此看来，居住区的住宅类型和空间结构布局在规划阶段已经被容积率和建筑密度所控制，从而在某种程度上限制了楼盘的园林绿化景观的容量。

1) 高层住宅植物景观。在高层住宅设计中，建筑设计师一般注重底层室外预留较大面积的绿地，以确保小区规划的绿地率。这里所讲的高层住宅包括小高层（容积率

1.6~2.2，层数 8~11 层）；中高层（容积率 2.2~2.8，层数 12~18 层）；高层（容积率 2.8~4.5，层数 19~33 层）。这种类型的楼盘室外空间往往面积较大，被高层建筑包围，有良好的俯瞰视野。因此景观设计较多讲究平面构图，绿化配置应注重平面构图的美感及大块片植的效果，强调空中俯瞰的视觉美感。

从人在地面的透视角度分析，由于楼盘的多幢高层建筑围合一般给人以强烈的压抑感，因此植物配置时应适当拉大群落的间距。在高层组团的中部可采用低矮乔灌木或疏林草地的做法，增加视觉通量。而在靠近高层建筑周边采用密植或丛植的方法，局部拉高林冠线，与高层建筑相协调。

2）多层住宅植物景观。多层住宅的容积率在 1.2~2.0（6~7 层）。在多层住宅规划设计中，前后排住宅的净间距须满足日照要求。因此，多层住宅之间的绿化面积相对较小，一般考虑将宅间入户通道与庭院空间结合考虑，提供邻里交往之用。这种类型的植物景观可以强调配置的细节，如增加配置的层次，丰富植物品种。同时要考虑运用开花乔、灌木和色叶树种，丰富季相变化，增加交流的情趣和交往的效果。

多层住宅间如配置大乔木，应注意在住宅南面以配置落叶树种为主，而北侧可适当增加常绿树种。同时窗前 2m 内植物高度不宜超过 1m，或乔木距离有窗的建筑墙面在 3~5m，无窗的在 2m 以上，以满足居民的心理需求和光照要求。

3）低层住宅植物景观。低层住宅一般给人以舒适、宜居的感觉。这里所讲的低层住宅包括独立别墅（容积率＜0.3）、双拼别墅（容积率 0.4~0.5）、联排别墅（容积率 0.6~0.8）、叠加别墅（容积率 0.8~1.0，层数 3~4 层）、花园洋房（容积率 1.0~1.2，层数 4~5 层）。这种类型楼盘绿地往往面积分块独立，面积小，部分绿地属于业主私人所有。因此，该类型绿地的植物景观要求以精致为出发点，强调细节处理，要求能设计出精致、细腻的植物景观。

10.2.3 居住区绿地的特点

1. 功能性

居住区绿化要讲究实用并做到"三季有花，四季常青"，同时还应考虑其经济效益。常绿的针叶树应少量种植，主要选择生长快、夏日遮阳降温、冬天不遮挡阳光的落叶树，名贵树种尽量少用，多用适合当地气候、土壤条件的乡土树种。绿地内需有一定的铺装地以供老人、成年人锻炼身体和少年儿童游戏，但不要因占地过多而减少绿化面积。按照功能需要，座椅、庭院灯、垃圾箱、沙坑、休息亭等小品也应妥善设置，不宜设置太多的昂贵、观赏性的建筑物和构筑物。

2. 系统性

居住区绿化设计与总体规划相一致又自成一个完整的系统。居住区绿地由植物、场地、水面和各种景观小品组成，是居住区空间环境中不可缺少的部分，也是城市绿化系统的有机组成部分。绿地规划设计必须将绿地的构成元素与周围建筑的功能特点、居民的行为心理需求和当地的文化艺术因素相结合，进行综合考虑，形成一个整体性的系统。绿化系统首先要从居住区规划的总体要求出发，反映出自己的特色。然后要处理好绿化空间与建筑的关系，使两者相辅相成，融为一体。人们常年居住在建筑所围合的人工环境里，必然向往大自然，因此在居住区内利用草坪、不规则的树丛、活泼的水面、山石等，创造出接近自然的景观，将室内和室外环境紧密地连接起来，让居民感到亲切、舒畅。

绿化系统形成的重要手法就是"点、线、面"结合，保持绿化空间的连续性，让居民随时随地生活在绿化环境之中。对居住区的绿地来说，宅间绿地和组团绿地是"点"，沿区内主要道路的绿化带是"线"，小区小游园和居住区公园是"面"。点是基础，面是中心，线是连接点和面的纽带，从面构成一个点、线、面相结合的绿化系统。

3. 全面性

居住绿化要满足各类居民的不同要求，必须设置各种不同的设施。通过对居民室外环境要求的调查，大多数居民的共同愿望是居住区内多种花草树木，室外空间要以绿化为主，少设置不必要的亭台楼阁，营造安静、幽雅的环境。具体到每个人，又因年龄不同要求也不一样。儿童要有娱乐设施，青少年要有宽敞的活动场地，老人则需要锻炼身体的场所。因此，居住区绿地应根据不同年龄组居民的使用特点和使用程度，做出合理的布置。

4. 可达性

除了宅旁绿地供居民方便使用，公共绿地的设置也要考虑合适的服务半径，便于居民随时进入，设在居民经常经过并可自然到达的地方。当公共绿地与建筑交错布置时，要注意两者之间应有明确的界限。住宅靠近中心绿地布置时，也应有围墙分隔，避免领域地混淆而将无关人员引入住宅组团。文化活动站等公共建筑应尽可能与绿地组合在一起。

10.3 居住区各类绿地的植物景观设计

楼盘各类绿地的植物景观，宜从设计构思、位置选择、平面布局、立面造型及空间形态、使用功能、形象意境等方面探索其基本设计手法。公共绿地的设置规定见表10-3。

表10-3 公共绿地的设置规定

绿地名称	设置内容	要求	最小规模（hm²）
居住区公园	花木草坪、花坛水面、凉亭、雕塑、小卖部、茶座、老幼设施、停车场和铺装地面等	园内布局应有明确的功能分区和清晰的游览路线	1.0
小游园	花木草坪、花坛水面、雕塑、儿童设施和铺装地面等	园内布局应有一定功能划分	0.4
组团绿地	花木草坪、桌椅、简易儿童设施等	灵活布局	0.004

10.3.1 楼盘入口植物景观

楼盘入口景观是居住小区和城市街道的连接点，也是展示居住小区对外形象的重要窗口。楼盘入口景观是楼盘的门户，很多开发商都不惜重金，从品牌销售角度着力打造特色入口景观。其植物景观设计是重点，应随着入口硬质景观的形式而确定。

10.3.2　楼盘中心区植物景观

楼盘的中心绿地面积根据楼盘总体定位和规划情况确定，一般要求在 $1hm^2$ 以上。现在的楼盘规划会预留较大的绿地面积作为楼盘的中心绿地。该类型绿地常常与楼盘的公共建筑、社会服务设施结合布置，形成楼盘配套的公共活动中心。

中心区植物景观类型如下：

1）草坪式：大面积混播草坪与周围建筑形成鲜明对比，令人感觉明快、舒畅。其优点是视野开阔，缺点是绿量较少，生态效益差，应适当增植乔木、提高绿地绿视率。

2）树阵式：中心区规则铺地一般以广场为主，广场周围列植乔木，使其成为规则的广场空间。其优点是视线通透，透视感强烈，容易营造大气宏伟的效果，但容易造成视觉疲劳，四季没有特色景观。

3）组景式：是利用地形、小品、水景等组织空间变化，以游赏路线串联景观节点，形成空间层次丰富的中心区植物景观。

4）混合式：是广场、草坪或利用地形、植物的造景混合在一起，满足人们的各种需要。适用于面积较大的楼盘中心区。

10.3.3　楼盘组团绿地植物景观

楼盘组团绿地是业主日常游憩的空间，也是楼盘附属绿地中共享性最强的部分，组团绿地对保证楼盘绿化环境和业主公共活动空间有着重要意义。组团绿地的类型如下：

1）院落式组团绿地：由周边住宅围合而成的楼与楼之间的庭院绿地集中组成，有一定的封闭感，在同等建筑密度下可获得较大的绿地面积。

2）住宅山墙间绿地：指行列式住宅区加大住宅山墙间的距离，开辟为组团绿地，为居民提供一块阳光充足的半公共空间。既可打破行列式布置住宅建筑的空间单调感，又可以与房前屋后的绿地空间相互渗透，丰富绿化空间层次。

3）扩大住宅间距的绿化：指扩大行列式住宅间距，达到原住宅所需的间距的1.5~2倍，开辟组团绿地。可避开住宅阴影对绿化的影响，提高绿地的综合效益。

4）住宅组团成块绿化：指利用组团入口处或组团内不规则的不宜建造住宅的场地布置绿化。在入口处利用绿地景观设置，加强组团的可识别性；不规则空地的利用，可以避免消极空间的出现。

5）两组团间的绿化：因组团用地有限，在两个组团之间规划绿地，既有利于组团间的联系和统一，又可以争取到较大的绿地面积，有利于布置活动设施和扩大场地。

6）临街组团绿地：绿地临街布置既可以为居民使用，又可以向市民开放，成为城市空间的组成部分。临街绿地还可以起到隔声、降尘、美化街景的积极作用。

10.3.4　楼盘宅间绿地植物景观

宅旁绿地包括宅前、宅后、住宅之间及建筑本身的绿化用地，最为接近居民。在居住小区总用地中，宅旁绿地面积最大、分布最广、使用率最高。一般来说，宅旁绿化面积比小区公共绿地面积大 2～3 倍，人均绿地面积可达 4～6m。

宅间活动场地属半公共空间，主要供幼儿活动和老人休息之用，其植物景观的优劣直接影响到居民的日常生活。宅间活动场地的绿化类型主要有以下几种：

1) 树林型：是以高大乔木为主的一种比较简单的绿化造景形式，对调节小气候的作用较大，多为开放式。居民在树下活动的面积大，但由于缺乏灌木和花草搭配，因而显得较为单调。高大乔木与住宅墙面的距离至少应在 5～8m，以避开铺设地下管线的地方，便于采光和通风，避免树上的病虫害侵入室内。

2) 游园型：当宅间活动场地较宽（一般住宅间距在 30m 以上）时，可在其中开辟园林小径，设置小型游憩和休息园地，并配置层次、色彩都比较丰富的乔木和花灌木，是一种宅间活动场地绿化的理想类型，但所需投资较大。

3) 棚架型：棚架型是一种效果独特的宅间活动场地绿化造景类型，以棚架绿化为主，其植物多选用紫藤、炮仗花、葡萄、金银花、木通等观赏价值高的攀缘植物。

4) 草坪型：以草坪景观为主，在草坪的边缘或某一处种植一些乔木或花灌木，形成疏朗、通透的景观效果。

10.3.5　楼盘道路空间植物景观

由于道路性质不同，楼盘道路可分为主干道、次干道、小道、游步道及消防道 5 种。小区的道路把小区公园、宅间、庭院连成一体，它是组织联系小区绿地的纽带。居住区道旁绿化在居住区绿化中占有重要位置，它连接着居住区小游园、宅旁绿地，一直通向各个角落，直至每户。因此，道路绿化与居民生活关系十分密切。其绿化的主要功能是美化环境、遮阴、减少噪声、防尘、通风、保护路面等。绿化的布置应根据道路级别、性质、断面组成、走向、地下设施和两边住宅形式而定。

1. 主干道绿化

主干道是小区内部交通干道，主干道（区级）宽 7～9m。主干道道旁的绿化可选用枝叶茂盛的落叶乔木作为行道树，以行列式栽植为主，各条干道的初种选择应有所区别。中央分车带可用低矮的灌木，在转弯处绿化应留有安全视距，不致妨碍汽车驾驶人员的视线；还可用耐阴的花灌木和草本花卉形成花境，借以丰富道路景观；也可结合建筑山墙、小游园进行自然种植，既美观、利于交通，又有利于防尘和阻隔噪声。

2. 次干道绿化

次干道是组团内部交通次干道（小区级），道宽 3～5m，连接着本区主干道及小道等，以居民上下班、购物、儿童上学、散步等人行为主，通车为次。绿化树种应选择开花或富有叶色变化的乔木，其形式与宅旁绿化、小花园绿化布局密切配合，以形成互相关联的整体。特别是在相同建筑间小路口上的绿化应与行道树组合，使乔、灌木高低错落、自然布置，使花与叶色具有四季变化的独特景观，以方便识别各幢建筑。次干道因地形起伏不同，两边会有高低不同的标高，在较低的一侧可种常绿乔、灌木，以增强地形起伏感，在较高的一侧可种草坪或低矮的花灌木，以减少地势起伏，使两边绿化有均衡感和稳定感。

3. 小道绿化

小道是小区的宅间道路，联系着住宅群内的干道，宽 2~3m。住宅前小路以行人为主。宅间或住宅群之间的小道可以一边种植小乔木，一边种植花卉、草坪。特别是转弯处不能种植高大的绿篱，以免遮挡人们骑自行车的视线。靠近住宅的小道旁绿化，不能影响室内采光和通风，如果小道距离住宅在 2m 以内，则只能种花、灌木或草坪。通向两幢相同建筑中的小路口，应适当放宽，扩大草坪铺装；乔、灌木应后退种植，结合道路或园林小品进行配置，以供儿童们就近活动；还要方便救护车、搬运车临时靠近住户。各幢住户门口应选用不同树种，采用不同形式进行布置，以利辨别方向。另外，在人流较多的地方，如公共建筑的前面、商店门口等，可以采取扩大道路铺装面积的方式来与小区公共绿地融为一体，设置花台、座椅、活动设施等，创造一个居民交往的活动中心。

4. 游步道绿化

游步道是绿地内的休闲道路。分布于绿地中的小型步行道路，宽 0.6~1.5m。游步道小巧精致，变化丰富，可以和绿地中的停留空间、景观小品、草地空间有机结合，产生步移景异的景观效果。

5. 消防车道绿化

消防车道在小区规划和建筑设计中属于强制性规范，因此景观设计的前提是必须搞清楚关于小区消防的具体要求，包括车道整体布局、走向、登高场地和进出口位置等。由于消防车道要求荷载较大，路幅较宽，一般要结合景观一起考虑。

10.3.6 楼盘屋顶花园（地下车库顶板）植物景观

屋顶花园（地下车库顶板）植物景观设计，必须充分考虑自然条件的要求，并且必须具备一定的条件，如结构坚固的要求，具有承载力和隔水、防水层及排水设施等。由于屋顶花园（地下车库盖板）的空间布局受到建筑固有平面的限制和建筑结构承重的制约，与露地造园相比，其设计既复杂又关系到相关工种的协同，建筑设计、建筑构造、建筑结构和水电等工种配合的协调是屋顶花园成败的关键。

1）屋顶花园植物景观设计。设计屋顶花园时应注意负荷量有限的问题。屋顶花园往往比较高，所以风力比较大，另外屋顶还有土层薄、光照时间长、昼夜温差大、湿度小、水分小的特点，可以选择一些喜光、温差大、耐寒、耐热、耐旱、耐瘠、生命力旺盛的花草树木，最好是灌木、盆景、草皮之类的植物，总之应使用须根较多的树种，水平根系发达，能适应土层浅薄的要求，尽量少使用高大有主根的乔木。高大乔木的抗风能力在屋顶明显弱于地面，因此，如果使用，要采取加固措施以利于植物的正常生长。

2）地下车库上方植物景观设计。现在规划的小区都要求较高的车位配比。开发商为取得较好的小区室外景观效果，往往把车库设计在建筑宅间，而且以半地下车库较多。考虑到宅间绿地的要求和景观质量，建筑设计阶段应充分考虑车库上方土层厚度必须在平均 1.5m 左右。若使用高大的乔木，种植位置应设计在承重柱和主墙所在的位置上，不要在屋面板上。

10.4　居住区植物景观的设计原则及植物选择

10.4.1　居住区植物景观设计的基本原则

1. 适地适树的原则

居住小区房屋在建设时，对原有土壤破坏极大，建筑垃圾就地掩埋，土壤状况进一步恶化，因此应以耐贫瘠、抗性强、管理粗放的乡土树种为主，结合种植速生树种，以保证种植成活率、环境和快速成景。还需考虑乔木、灌木、藤本、草本、花卉的适当搭配和果树、药材、观赏植物的搭配，以及平面绿化与立体绿化的多种手段的运用。

2. 因地制宜的原则

居住区绿化是以满足居民生活、为生活在喧闹都市的人们设计接近自然、生态良好的温馨家园为宗旨，因地制宜，巧于借势，充分利用原有地形地貌，用最少的投入、最简单的维护，达到设计出与当地风土人情、文化氛围相融合的绿化设计的境界。设计必须根据不同的气候特点、居民生活习惯的不同、对户外活动要求的不同来进行。乔木、灌木、草坪要有合理的配置比例，以达到最佳的生态、美化作用。

3. 经济实用性原则

充分利用原有地形地貌，尽量减少土方工程。适地适树，由于建筑施工产生的建筑垃圾的影响，建筑周围的土壤不利于植物的生长，需选择耐贫薄、抗性强的树种，而且现在很多居住区的物业管理水平低，导致植物的生长状况不良，因此更需选择适合当地环境的树种。

4. 以人为本的原则

小区绿地最贴近居民生活，规划设计不仅要考虑植物配置与建筑构图的均衡、对建筑的遮挡与衬托，更要考虑居民生活对通风、光线、日照的要求，花木搭配应简洁明快，树种应按三季有花、四季常青来选择，并区分不同的地域，因地制宜。北方冬春风大，夏季烈日炎炎，绿化设计应以乔、灌、草复层混交为基本形式，不宜以开阔的草坪为主。另外，以人为本并非一味迎合人的喜好，更重要的是通过环境影响人、造就人，提高人的修养和品位。

5. 景观多样性原则

园林绿地设计是一种多维立体空间艺术的设计，是以自然美为特征的空间环境设计，有平面构图，也有立体构图，同时又是将植物、建筑、小品等综合在一起的造型艺术。绿化要有统一的形式，在统一的形式中再求得各个部分的变化。要充分利用对比与调和、韵律节奏、主从搭配等设计手法进行规划设计。

6. 空间合理化原则

居住区绿化同居民的日常生活关系密切，更具有功能性和实用性。居住区绿化主要采取分割、渗透的手法来组织空间。

1）绿化空间的分割要满足居民在绿地中活动时的感受和需求。当人处于静止状态时，空间中的封闭部分给人以隐蔽、宁静、安全的感受，便于休憩；开敞部分能增强人们交往的生活气息。当人在流动时，分制的空间可起到抑制视线的作用。通过空间分割，我们可创造人们所需的空间尺度，丰富视觉景观，形成远、中、近多层次的纵深空间，获得园中园、景中景的效果。

2）空间的渗透、联系同空间的分割是相辅相成的。单纯分割而没有渗透，联系的空间令人感到局促和压抑，通过向相邻空间的扩展、延伸，可产生层次变化。

10.4.2 居住区绿化植物的选择

在居住区绿化中，为了更好地创造出舒适、卫生、宁静、优美的生活、休息、游憩环境，应注意植物的配置和树种的选择，选择树种需考虑以下几方面。

1. 绿化功能

要考虑绿化功能的需要，以树木花草为主，提高绿化覆盖率，以期获得良好的生态环境效益。

2. 四季景观

要考虑四季景观及早日普遍绿化的效果，采用常绿与落叶树种、乔木与灌木、速生与慢生树种、重点与一般相结合，不同树形及色彩变化的树种相配置，使乔、灌、花、篱、草相映成景，丰富美化居住环境。

3. 种植形式

树木花草的种植形式要多样，除道路两侧需要成行栽植树冠宽阔、遮阴效果好的树种外，可多采用丛植、群植等手法，以打破成行成列住宅群的单调和呆板感。用植物配置的多种形式来丰富空间的变化，并结合道路的走向、建筑、门洞的形式，运用对景、框景、借景等造景手法创造优美的景观。

4. 植物种类

植物材料的种类不宜太多，又要避免单调，力求以植物材料形成特色，使统一中有变化。各组团、各类绿地在统一基调的基础上，又各有特色树种，如丁香路、玉兰院、樱花街等。宜选择生长健壮、管理粗放、病虫害少、有地方特色的优良乡土树种。还可栽植有经济价值的植物，特别在庭院内、专用绿地内可多栽既好看又实惠的植物，如核桃、樱桃、葡萄、玫瑰、连翘、垂盆草、麦冬等。花卉的布置给居住区增色添景，可大量种植宿根花卉及自播繁衍能力强的花卉，以省工节资，又获得良好的观赏效果，如美人蕉、玉簪、芍药、葱兰等。为了绿化建筑墙面、围栏、矮墙等，提高居住区立体绿化效果，还需选用攀缘植物，如地锦、五叶地锦、凌霄、常春藤等。

5. 建筑、地下管网与植物的关系

植物种植要注意与建筑、地下管网保持适当的距离，以免影响建筑的通风、采光，影响树木的生长和破坏地下管网。乔木应距建筑物 5m 左右，距地下管网 2m 左右，灌木应距建筑物和地下管网 1～1.5m。

10.4.3 居住区植物景观设计的特点

作为小区楼盘的植物景观，它的总体风格、视觉美感、细节表现往往能最大限度地展现一个楼盘的魅力。植物造景使景观楼盘的主题和意境更加突出，而依据楼盘的建筑风格和主题定位进行的植物配置，更加凸显楼盘的建筑品质。

1. 植物造景受楼盘建筑规划的制约

1）楼盘规划布局与植物造景。楼盘的总体规划是开发商拿到土地以后最主要的工作，基本上与土地相关的开发手续、楼盘定位、设计风格都必须在规划阶段成型。

楼盘的规划布局因诸多规划限制条件而不同。其中最主要的规划条件包括容积率、建筑密度、绿地率3项。对开发商来说，容积率决定地价成本在房屋中占的比率，而对业主来说，容积率直接涉及居住的舒适度。绿地率越高，容积率较低，建筑密度一般也就较低，住户舒适度也就越高。一个良好的居住小区，高层住宅容积率一般不超过5，多层住宅容积率一般不超过3，绿地率应不低于30％。

楼盘的功能区应布置得当，空间布局结构有特色。住宅楼的投影面积所占用地面积的比率（密度）应控制在30％以下；绿化用地一般应超过30％。绿地分布应尽量考虑居民的便利性和均好性，科学地布置中心公园、分区中小公园、组团绿化、宅旁和路边绿化。中心公园应大小有度，除特大型居住区外，居住区内一般不宜建大型公园，而应着重搞好分区中小公园或主题公园和组团绿化。

楼盘空间应布置院落，增大交往空间。合理的组团围合式院落可以丰富建筑空间的环境，方便居民交往、休憩、锻炼。

2）建筑不同部位与植物造景。建筑设计一般是在楼盘规划完成以后的进一步深化。在该阶段，涉及楼盘的建筑风格、建筑色彩、建筑立面等细节设计。各地近年建成的优秀楼盘都十分注重建筑的立面造型和色彩。但无论建筑外立面如何变化，建筑形体周边的绿化配置总要遵循一定的规律。

（1）建筑物南面：建筑物南面一般为建筑物的主要观赏面。其阳光充足，空气流通不畅，温度高，植物生长季延长，这些形成了特殊的小气候。一般多选用观赏价值较高的花灌木等，或需要在小气候条件下越冬的外来树种。大型乔木宜选择落叶品种，且种植位置以不影响住户采光为宜。

（2）建筑物北面：建筑物北面荫蔽，其范围随纬度、太阳高度而变化，以漫射光为主。夏日午后、傍晚各有少量直射光。其温度较低，相对湿度较大，冬季风大、寒冷，应选择耐阴、耐寒树种。

楼盘建筑的出入口较多设置在建筑物北面。不设出入口的建筑北面绿地可采用树群或多层次群落种植，以遮挡冬季的北风。设有出入口的则选用圆球形花灌木，于入口处规则式种植；或种植开花与彩叶树种，增加建筑物的可识别性。

（3）建筑物东面：建筑物东面一般上午有直射光，约下午3时后为庇荫地，光照温度不高，比较柔和，适合于一般树木，可选用需侧方庇荫的树种，如红枫、槭类，也可用喜阳花、灌木，如樱花、木芙蓉、榆叶梅等。

（4）建筑物西面：建筑物西面上午为庇荫地，下午形成西晒，尤以夏季为甚。光照时间虽短，但温度高，变化剧烈，西晒墙吸收积累热量大、空气湿度大。为了防西晒，一般选用喜光、耐燥热、不怕日灼的树木，如香樟、杜英等大乔木作遮阴树，墙面在条件许可下可栽植攀缘植物。

（5）建筑墙：建筑墙的作用是承重和分隔空间。建筑的墙面生硬，在建筑布局中难免会产生呆板的感觉。利用植物的柔美可以改变建筑生硬的线条。

（6）建筑门口：门是建筑的入口和通道，并且和墙一起起到分割空间的作用。门应和路、石、植物等一起组景形成优美的构图，植物能起到丰富建筑构图、增加生机和生命活力，软化门的几何线条，增加景深，扩大视野，延伸空间的作用。

2. 建筑的场所空间与植物造景

在小区环境建设中，应注重设计人际交往空间。除文化娱乐场所外，组团绿化空间是理想的方便人际交往的空间，而且应作为小区园林建设的重点，把它建成既有观赏景观又有交往设施，同时便于居民就近使用的绿化空间。

住宅楼首层架空也是增大人际交往和绿化空间的好办法。可在架空层设置居民休息、健身，老人、儿童活动的设施，种植喜阴的植物和花卉。

10.4.4　居住区植物景观设计的要求

楼盘景观绿化是城市绿化景观的一个组成部分。房地产楼盘的景观环境被限定在房屋楼宇之间，用地仅占30%左右，别墅绿地相对多一点。因此在这个有限的空间里如何取得最大的生态效益和美化居住环境的效果，应是景观建设追求的目标。

在几年前，人们对景观的理解还只是铺草皮、种一点点花木。草皮几乎没有隔噪声的作用，冬天草皮休眠，没有了产生氧气的功能。所以在楼盘中，要注重植物生态学的理论，高大乔木、小乔木、灌木、地被草皮的群落结构、植物喜阴喜阳都要充分考虑，这样植物才会生长良好，花繁叶茂。

1. 楼盘植物造景的规范要求

楼盘绿地是城市园林绿地系统的一部分，其指标也是城市绿化指标的一部分。随着城市建设的发展，绿化事业逐渐受到重视，楼盘绿地也相应受到关注，绿地指标也不断提高。

楼盘绿地应根据小区规模及不同规划组织、结构、类型设置相应的中心公共绿地，并尽可能与公共活动场所和商业中心相结合。这样，既可方便居民日常游憩活动，又有利于创造小区内大小结合、层次丰富的公共活动空间，取得较好的空间环境效果。

1)《城市居住区规划设计标准》的要求。我国《城市居住区规划设计标准》（GB 50180—2018）提出，居住区内公共绿地的总指标，应根据居住人口规模分别达到：组团级不少于0.5m²/人，小区（含组团）不少于1m²/人，居住区（含小区或组团）组团级不少于1.5m²/人，并应根据居住区规划组织、结构、类型统一安排，灵活使用。旧区改造可酌情降低，但不得低于相应指标的50%。居住区公共绿地率一般新建区不应低于30%，旧区改造不低于25%，种植成活率大于8%。

2)《居住区绿地设计规范》的要求。《居住区绿地设计规范》（DB11/T 214—2016）明确要求居住区绿地应以植物造景为主，必须根据居住区内外的环境特征、立地条件，结合景观规划、防护功能等，按照适地适树的原则进行植物规划，强调植物分布的地域性和地方特色。常绿乔木与落叶乔木种植数量的比例应控制在1:3～1:4；在绿地中乔木、灌木的种植面积的比值一般应控制在70%，非林下草坪、地被植物种植面积的比值宜控制在30%左右。

3)《绿色生态住宅小区的建设要点与技术导则》的规定。住房城乡建设部提出的《绿色生态住宅小区的建设要点与技术导则》中还规定了一项指标：植物配置的丰实度，100m²的单位绿地要有3株以上乔木；立体或复层种植群落占绿地面积>20%；三北地区木本植物种类＞40 种；华中、华东地区木本植物种类＞50 种；华南、西南地区木本植物种类要＞60 种。

2. 楼盘植物造景的技术要求

植物配置是楼盘环境建设中的重要一环，这不仅表现在植物对改善生态环境的巨大作用，更表现在其对美化生活空间所带来的巨大精神价值。植物景观的好坏已经成为居民选择住房的主要考虑因素，因此也成为住房价格高低的重要筹码。

楼盘植物造景是楼盘品质的关键，而它的好坏往往没有量化的标准。因此评价楼盘植物造景的优劣更多的是从直观的、主观的角度出发。随着楼盘建设的发展，有些机构借助美学原理，从景观生态学角度，从业主的使用功能角度，探讨植物造景的发展趋势，取得了一定的成果。

考察植物景观是否能更有效、更实际地满足居民的生活功能，是否能最大限度地改善生态环境，是否能以最佳的状态愉悦人的精神，我们应从 3 个层面进行考察：一是以美学为主的景观设计；二是以心理学为指导的规划设计；三是以环境质量为主的生态研究。然而，现实中 3 个方面往往出现脱节的现象，要么破坏了原有的生态格局，要么失去应用价值等。

10.4.5　居住区植物景观设计的模式与方法

1. 景观楼盘植物造景的模式

景观楼盘植物造景的模式丰富多样，其中牵涉到楼盘的定位、植物的品种及气候的适应性。一般来说，各地的楼盘植物景观多数还是以设计具有当地特色的植物景观为基调，局部或可采用新颖的外来物种，设计特色景观。

楼盘植物造景可以从当地丰富的自然风景资源中寻找灵感。自然风景资源包括当地特殊地质地貌资源、水文资源、丰富的植被资源等。自然民居条件的原生植物群落历经自然法则的优胜劣汰，有许多值得借鉴的地方。

当今的许多楼盘园林设计的植物选择都是根据人的功利性进行取舍的。生态学上把这种不顾自然种群组成而建立起来的群落称为"零模型群落"，这种群落结构不稳定、管理成本高而抵抗力弱。

散落在自然民居环境下的原生植物群落，形成了相对稳定的群落结构，并表现出良好的适应性。我们可以学习原生植物群落的结构层次，在城市居住环境中通过对园林场地的模拟、利用，采用植物组群模式的配置方法，建立起稳定的小区植物群落结构。通过调查江南地区自然民居条件下的原生植被群落结构，分析群落中植物间的相互关系，得出乡土植物群落有以下几个特征：

1）各地区各种不同的植物群落常有不同的垂直结构层次，这种层次的形成是依植物的高矮及不同的生态要求形成的。

2）往往居于群落顶层的是落叶高大乔木，而常绿活叶植物居于群落中间。

3）通常群落的多层结构可分 5 个基本层：大乔木层、乔木层、灌木层、地被层及草坪层。

借鉴乡土植物群落特征，在进行楼盘植物造景时，应注重场地空间之间的关系，注重竖向植物层次的搭配。利用适宜的乔木、灌木、地被植物的混合配置，列出适宜的组群模式，再结合使用空间的分割及联系，以及建筑立面的形态，有序组合不同的植物组群，使整体绿化空间更具自然的节奏。

楼盘植物造景有快速成景的特点，因此在植物配置时要注意掌握各类乔木、灌木在不同生长时期的树形特征。如有些速生植物在幼年时用作灌木密植，势必给将来植株长大后的发展空间带来限制。

1）平面分组，化整为零。楼盘的绿地空间在经过建筑和室外道路的分割以后，一般形成不同形状。在强调整体绿化风格的前提下，不管绿地形状如何，绿化种植的群落应尽量划分成以组为单位的树丛，并以组为单位进行绿化设计。

（1）组群平面：绿地组群的设计要以满足小区户外使用功能为前提。一般小区绿地在经过景观规划后，会形成若干形状如块状、带状、三角形、L形的绿地。经过对多个小区的现场调查可知，单一绿化组群比较适合的尺寸一般是从 7m×5m×4m～17m×13m×10m 所构成的平面空间。

不同尺度的绿地可根据绿地所处周边建筑环境特征，通过若干单位组群序列组合成某种使用功能的植物组群空间。

（2）组群高度：绿地组群的高度指的是位于组群中最高植物的高度。绿地组群的高度可根据所处绿地类型和周边建筑环境来定。通常多层住宅之间的绿地由于受采光和宅间距的影响，组群不会太高，一般不超过 9m，且大乔木宜选择落叶树。而高层住宅绿地一般有较大的宅间距，同时考虑到与建筑体量的协调，可采用较高的植物组群，如 16m 甚至更高。

（3）组群容量：绿地的组群容量指的是单一组群内部所能够容纳的植物品种数量。单一组群的植物容量有限，一般单一绿化组群中，7m×5m×4m 的组群可配置 1～2 棵乔木或大乔木，3 株常绿小乔木或大灌木，3 株落叶小乔木或大灌木，3～5 个灌木球。17m×13m×10m 的组群可配置 1～3 株大乔木，5～7 棵乔木，5～7 株常绿小乔木或大灌木，5～7 株落叶小乔木或大灌木，11～15 个灌木球。

绿地组群的容量数值并不绝对，最主要的是要和整体设计思路吻合，与周边建筑协调。

2）立面分层，有机组合。

一般楼盘植物配置最多可按如下 5 个层次来划分。

（1）大乔木层：大乔木层又称骨架层，是构成整个小区绿化顶层高度的层次，高度一般在 12～16m。选用的苗木也称为骨架苗，要求树形尽量完整，胸径 25～35cm。该层次选用的苗木较大，正构成小区绿化林冠线变化的制高点，也是形成该区域绿化群落的主角或者是庭院的孤赏树。

（2）乔木层：乔木层仅次于骨架层，是构成小区绿化林冠线变化的主要力量，高度一般在 6～10m，乔木层的苗木又称上木。处于该层次的苗木品种较多，树形变化丰富，可围绕骨架苗进行三五成群的丛植，或是单独的列植或片植。乔木层是楼盘功能空间分割的主要手段，而且效果显著。通过有效组织乔木林带，可形成若干特色鲜明的空间聚落。

（3）小乔木层：又叫大灌木层，是形成小区绿量及季相变化的主要手段，高度一般在 1.5～4.5m，小乔木层的苗木可被称为中木。处于该层次的苗木品种非常丰富，开花与彩叶树种大部分集中在这一区间。小乔木又是设计小型私密空间的主要手段，3m 高度以内的绿化层次最能形成丰富的立体空间效果。

（4）小灌木层：又叫地被层，是构成小区绿量的"基底"，高度一般在 0.4～1.5m。可以结合小区地形，形成五彩缤纷的立体效果。小灌木层的苗木又称下木，品种繁多。小灌木是构成群落林缘线的最佳材料。

（5）草坪层：草坪一般位于光照较好的位置。在场地中留足 30％绿地作为草坪用地，能有效增加空间感。草坪的设置应根据小区园路骨架的形态综合考虑，结合园路的九曲通幽，达到草坪空间的收放自如。

2. 景观楼盘植物造景的方法

1）前期设计。前期设计指调查基础情况、整理现状资料做前期分析。为做好楼盘的植物造型，首先要搜集区域内的有关资料，规划设计、设计风格、建筑布局图如楼盘总体书等。同时还要搜集小区所在城市的土壤、水文、历史、文化等，与区内居民有关的资料也要进行收集。

（1）小区规划总平面图，此图包括：规划设计范围（红线范围、坐标数字），规划范围内的地形、标高及建筑物（住宅、公建、其他附属设施）的位置等。

（2）道路设计平面图，此图包括：小区各级道路的宽度、转角、坡向、坡度及交叉点的坐标等。我们可以通过此图了解小区规划的道路现况，车辆、人流的组织情况以及道路的地表排水设计等。为绿地的园路设计、竖向设计及地表排水设计找到充分的依据。

（3）楼盘建筑物的平、立面图：平面图包括建筑占地面积（包括散水）和每栋建筑单元的主要出入口位置；立面图要求有建筑物的高度、色彩、造型，以及朝向及四季投影范围等。它们展现了小区建筑的总体风格和形式，帮助设计者确立绿地的风格和园路小品的形式。建筑物投影范围则使我们在种植设计上尤其是耐阴树种的选择上有充分的依据。

（4）地下管线图：最好与施工图比例相同，图内应包括已经建成小区的上水、雨水、污水、化粪池、电信、电力、暖气沟、煤气、热力等管线的位置及井位等，除平面图外，还要求有剖面图，并注明管径大小、管底或管顶标高、压力、坡度等。此图可以帮助设计者了解小区地下管线的位置及各项技术参数，使绿地的种植、竖向、给排水、电力等诸项施工图的设计更符合实际。

通过详细的资料调查，设计者对设计的对象有了初步的了解，解决问题的办法也相应地产生了，但无论资料如何详尽、如何准确，设计者都必须亲自到现场进行更深入的调查。

2）空间设计。空间设计指确定设计的尺度，满足主体建筑的使用功能。在进行楼盘绿化设计时，小区绿化应确保 30％以上的绿化率，而绿地本身的绿化率要大于 70％，也就是说绿地中的硬质景观，包括道路、地坪、建筑小品、喷水池、雕塑等占地面积要控制在总绿地面积的 30％以内。

（1）楼盘植物空间的类型。

①开敞植物空间：园林植物形成的开敞空间是指在一定区域范围内，人的视线高于四周景物的植物空间。楼盘开敞空间在中心开放式绿地、社区公园中非常多见，像草

坪、开阔水面等，视线通透，视野辽阔，容易让人心胸开阔，心情舒畅，产生轻松自由的满足感。

②半开敞植物空间：就是指在一定区域范围内，四周不全开敞，有部分视角被植物阻挡。小区的半开敞植物空间一般常运用于宅间绿地。半开敞植物空间设计手法比较丰富。

③覆盖植物空间：通常位于树冠下与地面之间，通过植物树干的分枝点高低、浓密的树冠来形成空间感。高大的常绿乔木是形成覆盖空间的良好材料，此类植物不仅分枝点较高、树冠庞大，而且具有很好的遮阴效果，树干占据的空间较小，所以无论是一棵、几丛还是一群成片，都能够为人们提供较大的活动空间和遮阴休息的区域；此外，攀缘植物攀附在花架、拱门、木廊等上面生长，也能够构成有效的覆盖空间。覆盖空间在宅间绿地或功能性空间应用较多。

④封闭空间：是指人所在的区域范围内，四周用植物材料封闭，这时人的视距缩短，视线受到制约，近景的感染力加强，景物历历在目，容易产生亲切感和宁静感。别墅小区小庭园的植物配置宜采用这种较封闭的空间造景手法，而在一般的绿地中，这样小尺度的空间私密性较强，适宜于年轻人私语或者人们独处和休憩。

⑤垂直空间：用植物封闭垂直面，开敞顶平面，就形成了垂直空间，分枝点较低、树冠紧凑的中小乔木形成的树列、修剪整齐的高树篱都可以构成垂直空间。该类型空间在小区地下车库的露天绿地应用较多。

（2）楼盘植物空间的组合。楼盘室外环境由许许多多的空间组成。许多的功能性空间因使用方式和功能定位的差异分布在楼盘各个区域。设计师必须在明确各功能分区的前提下，给各个功能性空间作植物主题的定义。这一阶段的工作是非常重要的。

①合理布局，划分不同功能的使用空间。楼盘植物空间设计可以根据楼盘的建筑布局、功能划分来确定。依据硬质景观的布局和建筑功能的特点大致确定设计需要选用的骨干树种和基调树种。这类树种选择能总体上体现楼盘的地域特征，将各功能分区通过以线带面的形式，统一整体楼盘的植物景观风格。

②突出重点，设计不同尺度的植物群落。通常楼盘的景观以节点或分区片来营造特色，植物景观应有不同的侧重点。楼盘的绿地空间在经过建筑和室外道路的分割以后，绿地一般形成若干块形、带形、L形等不同形状。根据楼盘各功能区的特点和绿地的形态特征，在合理空间布局的前提下，将绿化种植的群落划分成以组为单位的树丛，并以组为单位进行绿化设计。

3）层次设计。层次设计即梳理设计的高度，丰富使用人群的视觉美感。园林中的植物配置是否引人注目，关键之一在于园林植物的层次感。植物层次感主要体现在植物自身的高低错落和色彩组合两个方面。植物高矮对比鲜明、种植疏密有致、色彩关系和谐，就能呈现出丰富的空间层次感。

（1）结合建筑立面形态，设计绿化林冠线。充分研究小区建筑的立面，选取若干重要的节点，并进行透视分析。根据建筑群的天际线变化，结合园林美学原理，确定合理的绿化林冠线。

（2）根据植物立面形状，设计绿化分层结构。园林植物"身材"多样，有的如水杉、雪松等高耸入云，有的如匍地柏、平枝荀子等平地而生。植物不仅"身材"多样，

"姿态"也各有千秋，圆锥形、球形、柱形、塔形等可谓应有尽有。进行植物配置时，可根据植物形状，结合叶丛疏密度和分枝高度来构成封闭、半开敞、覆盖、开敞和垂直等空间形式。

（3）结合场地地形地貌，强化立面层次。地形高低起伏本身就提升了空间的层次感，这种地形在设计时应依山就势、适地适树、适景适树。在地势较高处种植大规格独干型乔木，既能增强地势起伏，又能衬托出植物的俊秀挺拔。

（4）优化地被曲线变化，设计片状草坪空间。在下层空间的设计过程中，满铺的地被种植，往往造成视觉疲劳。在绿地中适度预留草坪空间，有助于活跃植物空间氛围。另外，将绿篱修剪成波浪形、椭圆形等造型，将灌木修剪成球体、柱体等造型，通过整形修剪来控制植物的生长速度和生长方向，不仅可使植株结构合理、层次分明，也有助于营造景观层次。

4）季相设计。园林植物配置要充分利用植物季相特色。季相就是植物在不同季节表现的外貌。季相设计即考虑季节的变化，突出绿化品种的季候变化。植物随着时间的推移和季节的变化，自身经历了生长、发育、成熟的生命周期，表现出发芽、展叶、开花、结果、落叶及由大到小的生理变化过程，形成了叶容、花貌、色彩、芳香、枝干、姿态等一系列色彩和形象上的变化，具有较高的观赏价值。

植物景观除了能够使人心旷神怡，还要能适应人的审美要求，满足人们回归自然的欲望。城市中植物的花、果实、叶的姿色等信息可以提供一个使人舒适安逸的环境，给人以持久的美感。植物的艳丽多彩，能给人以强烈感染，通常所说的轻松欢乐、宁静幽雅、朴实无华、富丽堂皇、高贵典雅等都是人们对植物季相变化的心理感应。而不同的植物品种甚至在不同的生长周期都有着各自独特的色彩表现，如绿色就有淡绿、粉绿、浓绿、墨绿之分，红色更是粉红、玫红、橘红、紫红、深红等不胜枚举，所以要充分利用大自然丰富的植物品种。

5）品种设计。品种设计，即确定设计的品种，优化建筑空间的生态效益。整体植物景观类型布局选择完成后，就要开始进行各个植物景观类型的构成设计，即解决植物个体的选择与布局问题。植物个体的选择与布局问题主要要解决以下几个问题：植物品种的选择，植物初植大小的确定，植物数量的确定，植物个体在结构中位置的确定等。

（1）植物品种的选择。楼盘植物造景的植物品种选择应分析确定配置场地的气候耐寒区和主要环境限制因子。根据场地的气候耐寒区、主要环境限制因子和植物类型来与植物库数据配对搜寻，确定粗选的植物品种。再根据功能和美学的要求，进一步筛选植物品种。主要品种是用于保持统一性的品种，是一种植物景观类型的主体构架品种。一般来说，主要品种数量要少（20%），相似程度要高，但植株数量要多（80%）。次要品种是用于增加变化性的品种，品种数量要多（80%），但植株数量要少（20%）。对一般的小区，15～20 个乔木品种，15～20 个灌木品种，15～20 个宿根或禾草花卉品种，已足够满足生态方面的要求。当然，国家有特别规定的，按相关规定办理。

（2）植物初植大小的确定。在国内，对种植植物的初植大小规格没有具体的规定，大多根据客户喜好和设计者的习惯来确定。有经验的设计者可以巧妙地利用一些生态美学的手法来综合确定。

以乔木为例，国外比较通行的乔木层尺寸一般为径阶 6～8cm 的完整植株。考虑到国内的习惯，建议乔木层以胸径 10～20cm 的完整植株较为适宜，骨架苗可采用 25～33cm 胸径植株。为了获得即时效果，可以采用一些技巧性的方法，如增加大灌木的数量（高度 100～250cm），增加覆盖对比等。在树体比例尺度的处理方面，尽量缩短最大规格和最小规格植物的大小差距。

（3）植物数量的确定。准确地说，植物数量确定问题是一个跟栽植间距高度相关的问题。一般来说，植物种植间距由植株成熟大小确定。在实际操作过程中，可以根据植物生长速度的快慢适当调整，但绝不能随意加大栽植密度。任何时候，采用加大栽植密度来获取即时效果的方法都是最愚蠢的。

（4）植物个体在结构中位置的确定。根据各景观类型的构成和各构成植物本身的特性，将其布置到适宜位置的过程中，会较多涉及基于植物的个体美学设计问题。

从个体到构建植物景观类型的群体组合，是一项十分繁杂的工作，在这个阶段如果能够借用一些景观类型构成模块，可以大大提高工作效率。

模块可以通过模拟自然、调查分析以前的设计或设计建模等方法获得。模块在入库使用前必须是经过美学或生态检验论证过的。

课后习题

1. 居住区植物材料选取应注意哪些方面？
2. 试论述居住区造景的基本要求。
3. 宅旁绿地植物造景与街头绿地植物造景有何区别？

第11章

街道植物景观设计

11.1　城市街道植物绿化类型、功能

11.1.1　城市道路绿化的类型

道路绿地是道路环境中的重要景观元素。道路绿地的带状或块状绿化的"线"性可以使城市绿地连成一个整体，可以美化街景，衬托和改善城市面貌。因此道路绿地的形式直接关系到人们对城市的印象。现代化大城市有很多不同性质的道路，其道路绿地的形式、类型因此也丰富多彩。根据不同的种植目的，道路绿地可分为景观种植与功能种植两大类。现代城市中，众多的人工构筑物往往使城市景观单调枯燥，而绿化在视觉上能给人以柔和安静感。树木、灌木、草地、花卉点缀着城市的道路环境，它们以不同的形状、色彩和姿态吸引着人们，具有多种多样的观赏性，大大丰富了城市景观。成功的道路绿地往往能成为地方特色，如南京街道的行道树法国梧桐、雪松，南方城市的棕榈、蒲葵等。绿地除能成为地方特色之外，不同的绿地布置也能增加道路特征，从而使一些街景雷同的街道因绿地的不同而区分开来。

1. 景观栽植

景观栽植从道路环境的美学观点出发，在树种、树形、种植方式等方面研究绿化与道路、建筑协调的整体艺术效果，使绿地成为道路环境中有机的组成部分。景观栽植主要是从绿地的景观角度来考虑栽植形式，可分为以下几种：

1）密林式。沿路两侧浓茂的树林，主要植物是乔木加上灌木、常绿树和地被。行人或汽车位于其间如入森林之中，夏季绿荫覆盖、凉爽宜人，且具有明确的方向性，因此引人注目，一般用于城乡交界处或环绕城市或结合河湖布置。沿路植树要有相当的宽度，一般在50m以上。郊区多为耕作土壤，树木枝叶繁茂，两侧景物不易看到。

2）自然式。自然式绿地主要用于造园，路边休息所、街心公园、路边公园等也可应用。其形式模拟自然景色，比较自由，主要由地形和环境来决定。沿街在一定宽度内布置自然树丛，树丛由不同植物种类组成，具有高低、浓淡、疏密和各种形体的变化，形成生动活泼的气氛。自然式能很好地与附近景物配合，增强街道的空间变化，但夏季遮阴效果不如整齐式的行道树。在路口、拐弯处的一定距离内要减少或不种灌木，以免妨碍驾驶员视线。在条状的分车带内自然式种植需要有一定的宽度，一般要求最小为6m。还要注意与地下管线的配合，所用的苗木也应具有一定规格。

3）花园式。该绿地方式沿道路外侧布置成大小不同的绿化空间，有广场、有绿荫，并设置必要的园林设施，供行人和附近居民逗留小憩和散步，亦可停放少量车辆和设置幼儿游戏场等。道路绿地可分段与周围的绿化相结合，在城市建筑密集、缺少绿地的情况下，这种形式可在商业区、居住区内使用。在用地紧张、人口稠密的街道旁可多布置孤立乔木或绿荫广场，弥补城市绿地分布不均匀的缺陷。

4）田园式。田园式的道路两侧的园林植物都在视线以下，大多为草地，空间全面敞开。在郊区直接与农田、菜田相连；在城市边缘也可与苗圃、果园相邻；用于高速路两侧，视线较好。

5）滨河式。道路的一面临水，空间开阔，环境优美，是市民休息游憩的良好场所。在水面不十分宽阔、对岸又无风景时，滨河绿地可布置得较为简单。树木种植成行，岸边设置栏杆，树间安放座椅，供游人休憩。如水面宽阔，沿岸风光绮丽，对岸风景点较多，沿水边就应设置较宽阔的绿地，布置游人步道、草坪、花坛等园林设施。游人步道应尽量靠近水边，或设置小型广场和临水平台，满足人们的亲水感和观景要求。

6）简易式。沿道路两侧各种一行乔木或灌木形成"一条路，两行树"的形式，在街道绿地中是最简单、最原始的形式。

2. 功能栽植

功能栽植是通过绿化栽植来达到某种功能上的效果。一般这种绿地方式都有明确的目的，如遮蔽、遮阴、装饰、防噪声、防风、防火、防雪、地面的植被覆盖等。但道路绿地功能并非唯一的要求，不论采取何种形式，都应考虑多方面的效果，如功能栽植也应考虑到视觉上的效果，并成为街景艺术的一个方面。

1）遮蔽式栽植。遮蔽式栽植是考虑需要把视线的某一个方向加以遮挡，以免见其全貌。如街道某一处景观不好，需要遮挡；城市的挡土墙或其他构造物影响道路景观等，种上一些树木或攀缘植物加以遮挡。

2）遮阴式栽植。我国许多地区夏天比较炎热，道路上的温度也很高，所以对遮阴树的种植十分重视。不少城市道路两侧建筑多被绿化遮挡也多出于遮阴种植的缘故。遮阴树的种植对改善道路环境特别是夏天降温效果显著。

3）装饰栽植。装饰栽植可以用在建筑用地周围或道路绿化带、分隔带两侧作局部的间隔与装饰之用。它的功能是作为界限的标志，防止行人穿过、遮挡视线、调节通风、防尘调节、局部日照等。

4）地被栽植。地被栽植，即使用地被植物覆盖地表面，如地坪等，可以防尘、防土、防止雨水对地面的冲刷，在北方还有防冰冻作用。由于地表面性质的改变，对小气候也有缓和作用。

5）其他。如防声栽植，防风、防雪栽植等。

11.1.2 城市道路绿化的功能

城市道路绿化以"线"的形式广泛地分布于全城，联系着城市中分散的"点"和"面"的绿地，组成完整的城市园林绿地系统，在多方面发挥积极的作用，如调节街道附近地区的温度、湿度，降低风速，在一定程度上改善街道的小气候等。街道绿化的好坏对城市面貌起着决定性的作用，是城市园林绿化的重要组成部分。

1. 生态功能

1）净化空气。街道绿化可以净化空气，减少城市空气中的烟尘，同时利用植物吸收二氧化碳和二氧化硫等有毒气体，放出氧气。街道的粉尘污染源主要是降尘飘尘、汽车尾气的铅尘等，许多树种如悬铃木、刺槐林等使降尘量减少23％～52％，使飘尘量减少37％～60％。

2）降低噪声。据调查，环境噪声70％～80％来自地面交通运输。在繁忙的街道上噪声达到100dB时，临街的建筑内部可达70～80dB，给人们的工作和休息带来很大干扰。当噪声超过70dB时，人体就会产生许多不良症状而有损于健康。街道绿化好，在建筑物前有一定宽度合理配置绿化带，就可以大大降低噪声。因此道路绿化是降低噪声的措施之一。当然，消除噪声主要还应对声源采取措施。要达到良好的效果，就必须把很多方面的措施结合起来。

3）降低辐射热。太阳的辐射热约有17％被天空吸收，而绝大部分被地面吸收，所以地表温度升高很多。街道绿化可以降低地表温度及道路附近的气温，例如中午树荫下水泥路面的温度，比阳光下低11℃左右，树荫下裸土地面比阳光直射时要低6.5℃左右。此外，不同树种对不同质量的地面在降低气温方面有不同程度的影响。

4）保护路面。夏季城市裸露地表的温度往往比气温高出10℃以上，路面因常受日光的强烈照射会受损。当气温达到31.2℃时，地表温度可达43℃，而绿地内的地表温度比路面地表温度低15.8℃，因此街道绿化在改善小气候的同时，也对路面起到了保护的作用。

2. 组织交通

城市交通与街道绿化有着非常重要的关系，绿化应以创造良好环境、保证车速和行车安全为主。在道路中间设置绿化分隔带可以减少车流之间的互相干扰，使车流在同一方向行驶分成上下行，一般称为两块板形式。在机动车与非机动车之间设绿化分隔带，则有利于缓和快慢车混合行驶的矛盾，使不同车速的车辆在不同的车道上行驶，一般称为三块板形式。在交叉路口布置交通岛、立体交叉、广场、停车场、安全岛等，也需要进行绿化，都可以起到组织交通、保证行车速度和交通安全的作用。

3. 美化市容

街道绿化可以点缀城市、美化街景、烘托城市建筑艺术，也可以遮挡不令人满意的建筑地段。道路绿化增强了街道景色，树木、花草本身的色彩和季相变化，使城市生机盎然、各具特色。例如：南京市被称作街道绿化的标兵，市内有郁郁葱葱的悬铃木行道树和美丽多姿的雪松；湛江新会的蒲葵行道树，四季景色都很美；北京挺拔的毛白杨，苍劲古雅的油松、槐树，使这座古城更显庄严雄伟；合肥市把整个街道装饰得像花园一样。

4. 增收副产

我国历史上有不少街道两侧种植既有遮阴观赏又有副产品收益的树种的例子。如唐朝在长安、洛阳的道路两侧种植果树为行道树，北宋的东京（今开封）宫城正门御道两侧种植果树使之春夏之间繁花似锦，秋季果实累累。

如今我们进行街道绿化，首先要满足街道绿化的各种功能要求，同时也可根据各地的特点，种植具有经济收益的树种。如广西南宁街道上种植四季常青、荫浓、冠大、树美的果树如扁桃、木菠萝、人面果、橄榄等1万多株；陕西咸阳在市中心种植多品种的梨树，年年收益；甘肃兰州的滨河路种植梨树也取得了很大的成功；广东新会的蒲葵做日用品如牙签等畅销国内外；北京的街道也种植了一些粗放管理的果树如核桃、梨、海棠、柿子等，槐树、合欢、侧柏可采集大量果实种子入药。行道树绿化线长、面广、数量很多，在增收副产品上有很大潜力。

5. 组成城市绿地系统

城市道路绿地在构成城市完整的绿地网络系统中扮演着重要角色。城市道路绿地像绿色纽带一样，以"线"的形式联系着城市中分散着的"点"和"面"的绿地，把分布在市区内外的绿地组织在一起，联系和沟通不同空间界面、不同生态系统、不同等级和不同类型的绿地，形成完整的绿地系统网。做好城市道路绿地的规划建设，对增加城市绿地面积，提高城市绿地率和绿化覆盖率，改善城市生态环境等都起着不可替代的作用。

6. 提高城市抗灾能力

城市道路绿地在城市中形成了纵横交错的一道道绿色防线，可以降低风速、防止火灾的蔓延；地震时，道路绿地还可以作为临时避震的场所，对防止震后建筑倒塌造成的交通堵塞具有疏导作用。

11.2 城市道路植物景观设计基础

11.2.1 城市道路植物景观设计常用的技术名词

道路绿地名称示意图如图 11-1 所示。

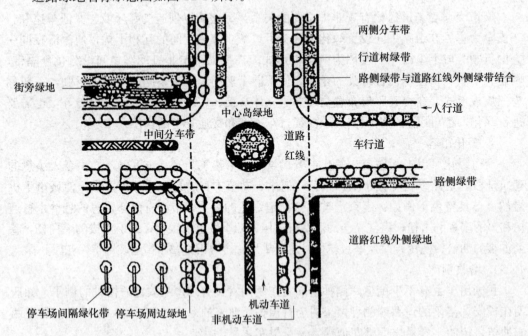

图 11-1　道路绿地名称示意图

红线：在有关城市建设的图纸上，划分建筑用地和道路用地的界线，常以红色线条表示。

　　道路分级：我国城市道路一般分为三级，即主干道（全市性道路）、次干道（区域性道路）、支路（街坊道路）。道路分类的主要依据是道路的位置、作用和性质。

　　道路横断面：是沿道路宽度方向，垂直道路中心线所作的剖面，它能显示出车行道、人行道、分车带及排水设施等。

　　道路总宽度：也称路幅宽度，即规划建筑线之间的宽度。它包括道路横断面的多个组成部分。

　　道路绿地：道路及广场用地范围内可进行绿化的用地，可分为道路绿带（包括分布带绿地、人行道绿地、路侧绿地、街道小游园绿地）、交通岛绿地、广场绿地和停车场绿地。

　　道路绿地率：道路红线范围内的各种绿带宽度之和占总宽度的百分比。

　　分车带：车行道上纵向分隔行驶车辆的设施或绿带，常高出路面十余厘米，也有在路面上以漆涂纵向白色或黄色标线，分隔行驶车辆，称为"分车线"。

　　分车绿带：车行道之间可以绿化的分隔带，其位于上下行机动车道之间的为中间分车绿带；设于机动车道与非机动车道之间或同方向机动车道之间的为两侧分车绿带。

　　行道树绿带：布设在人行道与车行道之间，以种植行道树为主的绿带。

　　路侧绿带：在道路侧方，布设在人行道边缘至道路绿线之间的绿带。

　　交通岛及交通岛绿地：交通岛是道路上为便于交通管理而设置的一种岛状设施，一般可用混凝土或砖石围砌，高出路面十余厘米，并可绿化。它包括道路交叉口的中心导向岛、路口上分隔进出车辆的导向岛、高速公路上互通式立体交叉干道与匝道围合的绿化用地及宽阔街道中供行人避车的安全岛。交通岛绿地分为中心岛绿地、导向岛绿地和立体交叉绿岛。

　　广场、停车场绿地：广场、停车场用地范围内的绿化用地。

　　装饰绿地：以装点、美化街景为主，不让行人进入的绿地。

　　开放式绿地：绿地中铺设游步道、设置座椅等，供人进入游览休息的绿地。

　　通透式配置：绿地上配植的树木，在距相邻机动车道路面高度 0.9～3.0m 的范围内，其树冠不遮挡驾驶员视线的配置方式。

　　安全视距：指驾驶员在一定距离内能随时看到前面的道路及在道路上出现的其他车辆或障碍物，以便能有所反应的最短通视距离。其计算公式为

$$D=a+tv+b$$

式中　D——最小视距；

　　　a——汽车停后与危险带之间的安全距离，一般为 4m；

　　　t——驾驶员发现异常情况必须刹车的时间，一般为 1.5s；

　　　v——规定的行车速度（m/s）。

　　刹车距离为

$$b=v/2g\Phi$$

式中　b——刹车距离（m）；

　　　v——车速；

　　　g——重力加速度，取 9.81m/s；

　　　Φ——汽车轮胎与路面的摩擦系数，在结冰时为 0.2，潮湿时为 0.5，干燥时为 0.7。

11.2.2　城市道路的绿地率指标

我国《城市道路绿化规划与设计规范》（CJJ 75—1997）规定，在进行道路绿化的设计时，应确保达到以下标准：

1）园林景观路绿地率不得小于 40%；

2）红线宽度大于 50m 的道路绿地率不得小于 30%；

3）红线宽度在 40～50m 的道路绿地率不得小于 25%；

4）红线宽度小于 40m 的道路绿地率不得小于 20%。

11.2.3　城市道路绿地横断面形式

城市道路绿地横断面形式是规划设计所用的主要模式，常用的有一板二带式、二板三带式、三板四带式、四板五带式及其他形式（图 11-2）。

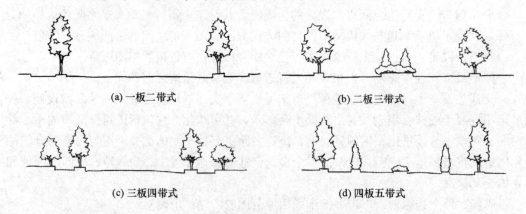

(a) 一板二带式　　　　　　　　　　　　　(b) 二板三带式

(c) 三板四带式　　　　　　　　　　　　　(d) 四板五带式

图 11-2　城市道路绿地横断面形式

1）一板二带式：道路绿地中最常用的一种形式。在车行道两侧人行道分割线上种植行道树，简单整齐，用地经济，管理方便。但当车行道过宽时行道树的遮阴效果较差，不利于机动车辆与非机动车辆混合行驶时的交通管理。

2）二板三带式：在分隔单向行驶的 2 条车行道中间绿化，并在道路两侧布置行道构成二板三带式绿地。这种形式适于宽阔道路，绿带数量较大，生态效益较显著，多用于高速公路和入城道路。

3）三板四带式：利用 2 条分隔带把车行道分成 3 块，中间为机动车道，两侧为非机动车道，连同车道两侧的行道树共为 4 条绿带。虽然占地面积大，却是城市道路绿地较理想的形式。其绿化量大，夏季庇荫效果较好，组织交通方便，安全可靠，解决了各种车辆混合互相干扰的问题。

4）四板五带式：利用 3 条分车绿带将车道分为 4 条，而规划 5 条绿化带，使机动车与非机动车辆均形成上行、下行各行其道，互不干扰，利于限定车速和交通安全。若城市交通较繁忙而用地又比较紧张，则可用栏杆分隔，以便节约用地。

5）其他形式：按道路所处地理位置、环境条件等特点，因地制宜地设置绿带，如山坡、水道等的绿化设计。

道路绿地横断面形式及应用特征见表 11-1。

表 11-1　道路绿地横断面形式及应用特征

道路绿地横断面形式	车行道（条）	分隔绿带（条）	人行道绿带（条）	应用特征
一板二带式	1（机动车道与非机动车道不分）	—	2	适用于机动车交通量不大的次干道和居住区道路，机动车与非机动车混行，以路面画线组织交通或不做画线标志
二板三带式	2（机动车道与非机动车道不分）	1（道路中间）	2	适用于机动车交通量较大而非机动车流量较小的地段，可减少车辆对向行驶时的互相影响，但仍未解决机动车与非机动车混行问题
三板四带式	3（1条机动车道，2条非机动车道）	2（机动车道与非机动车道之间）	2	有利于解决机动车与非机动车混行问题，适用于机动车交通量大、车速要求高、非机动车多的地段。道路红线宽度一般在 40m 以上
四板五带式	4（2条机动车道，2条非机动车道）	3（有时绿带被栏杆或隔离墩代替）	2	适用于大城市的交通干道，各种车辆均单向行驶，保证了行车安全，但用地面积较大，建设投资大；适用于机动车速度高、交通量大、非机动车多的情况。道路红线宽度一般在 50m 以上

11.2.4　城市道路景观的基本特性

城市道路景观是各种物理形态的综合体，包括道路地形、植物、建筑物、构筑物、设施、小品等多方面的元素。一个完美的道路景观应融入科学、艺术等多方面的成就，包括生态学与行为学的成果，将自然与人居环境进行合理的配置、重组及再创造，具有时效性及前瞻性。道路景观设计的成功与否要看它是否符合一些基本特性。

1. 道路景观的人性化特性

美国学者 Kevin Lynch 曾经将道路描述为定向的交通活动与不定向的人的活动的统一体，即交通运输的通道也是人们户外生活的重要场所。这说明道路中人与车应当存在着一种和谐的共融关系。随着社会的发展和技术的进步，这种共融关系渐渐被所谓的"汽车模式空间"所代替，人性空间被一度淡漠或忽视。当然，随着现代城市大园林的建设，人们正在探索着一种新的共存结构，创造出一种新的人性空间。

2. 道路景观的空间特性

道路空间尺度的确定首先取决于其道路交通的性质，应该符合其满足运输的功能要求。同时，两边的建筑与道路的宽度也构成道路的空间特性，决定着一条道路的活动适宜度。根据有关学者针对人的视觉感受的研究，道路的宽（路宽）高（周边建筑的高）比（D/H）应控制在 2：1～1：1 之间比较合适，在此范围内既有一定的安定感，又不会产生压抑的感觉。

3. 道路景观的视觉特性

城市道路的空间视觉建立在道路两侧建筑物之间的范围内，所以各类物理元素构成了道路的视觉景观。道路是人的各种速度共存的空间，除了行驶汽车中的人，还有骑车的人、步行的人及休憩的人，人以不同的速度在移动过程中对景观的感知能力和范围都有所不同。人的步行速度一般在 3.0～4.5km/h，但带有一定的随意性和不确定性，对景观的感受程度取决于他们的行动，如购物、闲逛、观赏等；而骑车的人，平均速度为10～15km/h，思想较为集中，视线一般落在道路前方 10～30m 的地方，有时会注视到路边 8m 远的地方；对机动车来说，人的视觉处在连续与运动中，可以把各个相距较远地段上的物体串成一体，以此获得对道路的整体印象。对驾驶员来说，速度越快，注意力会越集中，视野距离越大，观察范围越小，对景观细部的注意会相对减弱，景观序列也随速度的不同而不同。

11.3 城市道路植物景观设计作用及原则

城市道路植物造景是对城市道路生态条件的改善，也是对道路景观的再创造，它的美感来源于植物对人们心理和生理所产生的美学效应。这种美有助于增进身体健康，提高工作效率，对社会和经济都有良好的影响。

11.3.1 城市道路植物造景的作用

1. 景观作用

1）组织空间：植物造景是对道路的空间进行有序、生动而虚实结合的分割，有别于硬质景观（如街道护栏、路障等）对空间的机械性分割。人们通过合理地配植绿地植物的形、态、质，使道路的各个空间形成统一的整体，并通过植物的四季生长变化表现出自然的生命力，使道路成为有亲和力的情感空间；还可利用植物形成的遮挡，将行人的注意力进行潜意识的引导，使所见空间有较大的深远感。另外，植物能使空间更显而易见，更易识别和辨明。例如对弯道的强调、对前方线路变化的预告及对交通路口的突出。植物特殊的大小、形状、色彩、质地或排列都能发挥识别作用。

2）统一街道立面：城市街道两侧往往也是建筑物林立的地方。每种建筑都有各自不同的风格、立面设计、装饰手法及材料，形成变化丰富的街道景观，但有时这种变化会显得过于庞杂与零乱，造成人为的视觉干扰。这时植物可以充当一条导线，将环境中所有不同的部分从视觉上连接在一起。植物作为一种恒定的因素，可以把其他杂乱的景色统起来。所以，道路的植物绿化造景可以在一些建筑之间起到协调的作用，给道路赋予较为统一的色彩基调，降低道路两侧纷乱的视觉效果。

3）体现自然与人工结合的艺术之美：植物材料本身的形态美、色彩美、季相美与风韵美，体现了自然界的美丽，经过人为的精心设计、种植及修整养护，在空间上、平面上都会产生较强的艺术感染力，给行人以心旷神怡的景观效果。同时，对司机与乘客来说，会有一种运动中的视觉享受，减少行车过程中的疲倦心理。另外，植物可以很好地柔化道路的硬质景观，种植树木可使呆板、生硬的建筑物和硬质铺装为主的城市环境显得柔和并富有人情味。

2. 实用功能

1）规划交通：植物材料所形成的分车带绿地、人行道绿地及环岛绿地，可以有效地达到人车分流、疏导交通、规范人与车行为空间的作用。

2）遮阴送凉：通过植物的空间造景可以为行人和非机动车道提供必要的阴凉，并且降低地表温度，提高道路利用的舒适度。但目前有的城市一味追求平面的绿化效果，将绿带全部弄成以矮灌木、草花、草坪为主的花坛式造景，却忽略了行人与非机动车对遮阴的需求，从而使这种绿化只起到一种浮华的虚饰作用，在夏日里不能使行人避开炙烤之苦，缺少人性化的设计与考虑。

3）隐蔽作用：当街道两侧存在有碍观瞻的构筑物或引起行人反感的景观时，可通过植物造景进行遮挡绿化，一般可采用紧密的中高绿篱或树屏来达到美化的目的。

4）防护作用：道路绿地具有有效地降低交通噪声、减少空中浮尘、减弱风力、防火等作用。绿地对降低汽车噪声的作用很明显，最好的消声组合形式是乔、灌木结合，中间有一定的常绿树种，组合成复层结构绿化带，可取得较为理想的效果。我国城市不同林带类型的消声效果见表 11-2。

表 11-2　我国城市不同林带类型的消声效果

绿地类型	绿带宽度（m）	绿带距声源距离（m）	通过绿带后的衰减量（dB）	相应空地衰减量（dB）	绿化树木净衰减量（dB）
无绿化	25m 空地	0	10	—	—
悬铃木（3 行）	25	0	16	10	6
悬铃木（1 行）	10	6.5	7	6	1
龙柏、海桐、水杉、山核桃（4 行）	13	35	6	2	4
雪松、水杉、山核桃（4 行）	22	18	15	7	8
毛白杨纯林带	34	8	16	11	5
雪松、松柏林带	18	6	16	6	10
椤木、海桐、绿篱	4	11	8.5	2.5	6

3. 生态功能

1）改善城市小气候：城市道路绿地是城市绿地系统"点""线""面"中的"线"，也是城市生态系统的一部分，它可以通过植物对空气、热量的调节作用，改善道路的微气候，降低城市的"热岛"现象，增加空气湿度，并能通过绿地与周围非绿地之间所产生的温差，形成气压梯度，造成局部小环流，促使空气流动，为行人提供更为怡人的感觉。

2）净化空气：城市绿地道路也是很有效的道路空气"洁净器"，能有效减少道路上汽车尾气、交通噪声及烟尘所形成的物理污染及化学污染，如二氧化硫、氟化氢等，而且也能有效地防止空气中的生物污染，降低细菌含菌量。常见树种的单位面积滞尘量见表 11-3，几种树种的杀菌时间见表 11-4。

表 11-3　常见树种的单位面积滞尘量

树种	滞尘量（g/m²）	树种	滞尘量（g/m²）
榆树	12.27	丝棉木	4.47
朴树	9.37	紫薇	4.42
木槿	8.13	悬铃木	3.72
广玉兰	7.10	石榴	3.66
重阳木	6.81	五角枫	3.45
女贞	6.63	乌桕	3.39
大叶黄杨	6.63	樱花	2.75
刺槐	6.37	蜡梅	2.42
楝树	5.89	加杨	2.06
臭椿	5.88	黄金杨	2.05
构树	5.87	桂花	2.02
三角枫	5.52	海桐	1.81
桑树	5.39	栀子	1.47
夹竹桃	5.28	绣球	0.63

表 11-4　几种树种的杀菌时间

树种	杀菌时间（min）	树种	杀菌时间（min）
雪松	10	悬铃木	3
白皮松	8	柠檬桉	1.5
柏木	7	黑胡桃	0.08～0.25

3）固氮制氧：城市道路绿地作为城市绿地的重要组成部分，也可起到固氮制氧的作用。通常，绿色植物每生产 1g 干物质，吸收一氧化碳 1.47g，释放 1.07g 的氧气，并且随着日照强度的改变而发生强弱的变化。

11.3.2　城市道路植物造景的设计规划原则

植物造景是城市道路景观美学中的重要环节，它不仅涉及城市规划、环境景观设计、园林、园艺等相关理论，也与种苗的引进、生产、运输及施工种植等技术密切相关。同时，对植物本身来说，其色彩、形态、生态条件、栽培要求都千差万别，如何在植物选择与应用上既能科学合理而又能尽可能减轻维护力度，节约人力、物力及资金的投入，这些都是在进行植物造景设计规划时应仔细研究分析的。一般来说，在进行规划设计时，应遵循以下几个原则。

1. 因地、因时、因材制宜原则

每个城市道路的模式、功能、地理位置、所处的环境条件以及微气候条件都有所不同，而这些又是植物造景的限制因素，所以，在进行道路植物造景时应首先考虑植物的适应性及环境特点。不同地区、不同季节有各自独特的生态条件，适合不同植物材料的生长。即使同一地区在小环境要素之间也有差别，例如地面铺装的形式与色彩、已有的绿化形式与规模、地形的高低变化及所在地点所应具有的功能等。所以，要根据各种道路的特点、自然条件并结合现有的物质基础、技术能力，选择适当的植物造景形式及合适的植物材料，将配置的艺术性、功能的综合性、生态的科学性、经济的合理性、风格的地方性等完美地结合起来。切不可盲目抄袭、生搬硬套。

2. 科学与艺术相结合原则

"优秀的种植设计是科学与艺术的结合。"城市道路植物造景的形式多种多样，艺术表现手法也丰富多彩，但道路植物造景除了其美化作用以外，还需考虑其功能的科学性、植物的种植设计、树木种类、配置位置等，应当按一定的量化标准来统一，如行道树的种植宽度、路口的行车视距、路侧绿带与建筑的距离、分车带的眩光防护等，在国家相关的行业规范中都有明确的规定。同时，道路上的植物景观是移动观赏的对象，行车的速度与人的视觉范围、适宜频度有着很大的关联。所以，植物的艺术造型及配置还应考虑到人视觉上的动态连续性，以营建出舒适、怡人的道路空间。

3. 远近结合原则

植物材料具有生长变化的特点，不同的生理阶段具有不同的体相及生命特征，也使观赏效果产生一定的变化和差异。在进行道路植物造景时，景观的稳定性及持续性也是重要的环节。不仅要有即时的绿化美化作用，也要有前瞻性的种植设计，应充分考虑远近效果的结合，做到近处着手、远处着眼。如落叶树种与常绿树种的搭配、一年生草花与宿根花卉的搭配、观花植物与观果或观叶植物的组合，营建出既有时空流转的场景变换，又有持续稳定的观赏效果的道路风景线。

4. 个性、特色、多样性原则

作为一个城市的骨架，道路植物造景也应结合城市所特有的人文内涵，突出人与环境的和谐、地方文化韵味及艺术创意的独到性。在造景上充分展现出当地的风情，从行道树的选择到街道小游园的设计，都应从整体上突出一个城市的个性特征。随着优良品种的引进及培育，道路绿化的树种也得到极大的丰富，这对设计者提出更高的要求。所以在进行道路绿化设计时，不仅强调植物的展示与环境的美化，更多的是一种个性与地方特色的张扬。

11.3.3　城市道路植物配置的原则

植物配置就是道路绿地的种植设计，它与道路的功能、类型及周围的环境条件密切相关，需根据具体情况，合理配置各种植物，以期发挥出植物最佳的生态功能与景观效果。

1）在植物的选择上要适地适树，创造地方道路的特点。多以有代表性的乡土树种为主，要分析道路的生态条件，灵活掌握，做到有的放矢，不能千篇一律，或是简单的模仿照搬。

2）在植物的应用上要形式多样，乔灌草相结合、常绿与落叶相结合、速生与慢长相结合，要营建多层次、长持续的景观效果，而不能只图短期的效益。

3）在植物的搭配上，要以完善道路绿地的实用功能为基础，大胆创新，树种要丰富多彩。不仅要在平面上达到一定的景观效果，还要在空间立面上有足够的美学价值，充分发挥植物对道路功能的强调与提示作用。

4）在植物配置的设计中，要杜绝华而不实的追摹之风。当今道路景观设计中的一个误区，就是盲目地追求视觉上的景观效果，忽略了道路植物造景的真正目的之所在就是要满足人性化的需求。例如，城市中经常有这样的道路绿地设计，人行道没有遮阴的行道树，路侧绿带为大面积的草坪、盛花花坛、模纹花坛等，美则美矣，但行人头顶烈日，根本无心观赏，况且这种设计往往需要比较严格的养护，需要大量人力、物力、财力的投入，属于一种"面子"景观，没有长远的意义；有时在行人流量较大的地方，步行道狭窄拥挤，路侧绿带却十分宽敞，影响了人与地的协调关系。

5）在植物的种植设计中，要充分考虑绿地植物与各项公共设施之间的关系，准确把握好各种管线的分布以及铺设的深度。另外，还要分析其他景观小品，如雕塑、置石、棚架、休憩座椅等的景观特征，如色彩、质地、材料、设置位置、环境效果等，然后选择合适的植物材料与之配植，以达到整体景观的和谐。

11.4 城市道路绿地植物造景的植物选择与案例分析

绿地是道路空间的景观元素之一。一般道路、建筑物均为建筑材料构成的硬质景观，而道路绿地中的植物是一种软材料，可以人为地进行修整，这种景观是任何其他材料所不能替代的。道路绿地不单纯考虑功能上的要求，作为道路环境中的重要视觉因素就必须考虑现代交通条件下的视觉特点，综合多方面的因素进行协调。

11.4.1 城市道路绿地植物造景的植物选择

1. 栽植条件

以下是城市道路绿地栽植的各种条件，要根据这些条件认真选择合适的栽植树种：

1）地域条件：栽植树种是在气候等地域的环境因素支持下生长发育起来的。根据适合生长的地域，栽植类型可分为极冷地域型、寒冷地域型、积雪地域型、温带型、暖带型、亚热带型等几种，应根据栽植类型来选择适当的栽植树种。

2）用地条件：一般街道的栽植宽度都很窄，栽植不可能独立地创造出自身存在、发展的条件，因此要考虑到适合外围环境条件的栽植形态，选择那些可以构成这种形态的栽植树种。

3）环境条件：对栽植来说，街道的环境并不是很理想，因此首先要选择生命力强的树种。特别是要选定那些可长期抵抗土壤干旱、汽车排出的废气和粉尘的栽植树种。

4）效果条件：对栽植功能效果的期待，则根据街道的性质和区间、周边设施的不同而有所差异，为了达到更高的功能效果的发挥，应选定那些有效的栽植形态和栽植树种。只是此时要综合考虑，注意选定可以充分发挥其他必要功能效果的栽植树种。

5）制约条件：需要注意的是道路栽植千万不可侵犯到建筑界限和视距空间，必须选定那些栽植枝叶的伸长界限不会超过栽植宽度的栽植树种。

6）管理条件：对栽植的管理当然越简单越好，为此最重要的是选择栽植管理较粗放的树种；同时，在树种的选定中，选择病虫害少、生长慢的栽植树种也是必要的。

7）更新条件：随着时间的积蓄，栽植的效果会增大，为此，更新的周期越长越好，把寿命长的栽植树种作为道路栽植的方法是有效的方法。

2. 树种性质

不只是街道，对构成栽植的树种来说，还必须选择与栽植条件性质相适宜的树种。那些种植在狭窄的栽植带里很难控制其在选定地点生长发育的乔木树种，或者简单地选择一些与街道环境不相协调的树种，无论从方便利用还是景观性方面都会出现问题，类似的例子并不少。相反，虽然有充足的空间却种植一些小乔木或灌木而无法提高栽植带绿色效果的例子也存在。又如，胡乱地将大乔木树种作为小乔木树种来处理，将蔓性树种作为乔木树种的做法，也是不可取的。

植物选择重要的是要按照设计的意图来选定可以合理组合栽植构成的树种。不违背树种的性质而成的栽植，在管理上可节约时间，还可保持良好的生长发育，并且可发挥基于树种所具有的特性而产生的绿色效果。

在栽植树种的选定过程中，对树种性质来说，应对其栽植分布、性状、特征、属性、耐性、商品性等进行分析。

1）栽植分布：保证正常栽植树木生长发育的前提条件是遵循栽植分布来栽植，根据使用范围事先从安全性的角度考虑也是必要的。

2）性状：如果不知道树高（大乔木、小乔木、灌木、蔓性）的区别，树枝长幅的区别，常绿、落叶、半落叶的区别，树形（球形、卵形、倒卵形、圆锥形、长形、尖形、扁形、松形、竹形、覆地形、顶状、草状、蔓形、枝垂形等）、根系（深根性、浅根性）的区别，栽植则不能按照预想的那样发挥作用。

3）特征：如果知道树形、新叶、干（色、肌理、斑纹）、叶（形、色）、花（大小、形、色、香）、绿量等特征，就有实现栽植在景观上的特征效果的可能。

4）属性：有必要深刻认识植物生长发育的特性（快、慢等）、迁移的特性（寿命短、不用依靠其他手段而繁茂等）、有无致命的病虫害（包括影响其他植物的中间媒体）。

5）耐性：耐性包括与气候有关的耐寒性、耐雪性、耐风性、耐潮性，与环境有关的耐阴性、耐旱性、耐湿性、耐烟性和与人行为有关的耐移植性、耐修剪性。与气候有关的耐性对栽植选定地点的条件有重要的意义，耐旱性和耐烟性对大多数街道栽植都有重大的意义。

6）商品性：在实施上最大的栽植制约条件就是栽植树种在市场中能提供多少及其价格的高低，事先把握以上情况无论如何都是必要的。

7）其他：配合栽植形态，根据栽植是否适合进行混植、群植、孤植、树篱、组合造型、修剪，将树种分类，由此选定树种。

3. 季节变化

街道的构成元素大多是无机物质，只有栽植是唯一的生物，随着改变而变化。植物的四季变化不但能产生调节气温等效果，对提高街道的功能也是有益的，在景观构成上的意义更大。适当地组织有季相变化的栽植能为街道景观带来不少生气。

在季节的变化中存在叶簇变化的情况，在景观上被看成有效果的季节变化，既包括与叶簇繁茂状态下的树姿不同的显著变化，也有叶簇等新绿、红叶、落叶、开花结果的变化。常绿树种也被认为存在季节变化，而落叶树种的季节感则更加丰富。

1) 新绿：无论落叶树种还是常绿树种，新绿（新的叶子长出时）都很显眼。特别显著的新绿一般是叶数众多、色彩鲜艳并且有独特色彩的树种。这样的树种有银杏、落叶针叶树、垂柳、榉树、桂树、樟树、冬青、白檀、正木、枫树等。

2) 红叶：红叶与气候和气象无关，在树种中红叶的栽植并没有什么实际意义，但如将这种异常显眼的景观引入街道栽植中就很有效。在典型树种中，红叶木有榉树、枫树类、樱树类、花楸树、黄栌、山茱萸、满天星等，黄叶树有银杏、白杨树、桂树、七叶树等。

3) 落叶：一般在景观上被认同的落叶树姿具有枝密、干直的性质，其中在形态和树干肌理上有特点的树种为落叶针叶树、白杨树、榉树、白桦树、七叶树等。

4) 开花：街道栽植的花卉在景观上有效果的只限于那些在树冠中花的比例比较大的树种，特别明显的是落叶树种开春时的花朵，也有在其他季节引人注目的树种。在这些树种中，春天开花的有雪柳、樱树类、海棠、椿树、丁香、山茱萸、杜鹃花类、连翘等，春季至夏季之间开花的有八仙花类、麻叶绣线菊、山茶等，夏季开花的有紫薇、金丝桃、夹竹桃、大花六道木等，秋季开花的有木槿、锦带花等，冬季开花的有蜡梅等。

5) 果实：对街道景观有效的仅限于那些果实色彩艳丽、数量多的树种，这样的树种有花楸树、火棘、阔叶十大功劳等。

4. 地域性

与街道的其他构成元素相比，栽植能给街道带来地域特征，而且更有效。在街道上布置可表现地域特征的栽植有很多好处。这样的栽植，在绝大多数情况下都适应地域的气候，生长发育良好，同时也容易使当地的居民产生亲切感，从其他地域的角度来看，还会产生特色景观的效果。

表现地域性的方法还有栽植的形态、构成和移植方法等，在大多数情况下可通过使用有乡土特色的树种来表现地域性，包括限制地域分布的树种、地域主要生产对象的树种、随气候表现特征的树种。

当将表现地域特征的栽植作为街道栽植时，在无论如何也无法满足街道栽植条件的情况下，有必要考虑将条件淡化。例如，当使用那些强调地域的特征性、具有特异树形的栽植时要考虑这种栽植景观上和街道整体的协调，而当代表地域的树种是果树时，必须事先考虑好果树管理的体制问题。

5. 树种选择的思路

就第二次世界大战前后复兴时期古典的林荫树街道来说，像比例修长、优美的悬铃木那样的外来落叶乔木作为街道景观的主要树种被人们广泛使用。但近年来在带状连续的栽植带中将大乔木、小乔木、灌木混合密植的例子增多了，原因是树种选定的思想从古典的都市美渐渐向环境保护方向倾斜，这种变化或许也给人以启示。

前者对作为城市社交礼仪演出的街道树来说是一种追求优雅文化秩序的思想，后者倒不如说是基于生态秩序的立场来观察人类和植物关系的思想。这两种思想应该互相补充。无论哪一种都以古典的树种选定和栽植形式的品位作为根据，而不是可以将其任意混植或密植。对标志性的道路，可基于前者的思想，根据都市景观的变化和场所的不同来区别对待。

11.4.2　城市道路绿地植物造景设计案例分析

1. 林荫道

林荫道是指与道路平行并具有一定宽度的带状绿地，也可称为带状的街头休息绿地。林荫道利用植物与车行道隔开，在其内部不同地段辟出各种不同的休息场地，并有简单的园林设施，供行人和附近居民作短时间休息之用。目前在城市绿地不足的情况下，它可起到小游园的作用。它扩大了群众活动场地，同时增加了城市绿地面积，对改善城市小气候、组织交通、丰富城市街景的作用很大。例如：北京复兴门外大街花园林荫道、正义路林荫道，上海肇家滨林荫道等，在我国此类型的绿地正在逐渐发展。

1）林荫道布置的几种类型。

（1）设在街道中间的林荫道：即两边为上下行的车行道，中间有一定宽度的绿化带。这种类型较为常见，如北京正义路林荫道、上海肇家滨林荫道等，主要供行人和附近居民作暂时休息用。此类型多在交通量不大的情况下采用，出入口不宜过多。

（2）设在街道一侧的林荫道：由于林荫道设立在道路的一侧，减少了行人与车行道的交叉。在交通比较频繁的街道上多采用此种类型，同时林荫道也往往受地形影响而定。例如，傍山、一侧滨河或有起伏的地形时，可利用借景将山、林、河、湖组织在一起，创造更加安静的休息环境，如上海外滩绿地、杭州西湖畔的六公园绿地等。

（3）设在街道两侧的林荫道：设在街道两侧的林荫道与人行道相连，可以使附近居民不穿过道路就到达林荫道内，既安静，又使用方便。此类林荫道占地过大，目前使用较少，如北京阜外大街花园林荫道。

2）花园林荫道设计应注意的几个问题。

（1）必须设置游步路。可根据具体情况而定，但至少在林荫道宽 8m 时有 1 条游步路；在 8m 以上时，设 2 条以上为宜。

（2）车行道与林荫道绿带之间要有浓密的绿篱和高大的乔木组成绿色屏障相隔，一般立面上布置成外高内低的形式。

（3）林荫道中除布置游步小路外，还可考虑设置小型的儿童游戏场、休息座椅、花坛、喷泉、阅报栏、花架等建筑小品。

（4）林荫道可在长 75～100m 处分段设立出入口，各段布置应具有特色。在特殊情况下，如大型建筑的入口处，也可设出入口。同时在林荫道的两端出入口处，可使游步路加宽或设小广场。但分段不宜过多，否则影响内部的安静。

（5）林荫道设计中的植物配置，要以丰富多彩的植物取胜。道路广场面积不宜超过25%，乔木占地面积应为 30%～40%，灌木占地面积应为 20%～25%，草坪占地面积应为 10%～20%，花卉占地面积应为 2%～5%。南方天气炎热，需要更多的庇荫，故常绿树的占地面积可大些；北方则以落叶树占地面积较大为宜。

（6）林荫道的宽度在 8m 以上时，可考虑采取自然式布置；8m 以下时，多按规则式布置。

2. 步行街的绿化布置——以唐山市增盛路步行街为例

现代城市工业发达，人口集中，车辆频繁。特别是市中心区，在繁华的街道上只适于行人而不能让车辆行驶的情况下，就形成了步行街。步行街两侧均为集中的商业和服务性行业建筑。为了创造步行街，要有一个舒适的环境供行人休息、活动。许多国家重视步行街的绿化布置，有一些成功的实例，但在我国还没有一条纯粹的步行街，只有过渡性步行街和不完全的步行街，允许部分车辆短时间或定时通过，例如北京王府井、前门、西单，上海的南京路等。

在步行街上可铺设装饰性花纹的地面，增加街景的趣味性。在活动时间内必须有充分的灯光照明；还可布置装饰性小品和供群众休息用的座椅、凉亭、电话间等。在可能的条件下，还要种植乔木作庇荫之用。总之，步行街一方面充分满足其功能需要，同时经过精心的规划与设计，能达到较高的艺术效果。

1）唐山市增盛路步行街概况。增盛路步行街是唐山市的第一条步行街，全长408m，最宽处为40m，地形起伏，北高南低，高差为4.1m。增盛路步行街东接凤南居民小区，西临金星楼小区，南起唐山市最重要的东西干道——新华道，北至凤凰道，与凤凰山相互依托（凤凰山是唐山市中心一座海拔56m的山，依山而建凤凰山公园，凤凰道位于凤凰山公园南侧）。该步行街一经建成，便成为联系新华道与凤凰道的纽带。

2）设计构思和手法。增盛路步行街园林景观设计结合了唐山的历史文化，努力做到与周围环境协调统一、构思新颖、布局合理、手法独特、材料创新，达到了理想的效果，并成为唐山市中心区的重要园林景观之一。

（1）以规整和自然相结合的手法将整条步行街分隔为"二板三带"的休闲步道，中间为宽14m的绿化带，两侧为步行小路。小路外侧又添加一条绿化带，使步行街自然过渡到两侧的居民区，避免了其与居民区直接相连所产生的生硬感，创造出一个休闲、漫步、健身等"多维"的园林小空间。

（2）以整齐的几何形状将整块绿地进行分隔，其间采用疏林草地和自然布置随意、抽象流动的色块，点缀花灌木及应时花卉，并整块铺植冷季型草坪，路边栽植遮阴的行道树。

（3）运用植物造景手法时考虑其季相变化，或点缀，或成行，或遮挡，造就一个四季常青、三季有花的丰富多彩的植物景观。特别是对原有植物景观加以保护，如靠近北端广场有一株较古老的刺槐，冠大荫浓，极具观赏价值和生态环境价值，成为步行街上一处独特的景观。

（4）设置体现自然、质朴的原石料的休息座椅和富于现代感的路灯。路灯灯头设计为梅花形，新颖、大方；道路采用彩色水磨石便道板铺砌，台阶用花岗石砌筑，铺装水准高，既方便居民，又具有充实感。

3）植物配置。为了与两侧居民楼相协调，在整个步行街外侧规划栽植树形优美的玉兰和合欢。玉兰早春先花后叶，以其芳香馥郁、洁白硕大的花朵早报春讯；合欢夏开淡红色花朵，树冠形似伞盖，叶似翠羽，在柔和的绿草烘托下，更增加"绿色明珠"的感染力。另外，在步行街上穿插配置色彩艳丽的应时花卉和季季开花的花灌木，其绿色葱郁、鲜花似锦的景观，更为此路增添了许多野趣与美感。

为烘托全部绿色景观，增加步行街的宽阔感，以常绿的冷季型草为绿色主基调，突出了其常绿宽阔的美感。为了使周围环境与整个步行街协调有致，融为一体，又对两侧居民小区进行了绿化改造，在整体景观的效果上，步行街犹如绿色世界中的一块绿宝石，使人感到心旷神怡、流连忘返。

3. 路侧带状滨河绿地——以宁远九亿商业步行街沿江风光带为例

滨河路是城市中临河湖、海等水体的道路。由于一面临水，空间开阔，环境优美，再加上很好的绿化，是城市居民休息的良好场地。滨河路一侧为城市建筑，另一侧为水体，中间为道路绿化带。

1) 在绿化带中布置一般要注意的问题。

(1) 滨河路的绿化一般在临近水面设置游步路，最好能尽量接近水边，因为行人习惯于靠近水边行走。

(2) 如有风景点可观，可适当设计成小广场或凸出水面的平台，以便游人远眺和摄影。

(3) 可根据滨河路地势高低设成平台 1～2 层，以踏步联系，可使游人接近水面，使之有亲切感。

(4) 如果滨河水面开阔，能划船和游泳，可考虑以游园或公园的形式，容纳更多的游人活动。

(5) 滨河林荫道一般可考虑树木种植成行，岸边设栏杆，并放置座椅，供游人休息。如林荫道较宽，可布置得自然些，设置草坪、花坛、树丛等，并有简单的园林小品、雕塑、园灯等。

(6) 滨河林荫道的规划形式取决于自然地形的影响。地势如有起伏、河岸线曲折及结合功能要求，可采取自然式布置；如地势平坦、岸线整齐、与车道平行者，可布置成规则式。

2) 宁远九亿商业步行街概况。宁远九亿商业步行街位于湖南省宁远县城中心，总占地面积 30000m² 以上，商业步行街南面的沿江风光带占地 16000m² 以上。沿江风光带全长 650m，宽 10～30m 不等，西起重华桥，东至五拱桥，南临清水河，东北面是文庙广场，北面临街为步行街的黄金商铺，西北角为宁远县人民医院。项目致力于使空间中充满绿色，创造出优美的亲山、亲水、亲自然的环境。

3) 沿江风光带内景观布局设计。整体布局以商业步行街南面主马路、靠沿江护栏卵石游路及风光带内卵石路为游览路线，将风光带内的绿地、广场、小品及所有景点相连接，以路为景观"线"，以广场、古建小品为景观"点"，以大块绿地为景观"面"的整体布局，将园区内的建筑小品、雕塑、植物、道路、广场、景观灯、背景音乐等融为和谐的整体。

道路设计方面，风光带较多采用了卵石拼花路面，部分地方用了建棱砖、火烧板、广场砖、水洗金砂等。道路是全园的骨架，在功能上能满足游人的通行，在景观上则可以连接所有景点和广场。建筑小品设计方面，因宁远的沿江风光带东北面是文庙广场，南面是清水河，因此考虑在清水河边建造了重檐亭、古轩及长廊，以与文庙取得协调一致。绿地设计方面，以大面积的草地和大片的小灌木模纹景观作为风光带的基调，在广场的主入口和较多重要部位采用花灌木及地被植物造景和造型，使绿化与美化相结合，色彩上强调整体感。在景区的主要部位以造型树桩或特大乔木为主景，在较次要部位以密植的乔、灌木群为背景；全园以植物造景为主，广场及小品造景为辅，强调俯视与平视两方面的效果。

4) 沿江风光带园区内的植物配置。沿江风光带在进行植物配置时，可以通过不同色彩的植物搭配出丰富的色彩，借以显示季相的变化。宁远沿江风光带植物配置以常绿乔木、花、灌木为主，适当采用落叶乔、灌木和彩叶树木；在主要部位和广场种植高大名贵乔木或造型树种，在次要的景观部位，以种植绿化中苗、小苗为主，并且保证园区四季有花可赏、有景可观，遵循经济原则和可持续原则。以绿色、生态、环保为主旋律，形成春之花、夏之绿、秋之艳、冬之劲的景观效果。

宁远沿江风光带根据各种植物的季节特点，对季相变化植物和四季观花植物做了如下配置：春季樱花、白玉兰、紫玉兰、春杜鹃、红桎木、红叶桃、茶花、美人梅、迎春花、月季、红叶石楠、红枫、金叶女贞、花桃、垂柳、樟树、金边七里香等；夏季花石榴、栀子花、广玉兰、四季桂、鸢尾、紫薇、红桎木、夹竹桃、红叶李等；秋季紫薇、桂花、红桎木、花石榴、红枫、银杏、栾树、红叶李等；冬季蜡梅、茶梅、美女樱、雪松、黑松、红桎木、杜英、月月桂、黄金碧玉竹等。

5) 宁远九亿商业步行街沿江风光带的景观效果。宁远九亿商业步行街沿江风光带景观以"绿"为景观基调，借"河水"为景观背景，以"古建"等小品画龙点睛，以"游"为景观主轴，充分运用透、掩、映的造园技巧，将风光带和园林景观设计成可"居"、可"游"、可"休闲"、可"运动"的优雅生态式园林环境。同时，准确地把握了宁远的气候与人文环境特点，巧妙地将阳光、空气、水三大健康和生态的主题融入建筑空间中，实现了现代景观空间观游结合的设计理念。在每个景观细节布置中，则充分考虑以人为本，注重风光带功能的实用性，做到整体上绿化、重点上美化、局部上强化，与繁华的商业步行街有机地结合，从而使风光带的景观效果达到"四化"（绿化、香化、净化、美化）。宁远九亿商业步行街沿江风光带设计了一个优质的生态住宅环境，使商家、消费者及休闲人群能亲身感受到清新的空气、和煦的阳光、芬芳的气息、悦耳的声音、流动的河水、丰富的色彩、精致的生活理念、和谐而繁华的小区氛围。

课后习题

1. 常见城市道路横断截面布置形式有哪些？
2. 林荫道造景特点有哪些？
3. 与城市道路景观相比，高速公路植物造景有何特殊之处？

第12章

校园植物景观设计

12.1 校园绿化概述

校园是学生求学发展的学习环境。校园绿化是以各类花草树木为主，以其特有的美化和防护功能起到净化空气、减小噪声、调节气候等改善环境的作用，使学校成为清洁、优美的学习环境和活动场所。校园绿化旨在提升校园环境的品质，为师生营造一个陶冶情操、增强环保意识的户外空间。它是校园环境的重要组成部分，更具有积极、重要的意义。校园绿化在美化校园环境的同时还能提高学生的审美情趣，增强师生爱护植物和热爱学校的情感。本章对校园绿化及绿化植物材料的选择进行探析，旨在为建设绿化、美化、香化、净化的美丽校园提供参考依据。

12.1.1 校园绿化的意义

优秀的学校不仅体现在教学质量方面，而且体现在优美的校园环境上。校园绿化是高校发展的重要物质基础，更是校园精神文明的窗口。校园绿化是关乎学校精神文明建设的一项内容，绿化水平的高低也是该校文明建设的一个侧面体现。校园绿化作用于多方面：一个良好的绿化环境可以供师生晨读和休憩，陶冶师生的高尚情操，使师生从花草树木的"品格"中得到启迪，从而净化、感化心灵。花草树木在给人们带来生命力的同时，更带来美的享受；校园绿化可有效地改善校园小气候，使校内气温下降，空气湿度增加，从而增强人体的舒适感。盛夏绿化植物可以生阴降湿，严冬树木可以挡风御寒。校内的小气候环境与校外大的气候环境密切相关；校园绿化植物在亮化、美化环境及防风滞尘、调节气温的同时，通过自身的光合作用还可吸收二氧化碳，释放氧气，起到净化空气的作用。有些树种还能够在吸收有毒有害气体、降低噪声等其他方面起到特殊作用。

12.1.2 校园绿化的特点

1) 整体性：绿化应作为校园整体规划的一部分被纳入其中。整体性是指校园规划中要有统一的风格，避免零零散散，造成见缝插针式的填绿、挤绿，从而失去规划的意义。

2) 美观性：校园绿化还要体现艺术性，要在整体美、形体美、色彩美及造型美上符合人们的审美要求，给师生以身心愉悦之感。

3) 实用性：校园所种植物必须着眼于长远规划，以实用性为前提，在绿化、香化、净化校园的同时，为生物等学科教学服务，即改善教学环境、强化教育功能，事半功倍，尽量以较少的投入达到较好的效果。

4）多样性：多样性主要可以从以下几个方面体现：①落叶树种和常绿树种相结合；②乔木和灌木相结合；③速生植物与慢生植物相结合；④春夏秋冬景象要结合考虑，即喜阴与喜阳植物相结合；⑤宏观效果与微观效果相结合。

5）生态性：校园绿化与整个大环境绿化正向着保护环境、净化空气、调节气候、美化环境的高度发展，其生态功能的发挥也变得越来越重要。因此，校园绿化要充分发挥植物的生态功能，体现绿化的生态特色。

12.1.3 校园园林绿地的作用

园林植物具有神奇的净化空气、保护环境、美化环境的功能，也具有丰富的思想内涵，无穷的情感、趣味和魅力。园林植物与人类有着直接和间接的关系，其主要功能如下：

1. 陶冶情操

花草树木孕育着生命，向人们展示着各具特色的思想美、情感美、意境美、音韵美。在春、夏、秋、冬四季更迭中，花木也不断变幻着形态和色彩，给人们以鲜明的感知。

绿色、清洁、美丽的环境能使人们的心灵得到净化、智力受到启迪，使人振奋，充满希望和自信，从而获得更充沛的精力，投入紧张的工作和学习中。

2. 制造氧气

只有绿色植物才能提供人类赖以生存的氧气，同时吸收空气中的二氧化碳，使大气中的氧气和二氧化碳达到平衡。

据统计，地球上60％的氧气是由绿色植物提供的。如1hm²阔叶林在生长季节每天能吸收1t二氧化碳，提供700g氧气。另据测定，一个成年人每天要吸进750g氧气，呼出900g二氧化碳。而667m²树林每天可释放出49kg氧气，吸入67kg二氧化碳。这样计算下来，每个人只要拥有10m²的树林或25m²的草坪面积，呼出的二氧化碳就可以被绿色植物吸收，同时提供新鲜的氧气，满足人类生存的环境。所以我们说绿色植物是制造氧气的工厂，绿化了的地段是校园中的肺。

3. 保护视力

太阳发出的自然光有红外光、可见光、紫外光。红外光主要产生热量，可见光使我们见到五彩缤纷的世界，而紫外光有较强的光子能量，会对人的皮肤，眼组织如角膜、水晶体及视网膜等造成伤害。如今，由于空气污染加重，地球的臭氧层被严重破坏，阳光中紫外线的穿透量日益增加，紫外光的辐射更加剧烈，尤其是在持续高温的盛夏，紫外光的辐射更加剧烈，对人的威胁很大。研究证明，一个人照射紫外光的时间越长，老年时眼睛患白内障的概率越高。

绿色植物能阻挡阳光的直射，同时吸收阳光中对眼睛有害的紫外线，反射出适合于视网膜的绿光，减少反射光对人眼睛的伤害。

4. 调节气候

绿色植物可以调节空气的温度和湿度。它可以直接吸收日光能量，通过花木的光合作用和蒸腾作用而消耗许多热量。

据统计，在夏季，花木能吸收 60%～80% 的光能和 90% 的辐射能，从而使气温降低 3～5℃；草坪表面温度比裸露土地地面的温度低 6～7℃，比柏油路地面低 8～10℃；垂直绿化的墙面比裸露的墙面温度低 5℃ 左右。而在冬季，绿色树木可阻挡寒风的侵袭和延缓散热，使绿地形成冬暖夏凉的宜人小环境。另外，树木的蒸腾作用还可以增加空气的湿度。据测定，10.5m 宽的绿带可将附近 600m 范围内的空气湿度提高 8% 左右。

5. 净化空气

花草树木能阻挡粉尘飞扬。由于花草树木可降低风速，可使空气中携带的粒径较大的灰尘沉降于地面。而叶表面粗糙不平、多绒毛或分泌黏液和油脂的树木又能吸收大量的飘尘。如悬铃木、刺槐等可以使粉尘减少 23%～50%，使飘尘减少 37%～60%。蒙尘的花木经雨水淋冲后能恢复阻滞尘埃的作用，由此反复循环，从而净化空气。同时草坪具有防止灰尘再扬的作用，从而减少病毒、细菌的扩散，降低疾病的侵染源。据有关人员调查，通常空气中有近百种细菌，有些是病原菌。如在人口密集的商场内每立方米空气中含菌量为 400 万个，在林荫道上含菌量为 58 万个，而在公园内含菌量为 1000 个，在林区中仅有 55 个。这是由于许多树木能分泌出特殊的物质，这种物质具有杀菌的能力。

6. 降低噪声

噪声是一种环境污染。据测定，当噪声超过 70dB 时，会使人产生头疼、头昏、心跳、消化不良、神经衰弱、高血压等反应。绿色花木对声波有散射和吸收作用。据测定，40m 宽的林带可降低噪声 6～8dB。因此，绿地的存在可以给师生营造一个比较安静的学习环境。

这里，我们拿 667m² 树林来总结：667m² 树林每天能蒸发水分 120t，吸收 125604 万 J 热量；667m² 树林比无林地区多蓄水 20t；667m² 树林 1 年可吸收各种灰尘 2～4t；667m² 防风林可保护近 7hm² 农田免受风灾；667m² 圆柏林一昼夜能分泌出 2kg 杀菌素，可杀灭肺结核、伤寒、白喉、痢疾等病菌；在 667m² 树林中间，听不见林外的汽车发动机声。

7. 抗污染和监测作用

园林植物中很多品种具有吸附有害气体的功能。另外，有些花木对某些毒气非常敏感，在遭到有害气体侵袭后会呈现出不同的症状。因此，可以将一些敏感花木作为某些有害气体是否存在和确定其浓度大小的生物检测器，它们可以被称为"绿色卫士"。如银杏、丁香、夹竹桃、白玉兰、桂花等有较强的抗二氧化硫的能力，而水杉、黄杨对硫化氢抗性强，雪松对二氧化硫敏感，泡桐、海桐、槐树对硫化氢敏感等。抗性强的花木可以作为一些特殊环境绿化的先锋树种，而敏感树种可以作为监测环境污染的警报器。

8. 预报灾害

国外许多资料证明，花木有预报某些特殊灾害的功能。科学家经过长期的研究认为，在地震孕育过程中，地球深处产生带电粒子，在特殊的地质结构中，这些粒子被挤到地球表面，跑到空气中，会产生一种带电悬浮粒子或离子。这些粒子或离子在一些植物体内反应，产生了异常现象，因此，绿色植物的变化可以预报地震自然灾害。

如 20 世纪 70 年代，宁夏西吉县在地震前，距震中 66km 的地方，蒲公英在初冬开花；1976 年，辽宁海城地震前两个月，许多杏树提前开花；1976 年 7 月，唐山地震前，唐山和天津许多柳树枝梢枯死、竹子开花、果树结果后又再次开花。在国外，1976 年日本某处地震前含羞草小叶出现了反常现象，违反了白天张开、夜间闭合的常态。因此，人们可以通过仔细观察花木的变化来预测预报地震灾害的发生。

9. 应急避难

绿地可作为地震后人们临时居住的最安全的地方。事实证明，在绿地与周围用地相连处的大乔木，有效地阻止了毗邻建筑物的倒塌，同时也起到防火的作用。垂直绿化又强有力地阻止了飞落的瓦砾对人的伤害。高大根深的乔木可以作为水灾发生时人们暂时栖息的地方。树木花草还有保护农田、防止水土流失的作用。在国民经济中，树木花草是生产香精、药品、食用品及一些副产品的重要资源。

综上所述，花木是人类之友，是地球上顽强的生命之源。

12.2　校园园林绿地设计的指导思想

12.2.1　突出教育，富有趣味

校园是育人的环境，是培养学生具有健康的体魄、丰富个性的空间，它应使受教育者感受到个性成长的需要和心灵成长的力量。它应是积极向上、充满知识和趣味的室外大课堂。校园环境应寓教于绿、寓教于乐。它应创造良好的人文环境、自然环境。无论是从婴幼儿咿呀学语的托儿所、幼儿园，还是到人类精神文化荟萃的高等学府，它们都是给予人类知识文化、进行道德修养、树立人生观的摇篮。

校园绿化设计要给青少年创造一个积极向上、和谐美丽的意境环境，使它既有视觉效果，又会使置身于此环境者产生心理联想，它犹如一个无声的课堂。在这个大自然的课堂里，一花一草一木都孕育着丰富的思想内涵，有着高度的启迪感。它们对青少年的道德、品格、修养无时无刻不在起着潜移默化的影响。校园中良好的教育环境、自然环境，能满足他们生理及心理上的要求，从而使学生心地平和、情感端正，使其个性全面和谐地发展。

12.2.2　以绿为主，绿中求美

校园环境主要由花草树木的绿色空间、建筑空间、道路、广场等组成。校园环境应充满绿色、清新、美丽怡人。只有自身永远绿色的植物才能净化空气，使空气变得清新。绿色植物使空气中有益健康的负离子增加，使有害健康的正离子减少，这对学习紧张的学生来说是非常有益的。因此，在校园绿化设计中应以绿为主，尽一切可能创造更多的绿色空间，为解除学生精神及视觉疲劳提供条件。但是绿的含义绝不是简单地栽几株树木，而是要在绿染校园的同时，创造一个丰富的、多元化的、体现自然美、艺术美、生活美、园林美的校园。优美的校园环境是通过园林工作者巧妙构思，将自然美与加工的艺术美相结合的环境。

清华大学提出要将校园建成"绿色大学"。绿色大学建设主要包括绿色教育、绿色

科技、绿色校园。绿色教育是指加强可持续发展教育与环境教育；绿色科技是指相关领域的研究和开发；绿色校园是指采取先进技术和严格、科学的管理方法，对校园内的空气、噪声污染、垃圾处理、污水排放等进行治理，使校园形成一个清洁、优美、生态良性循环的学习、生活环境。这是一个良好的开端，应引起各院校的重视。

12.2.3　因地制宜，突出特色

校园绿化设计的目的是巧妙地利用自然，将地形，花幕，树木，道路，场地，园林小品，水体，自然界的风、雨、雪、日、月、阴、晴等有机地编织在园林绿地之中，呈现出一个有明有暗、有动有静、有声有色、有虚有实、有隐有现、有开有合、有远有近、有情有义，极富感染力的无声课堂。

清华大学的校园景色像一幅画卷一样，各种各样的绿化设计恰如不同的线条和色块交相辉映，组成一个多彩的整体，既避免了建筑群的呆板堆砌组合，又能在一定程度上反映出一个学校的特色，成为学校文化不可缺少的部分。校园西部近春园的"零零阁"，以及著名学者朱自清笔下荷塘周围的"自清亭"、纪念闻一多的"闻亭"、水木清华等古典式园林设计，强调自然和谐，与大礼堂和主教学楼前开阔的、具有现代化风格的大草坪形成有机结合，既展现出这所世界著名大学充满活力的现代气息，又时时令人想起其校园的深远文化背景及代表的中华民族悠久的文化传统和底蕴。类似的绿化设计也出现在其他多所高校中，它们都分别体现着属于该学校自己的学术传统和治学风格。

由于各个院校的面积大小、经济条件、地理位置、周围环境、人文因素、管理能力等千差万别，因此，对园林设计的内容、水平、手法等不能强求一致，但应根据各自的实际条件因地制宜地进行绿化和美化，设置园林小品等，才能创造出实用、优美、清洁并为使用者喜爱和依恋的环境。

根据各年龄段儿童、青少年生理与心理特点设计的内容，应适应和满足他们的需要。如可在幼儿园、中小学设计植物角、动物角，使他们观察树木花草四季的变化，了解园林植物的奥妙，并亲身参加力所能及的劳动，增长知识，加强劳动观点，爱护校园，爱护花草树木，提高保护环境的意识。

在大学校园里，应充分利用地势、地形、水面及校园外的景色造景。校园环境应具有鲜明的时代特点和一定的艺术水平，具有高品位的思想内涵。校园内每分区应具有独特的绿化特点。园林建筑小品的造型、色彩、体量、尺寸等均应适合使用者的特点。

12.2.4　经济实用，景观长久

校园环境是育人的环境，不求奢华，要朴素大方。一般来说，学校的经费均较紧张。因此，要以最少的投资创造最大限度的绿色空间。忌大动土方挖湖、堆山、刻意造景，要充分利用原有地形，尽量借景来丰富校园景观。花木的品种应就地取材，多采用乡土树种，以减少运输费用，并可提高花木栽植的成活率。应以抗性强、便于管理的树木为主，适当点缀珍贵花木，创造一个四季常青、三季有花、冬暖夏凉、清洁、舒适、美观、高雅的环境。

为解决一般校园绿地狭小和资金缺乏的问题，应尽可能地采用垂直绿化，创造更多

的绿色空间。有条件的话，还可以考虑建造屋顶花园。注意乔木和灌木、常绿树种和落叶树种、快长树种和慢长树种的比例，避免造成在绿化后短期内需要更新的缺点。一般常绿与落叶树木的比例各占 35% 为宜。

12.3　校园园林绿地设计构图

校园园林构图是在一定的条件下，组合园林要素，使之相互融合，创造出具有教育意义、清洁、美丽、实用的育人环境。

12.3.1　构图要点

1）园林环境是一种立体空间艺术，它是以自然美为特征的，要充分利用校园原有的地形、地物等自然条件和人工建筑物、构筑物等。

2）园林构图是美的综合，它是以园林植物具有的特色美、绘画美、文学美、心灵美等，通过园林设计人员艺术美的创造而体现的。如某校园景观，其小游园由水池雕塑、花池、台地、草坪、园灯、花架及各种花木组成，生动活泼，富有综合美的景色。

3）校园绿地构图随大自然季相的变化而异。如在春、夏、秋、冬四季里，风、霜、雨、雪的出现，日落、日出、月圆、月缺等变化中，设计的景色也随之变幻无穷。

4）由于地域、气候条件、土壤质地的不同，植物的生态习性也发生着变化。因此，构筑的园林景观也应各不相同。

12.3.2　构图要求

1）要突出整个校园和每分区绿化的主题，这是构图的灵魂。构图一定要明确绿地的功能和使用目的。某校园办公楼前布置了一个书亭，书亭设计富有新意，酷似一本完全打开的书，内设座凳，为师生提供了一个学习、休息的高雅环境，突出了校园内的书香之气。

2）符合校园的经济实力和管理能力。

3）达到返璞归真、享受自然美的需求。体现绿美益智、诗情画意的效果。

12.3.3　构图规律

1. 多样统一

无论是哪一种形式的设计，都必须遵循一定的变化规律。变化是美和趣味的源泉，没有变化的园林不成为园林，它只能被称为枯燥乏味、呆板生硬的树林。在校园绿地中，变化是有限度的，要根据实际条件来确定。变化过多就没有规律，从而失去校园环境各个部分之间的共性，会使绿地无整体感，而显得支离破碎。成功的设计应使变化更和谐。在园林设计中常采用有规律的变化手法，如等距离配置同一品种树木，有规律地设置花坛、树池等，均是简单的多样统一。

2. 比例适度

无论是幼儿园还是大学学府的绿地，都是为受教育者服务的。因此，环境中的一切均应符合受教育者的生理和心理特点、习惯、爱好及使用标准。环境中的花木与建筑的体量、造型、色彩等应协调。应使以下比例在对比中产生和谐感：采用树木的常绿与落叶、针叶与阔叶、乔木与灌木、各季开花的花木品种、树木与草坪等的比例；绿篱的高度、厚度、花坛面积与空地面积的比例；树木分枝点高度与道路宽度的比例等。

总之，对比有大与小、上与下、左与右、明与暗、开与合、密与疏、粗与细、刚与柔、凹与凸、聚与散、虚与实等常见的对比关系。某校园建筑小品，花草树木相互依托映衬，形成高与低、开与合、刚与柔之对比。

3. 风格协调

树木与建筑的体量、风格、形态、色彩、外形、表面质地、粗细等要保持相同的风格。如建筑外形粗糙时，应选用基枝粗壮的花木品种；反之，建筑外形精美而轻巧的应选用柔细的花木。

4. 稳定均衡

整齐式是最基本的均衡。自然式的园林绿地也应保持有重心，给人以匀称、稳定、舒适之感，不应产生偏斜的现象。如色彩明亮度越高的绿地，其重量感越轻，兼有扩大之感。反之，明亮度越低，其重量感越重；越是规则式的形体，越显得重，并有缩小吸收之感。除此之外，如人们视线的感觉是直线短、斜线长等。这些因素在设计中都应当加以注意，才能做到构图稳定、均衡。

5. 富于联想

利用植物的形态、色彩等特性及人格化的语言、雕塑、英雄事迹、历史故事、民间传说、神话等启发人们的灵感，使沉浸在环境之中的人们产生无限的联想，使人和自然相互拥有，达到自然美、艺术美、生活美、社会美的高度统一。如某校园的雕塑，从抽象形态的雕塑中流出的滴滴清泉，汇集成叠泉而入水池，寓意知识的海洋，是由长久点滴汇集而成之意，使人们感到知识的真谛，促使师生持之以恒、勤奋读书。

12.4 园林植物的特性及使用

园林中花草树木在春、夏、秋、冬四季的更迭中，其形态、色彩不断地发生变化。如每逢春季来临，花木嫩绿的小芽开始萌动；春夏季，形形色色、五彩缤纷的花朵相继开放；进入秋季，果实累累，挂满枝头，更有许多花木的叶片呈现出娇艳的色彩；到了冬季，苍穹枝茎显露其形态美。

花木随着树龄的增长，形体、姿态、韵味也不断地发生变化。如柏树幼时为尖塔形、圆锥形，后来成为卵形；油松幼树呈卵状圆锥形，树龄越长形状越奇特，如迎客形等。幼嫩的树木呈现一片欣欣向荣的景色，苍老的花木则给人庄重的感觉。

由于各地自然条件的差异，花木品种的自然分布也不相同。各个地区都有其独特的、常见的花卉及珍贵树种。即使同一种花卉，因分布在不同地区，其形态、习性、物候期也会有所改变。因此，必须做到因地制宜，根据所处的地理条件，巧妙地选择各种乔木、灌木、草坪及地被植物，只有发挥它们各自原有的观赏特性和功能，才能创造出最优美的校园环境。

园林绿化设计中各种树木的配置没有一定的成规，应根据绿地的使用目的、使用对象、园林设计构图规律来选择，这里仅介绍一些使用的例子。

1. 北京地区

1）雪松、油松、圆柏等常绿树种，山桃、银杏、元宝枫等落叶乔木，连翘、榆叶梅、黄刺玫、丁香、太平花、紫薇、木槿、珍珠梅等灌木与羊胡子草坪相配置。其景色是 3 月下旬至 4 月初，早春缀满花枝的桃花，在苍翠的绿树映衬下分外美丽，告知人们春天的到来。4—5 月开黄色花朵的连翘、黄刺玫与红色的榆叶梅同时怒放，相互衬托，分外妖艳，其后紫色的丁香花散发出阵阵清香。在炎热的夏季，落叶乔木形成了浓郁的树荫，盛开的太平花、紫薇、木槿、珍珠梅的白色、红色的花朵在绿色浓荫衬托下更加艳丽。浓郁的太平花香更使人心醉。到了秋季，银杏金黄、元宝枫艳红色的叶片呈现出一片灿烂景色。冬季苍翠的常绿树耸立挺拔，迎风斗雪，逢降雪时银装素裹、分外动人。这里的景致一年四季各有特色，季季有花，四季常青，花香常在。

2）常绿乔木白皮松，落叶乔木杨树、元宝枫、山楂，落叶灌木碧桃、榆叶梅、紫枝忍冬、草本花卉芍药、玉簪、金针菜、荷兰菊相配置。

自春至秋花果不断。早春高大的杨树嫩芽萌动展现新叶，4 月碧桃花开，5—6 月各色芍药花、白色山楂花、紫红色忍冬花、娇红色碧桃花盛开。盛夏，叶硕大洁白如玉的玉簪花在绿树荫下散发着阵阵浓香，白色玉簪与黄色金针菜交相辉映。到了秋季，明丽素雅紫色的荷兰菊烘托着红艳果实的山楂树，白皮松苍翠的枝冠、乳白色斑驳奇特的树干成为美丽的冬景。

除此之外，各种花木及地被植物的配置也都各自呈现着独特美丽的景色。例如，早春黄连木萌动时嫩红之新叶及嫩绿色杨树；白色珍珠梅与红色贴梗海棠花，金黄色的棣棠、黄刺玫与紫色丁香，堇紫色具芳香的紫藤与黄刺玫、侧柏、太平花、萱草；具丰富色彩、花开达百日的紫薇；绿色草地中点缀红色碧桃、白花丝兰；绿色的草坪点缀金色女贞、黄杨球、红叶小集；毛白杨、金银木、羊胡子草；槐树、珍珠梅、紫花地丁；油松、丁香、白玉棠、剪股颖草地；榆、小花溲疏、二月兰；千头椿、胡枝子、玉簪；刺槐、麦冬、栾树、天目琼花、大叶铁线莲；泡桐、绣线菊、垂盆草等。

2. 长江流域

1）以常绿圆叶高大乔木广玉兰作背景树，配置开花小乔木白玉兰及叶片纤秀艳红的红枫、山茶花、含笑、火棘、珍珠梅。在绿色广玉兰衬托下，洁白的玉兰花更富有情趣。山茶及含笑、珍珠梅花红白相间并具芳香，入秋火棘红色喜人。

2）选取春叶色红艳的鸡爪槭和花色红黄、花香四溢、9 月下旬开花的丹桂，11 月果色鲜红的枸骨相配置，其景色呈现一片艳丽的色彩。

3）阳性落叶小乔木及 4 月开花的重瓣垂丝海棠；1 月开花，花色纯黄并有香气的磬口蜡梅；6 月开花，花香诱人的常绿灌木栀子花；4—5 月开白色花与绿叶同放的笑靥花；8—9 月各种花色的紫薇、宿根花卉白金针菜、白玉簪相搭配。

3. 华南地区

在华南地区可以营造热带风光。如选用高大喜阳的槟榔葵，呈尖塔形的南洋杉，花色洁白、花香浓郁的白玉兰，春季开白色花、果大色金黄并有诱人香味的柚子，红色具香气的鸡蛋花，全年花开不断的夹竹桃，7—10 月花红粉色的扶桑及色彩绚丽的变时木相配置。在树群下配置百子莲、金边千岁兰、斑叶鸭跖草、姜花等，景色美丽怡人，呈现一片热带风光。

12.5 园林小品的使用

12.5.1 校园园林绿地造景

造景是园林设计人员人为地在校园绿地中创造一种既符合一定使用功能，又有一定意境的景区、景点。造景时必须根据校园绿地的性质、功能、经济条件等因素，因地制宜地运用园林绿化构图的基本规律来进行。它应当符合统一与变化、均衡与稳定、对比与和谐、富有韵律等规律。

校园景色虽为设计人员所创造，但它是以园林植物自然美为特征的，其最具特色的是为学生们学习、休息、娱乐、陶冶情操而设置的空间环境。景色之美，是使身临其境者通过视觉、嗅觉、听觉、触觉等感官来体会的，从而引起人们触景生情。

12.5.2 园林小品在校园环境中的使用

园林小品在校园环境中是不可缺少的组成部分。在校园绿地中除美丽的花木外，常需设有为陶冶人的情操、激发人的志向、体现对使用者无微不至关怀的各种设备。它具有一定的教育意义，起着使用功能及装饰环境的作用。

校园园林建筑小品应具有丰富的思想内涵，表达一定的意境和情趣。它应尽量趋于自然、体量轻巧、造型奇特、制造精美，具有一定的艺术水平，以丰富园林特色、校园特色、地方特色。

园林小品种类极其丰富，如亭、台、楼、阁、廊、榭、假山、喷泉等较复杂的建筑及具有装饰作用、纪念作用和使用功能的雕塑、景墙、碑刻、校训石、格言石等，以及棚架、花坛、座椅、果皮箱、指示牌、路标等设施。

校园中的园林小品应朴素大方、生动活泼、经济实用、占地面积小，适宜校园点缀的小品如座凳、花坛、指示牌、宣传栏、花架、雕塑、景墙、碑刻等。在校园面积大、经济条件允许的情况下，也可设亭廊、桥榭，堆山置石。

1. 园椅、座凳

师生在课堂外促膝谈心、讨论问题、学习、休息、欣赏景色均以椅、凳为伴。椅、凳的首要功能是可坐性。座凳可设在树荫下、花坛边、花丛中、水溪旁。其质地可以是木质、水泥或石质的。座椅设置可活泼多样，设在两个矩形花坛交错之处。在各自花坛边设一座椅，既形成一体，又各自独立。在古木与大树下设置石凳也别有情趣。在丛丛松林中塑树兜形台，沿台一周设置座凳，师生在此学习、集会，别有一番返璞归真的情趣。以两个半圆形座凳将大树围绕，人们可在大树庇荫下学习。在座凳周边留出间隙，便于管理。在成片树林下，设置断树桩或用水泥制成树桩模样的坐处，既自然又和谐，既经济又实惠，与周围的环境成为一个统一的整体。在校园道路两旁凹处、广场周围等地方均可因地制宜地设置人们滞留的落座点。如设置花台时可考虑在其边缘兼作座凳。座椅、座凳间设置一花坛，将两者连成一体。座椅以曲尺形平面布置闭合空间，有良好的空间感。

椅、凳的规格要适合各年龄段使用者的需求。其设置地点在不同年龄段的校园内，也应有所区别。在幼儿园、中小学内，应设在安全处，设置在人们视线明显的地方，应尽量接近人群。高等院校师生数量多，他们除了在课堂上授课、学习外，还有充足的自由支配时间，可以在校园内活动。因此，应在校园中景色秀丽的河湖池畔、花间林下、绿树丛中、花坛四周等设置多处造型各异、各种可落座的设施是非常有必要的。椅、凳的设置给他们学习、休息提供了方便，会使他们产生亲切之感，并体现设计者对师生的关怀。这些椅、凳美丽的造型和怡人的色彩也美化了环境。

大学校园除在人们活动集中的地方设置园椅外，可有意识地在一些隐蔽的地方设置灵活的坐处，以创造较私密的环境，满足大学生的需求。无论设置什么形式的椅、凳，都要注意所处位置的小气候环境。应考虑此处一年四季中气温、阳光等方面的变化。它的处所应冬暖夏凉、遮风挡雨，能避开夏季阳光直晒及寒冬北风的吹袭。

2. 展览牌、橱窗、标牌

展览牌、橱窗是具有教育意义的设施。展览橱窗、标牌展出的内容广泛，如科技、文化、娱乐、国家大事、校园动态等。因此，它们对青少年起到持之以恒、随时随地宣传教育的作用，在校园中是不可缺少的园林小品。各种展览橱窗、标牌大多设置在人流来往频繁的地方，如校园、建筑物、道路旁、广场的出入口或周边、食堂门口等。在展览橱窗、标牌前应留有一定的场地空间，以供人们驻足观看，而场地应是平坦的，具有冬暖夏凉的条件。如果提供休息及可落座的环境，则更为理想。展览牌周围在不影响人们观看的前提下可栽花种草，使之美化。

在宽敞的场地可将展览牌形成一个局部小型的围合空间，形成一个独立的宣传、休息的小环境。在其中栽植各种花卉，使小环境更具吸引力。在窄小的地方布置展览牌时，应尽可能将其设置在边缘，以便充分利用空间。也可将多组宣传橱窗相连，在路边形成宣传廊的形式，有机地结合在入口处和围栏中。

标牌、指示牌起着引导方向的作用，多设置在路口，又起着点缀环境的作用。在大的校园中，各种指示牌是必不可少的，如路牌、广告牌等。各种标牌也尽可能与科学技术知识相结合进行设置。

3. 围栏

在建筑中围栏一般依附于建筑来设置，而在园林绿化中多为独立设置。它除具有围护作用外，又有装饰、分割空间、组织疏导人流及划分活动范围等作用。在园林中常采用植物材料做围栏，使之达到使用目的及美化的效果。如用圆柏、侧柏、大叶黄杨、小叶黄杨、女贞、紫叶小檗等，栽成绿色或彩色篱笆，形成幼儿园、中小学各班组区域的范围及各种性质不同的绿地。

在园林环境中常将围栏与座位相结合设计，形成一面是围栏，另一面是座位，或围栏和座位间隔布置。使其既有围护作用，又有落座使用功能，一举两得，既美观又实用。围栏多设在花坛、草地、树池周围，造型应优美、色彩明快、洁净。围栏的高度视其功能、使用目的及使用对象来确定。作为围护使用时可稍高，分割使用时高度在40～80cm。在校园中围栏也常成为绿地景观。绿色的围栏还可隐蔽和掩饰校园中不宜外露的地方，变丑为美。

4. 花架

花架是园林建筑与园林植物相结合的景物，是幼儿园、中小学、高等院校中常采用的小品。它既可作为绿地景色，又可供人们休息、娱乐和赏景。花架从造型上有单片式、独立式、直廊式和组合式。在设计中常将花架、亭、廊组合为一体，屋顶一端为廊，另一端为花架。

花架可以是木质、金属、混凝土或砖混结构。其体量、质地、造型、色彩必须和周围的环境相协调。花架的高度与所处空间的规模相适应，不宜太低，一般为2.6～3.2m，与人们观赏线距离相适应。校园中的花架造型要简单大方。

花架常种植多年生耐寒的木质花卉，如藤萝、凌霄、葡萄、金银花、猕猴桃、地锦、藤本月季等。这些藤本花木随季节的变化展叶、开花，景色变幻无穷。如果是临时的围栏，可采用一二年生的草本花卉，如此人们在浓荫芬芳的棚架下，静心思考、读书、休息等，具有无限惬意。

5. 雕塑

雕塑是造型艺术之一，一般可分为纪念雕塑、主题雕塑、建筑雕塑、陵墓雕塑和园林雕塑等。

校园中的雕塑往往是最富有生气、最能激发热血青年感知的标志。雕塑和人之间透视感的作用深入人的心灵之中。校园雕塑的主题是由多种因素确定的，大多和本校的历史沿革有着密切的联系，如为纪念学校创始人、英雄人物、有突出贡献的历史人物或具有特殊意义的活动。

雕塑作品往往有着深刻的教育意义，也是校园中的景点。如一些伟大的人物雕塑，使学子们不忘过去的历史，树立心中崇拜的偶像，定下向先人学习的决心。这些雕塑多有着浓郁的文化气息，也丰富了校园空间的内涵，突出了校园的特点。如在清华大学校园内为纪念爱国志士韦杰三而树立的人物雕塑，让今天的青年学生被他的赤子报国之心、勇敢的爱国行动深深地感动着，因而更加珍惜今天的幸福生活，为祖国的强大更加刻苦学习。又如西北某学院"知识门"雕塑，由3块墙体前后错位组成，可有效地组织人流导向的同时又起到景墙的作用。"知识门"洞是3个青年的头像剪影变形，象征着青年渴望知识、探索自然、向科学进军的决心。

雕塑设置的地点要和周围的环境巧妙结合，形成和谐统一的整体，使环境能充分衬托出雕塑的意义及主题。雕塑本身造型应简洁、朴素、大方。校园中的雕塑使环境灿烂辉煌，如颗颗璀璨的明珠，但不可到处设置。

6. 花坛

从某种意义上来说，花坛是一个大型的盆栽。花坛是将一种或多种较低矮的观花或观叶的花木有规律地栽植于一个几何形体的土地范围内。它边缘轮廓明显，轮廓内显示花草的群体美。

为了使校园景色丰富多彩，充满生机，根据不同地段的自然环境，花坛可灵活设置。花坛的形状、色彩、规模要和建筑或周围的环境相协调。在校园中，花坛多设置在大门内外、道路旁、入口处、广场中央、台阶两侧、树木基部、宣传牌或展览橱窗基座、重点绿化美化位置等处。花坛的形式活泼、造型别致，一般为几何图形，如圆形、椭圆形、扇形、方形、菱形等。

花坛采用的花木可以是草本花卉、宿根花卉、球根花卉、灌木或几种不同质地花卉有规律地组合。如毛毡花坛选用植株低矮、枝叶紧密、色彩协调、耐修剪的五色草。花丛花坛选用花色艳丽、花期较长、花期一致、花色相互映衬的品种布置成几何图形或呈中间高四周低或一面坡向的形式。作为中心或背景的花木一般是常绿品种。

无论什么形式的花坛均要求花卉色彩鲜艳，具有鲜明的季节感或明确的主题。花坛本身的轴线必须和所在地的建筑物轴线方向一致。花坛外部的轮廓线也应与建筑物边线相邻的路边线一致，这样才能协调、美观。

7. 花台

花台为将花卉栽于高出地面的台地，一般适合栽植一些忌水涝或珍贵的品种，常布置在大门两侧、假山旁、草坪中或作墙基的装饰。

8. 花境

花境以花灌木或多年生花卉为主。由于多呈长带形，可以产生连续的景色。如在道路旁、主要建筑物前沿、栏杆、棚架、台阶边缘等处布置。在道路旁可以是一侧或两侧布置。选择花木的高度及花境厚度视布置地点具体情况及道路的宽窄而定。另外，在自然式园林绿地中还可以采用比较自由的花丛、花带布置形式，装点道路、草地、林地边缘，更具自然情趣。

12.6　高等院校园林绿地设计

12.6.1　高等院校的特点

1. 在城镇地区的作用

高等院校是促进文化繁荣、精神文明的园地，是带动地区高科技发展的源泉，是科教兴国的阵地。

高等院校应当是认识未知世界、探索客观真理、为人类解决面临的重大课题提供科学依据的前沿阵地，应该是知识创新、推动科学技术成果推广、实现生产力转化的重要力量。在当今改革开放的大潮中，各高等院校的文化、体育场馆多向社会开放，从而更加丰富了城镇地区人们的科学知识、文化艺术、体育活动等方面的需求。完美而富有特色的绿化无疑会给高校的师生们创造一个良好的学习生活环境，同时也能为整个社区增添一道道风采。

2. 面积与规模

高等院校一般面积较大，包含着丰富的内容，其意义功能繁多，几乎相当于一个完整的小城镇。校园有明显的分区，不同的区域以道路作区分线，道路采用不同的绿化树种，形成了鲜明的区域标志和道路绿化网，也形成了校园中绿化的骨架。

3. 教学特点

高等院校的教学是以课时为单元进行组织的，学生们在一天之中要多次往返穿梭于校园内各个角落的教室、实验室之间。

他们是自晨至夕从事脑力劳动的群体，富于变化的绿化设计，一方面可以缓解学子们紧张的情绪，使他们的身心得到有效的放松，保证学习的效率；另一方面也能促进学生们对校园的感情，对学校的热爱，培养学生们的集体荣誉感。

4. 学生特点

高等院校的学子正处于青年时代，其人生观、世界观处在树立和形成期。他们在各方面逐步走向成熟。他们精力旺盛、朝气蓬勃、活泼开放、思想活跃、可塑性强，既有着个人独立的见解，并且掌握一定的科学知识，又具有较高的文化修养。他们需要良好的学习、运动环境和高品位的娱乐、交往空间，从而获得德、智、体、美、劳全面发展。

良好的校园环境会为他们的全面发展提供必要的物质条件，绿化在其中的作用是不言而喻的。很难想象，在一个缺少绿色、缺少芬芳，四处黄土裸露、空气污浊，满眼都是光秃秃的灰暗的水泥环境中，学生们还能够保持愉快的情绪，保证学习质量。

12.6.2 高等院校园林绿地的重要性

大自然具有生命力，绿色可以缓解人的紧张情绪，调节人的心情，这种给人以希望的绿色，能够在一定程度上给人愉悦，获取自信，让巨大的社会现实压力下的人们感受到轻松、勇于进取。

人们可以改造环境，同时环境也可以塑造人。绿色的树木、鲜艳的花朵、沁人肺腑的花香、园林植物丰富的知识、趣味等都是医治心理疾病的良药。充满奥妙的自然美、生活美、艺术美、社会美的校园绿化环境，汇集成无声多彩的课堂，对朝夕生活、学习在其中的学子，无时无刻不在渲染和陶冶着他们的生活情趣和情操，使求学不仅仅限于课堂上。

如今在北京航空航天大学，学生们积极参加领养绿地的公益活动。他们对领养管理的绿地拥有命名的权利。这是一项非常有意义的举动，它是热爱祖国、热爱人民、热爱校园、热爱明天的高尚品质在大学生身上的体现，说明保护生态环境的意识已在部分大学生中建立起来，他们知道绿化校园、美化环境、保护环境是造福当代、荫及后人的大事。这种美好的行动，应在其他高等院校、中小学加以提倡。

12.6.3 高等院校园林绿地设计的原则

高等院校是培养具有一定政治觉悟，德、智、体全面发展的高科技人才的园地。因此，园林设计应注意以下几点。

1. 以丰富多彩的园林植物为主

根据花木的不同特性，选取恰当的绿化方式，在保证建筑物使用功能的前提下，尽可能创造更多的绿色空间。在绿色中求美，并且充分发挥园林植物保护环境和改善校园环境的作用。如选用藤本植物对校园内墙面、壁面进行垂直绿化，可为达到绿化面积占校园总面积 $40\% \sim 70\%$ 的目标创造条件。校园中应多选用知识型、观赏型的花木，以使学生获得更多的环境保护知识。

在校园具有较大面积的情况下，也可分别设计知识型、保健型、趣味型的小型绿地。在校园内利用植物千变万化的景象，给人以教育。如栽植珍稀濒危的树木并一一挂牌加以介绍，使人们较详细地了解有关树木知识，明确环境保护在国计民生中的地位、绿色植物在保护环境中的作用等。又如可以开辟纪念园和各类花园、观景园、观叶园、观茎园、观果园等。有条件者可设计各专类花园，如牡丹园、月季园、海棠园、石榴园、芍药园等，进行更高一级的知识普及。

设计中注意选用乡土树种。因为乡土树种往往抗性强，栽植成活率高。在绿化设计中还应注意以乔木为主、灌木为辅。注意常绿与落叶树种、快长与慢长树种、绿色树木与开花树木、花木与草坪、地被植物等的比例和配置，避免形成夏季郁郁葱葱，冬季过分凄凉，或当大量快长树木需更新时导致原有美丽的景观被破坏等倾向。应配置不同品种的花木，以形成层次鲜明的景观。

2. 注意环境的可容性、围合性

凡能形成一定围合、隐蔽、依托的环境，都会产生领域感、依托感的氛围，使人们渴望在其中滞留，在充满温馨的环境中感到轻松，得到休息，并可以调整思绪、静心思考或潜心读书。如在道路旁凹形范围以栏杆、丛植的树荫下、弯曲的小路尽头等都可以成为别致幽静处。为使学生相互沟通和交流，也要设计一些适合小集体活动的场所。

3. 注意点、线、面相结合

点是景点，线是道路，面是绿地。设计应使三者在绿化功能上、景色配置上相互补充和依托。只有三者密切结合，才能使校园景色和谐完美，成为一个有机的整体。

4. 创造多层次的空间

多层次的空间供学生、教师学习、交往、休息、娱乐、运动、赏景和居住。通过环境的塑造，我们可以体现校园的文化气息和思想内涵，给师生以鼓舞，使他们生动活泼、积极向上，充满青年人的朝气，使他们热爱祖国、热爱集体、热爱校园生活。

5. 适当点缀园林小品

园林小品的设置使环境更具实用性，而且充满教育意义、人情味、亲切感和鲜明的时代特征。以圆水池为中心，曲线形花架向外延伸，与两端小巧圆形李相连，设园凳、园灯供师生休息、游览，成为校园的主要景点。不同园林小品之间相互映衬，小品与花草树木有机结合形成美丽的空间，使教师和学生对景色向往和依恋。花坛与亭、座凳巧妙结合，既成为校园景点，又给师生提供了优美舒适的学习、休息的小环境。

12.6.4　高等院校分区景点设计

高等院校一般有明显的分区，每个小区的园林绿化风格应具有不同的特色。其特色与小区的主要建筑物相互依托、映衬、渲染，使树木和建筑物都不同程度地增加观赏魅力。每一小区的绿化风格应与整个校园风格一致。

1. 大门、出入口

校园大门、出入口是校园给人们的第一印象，一般在此形成广场和集中绿化区。它应具有本校园明显的特征，应成为全校重点绿化美化地区之一。某大学大门两边对称、庄重典雅、朴素大方、简洁明快，并具有时代感、亲切感。

大门、出入口是行人或车辆出入的地方，担负着集散人流和车辆的功能，并起到标志的作用。一般出入口由门柱、门框、牌楼等构成，缺乏生气。因此，在大门和出入口选用美丽的常绿乔、灌木和开花植物在其周围进行装饰，以形成生动、活泼、开朗的景色。

有条件的可在入口处和大门内、外设置广场、花坛、喷水池、雕塑，栽植美丽的孤立树等。它们可以与主要建筑物的正面组成完整的空间，也可在入口处连接着主要干道两侧设计不同面积、为美化校园装点环境为目的的绿地，并且适当考虑休息的功能。干道两侧种植树冠高大、树荫浓密的观赏树。

2. 教学区

教学区主要包括教室、实验室、图书馆、行政办公楼、科研区。这里应强调宁静，体现庄严肃穆的气氛。有条件的可以采用整齐式园林手法，树木采用对植、列植或在建筑物两侧栽植绿篱。在建筑物前铺设大面积草坪，点缀美丽的花、灌木或栽植地被植物。在教学区忌栽植飞扬花絮的树木和易引起过敏反应的植物。

在干道两侧种植树形高大、树荫浓密的观赏乔木。在道路转弯处和建筑物两窗之间采用丛状栽植，以免影响室内的采光和通风。选择花木品种时要注意建筑物的朝向，根据其向阳或背阴，分别选择喜阳和耐阴的花木品种。如朝阳面选取阳性树龙柏、石榴、黄杨、月季等，而在背阴的地方选用耐阴的云杉、金银木、珍珠梅、天目琼花、八仙花、玉簪等。除此之外，树木的形状、色彩、规格都要和建筑物的体量、造型、颜色相协调。为在教学区营造清新的空气，创造更多的绿色空间，以减少师生视觉疲劳，应尽可能使用垂直绿化。

3. 校园活动中心

校园活动中心在校园中占有重要的地位，是学校大家庭中所有成员社会活动的中心，具有学习、交流、娱乐等功能。校园活动中心多设在校园绿化景区的中心，在学生居住区与教学区之间，但不干扰教学和师生休息。校园活动中心应交通方便、环境优美，有着亲切怡人的气氛，使师生们在美丽的大自然园地中潜移默化地受到教育。人们在这里相互友好交往，感受生活的美好。

环境优美的学生活动中心，是学生休息和日光浴的好地方。由于这里是师生室外大型活动的场所，也常常是人流集散地，应当选用相对易于管理的树木和草坪品种。以树体高大、树冠丰满、具美丽色彩的乔木为主。

4. 运动中心

运动中心是校园重要的组成部分，是锻炼学生体魄的场地。要求土地平整，接近宿舍区，但不宜干扰宿舍区的正常生活。在活动中心四周应栽植高大乔木，下层配置耐阴的花、灌木，从而形成一定的绿化层次和密度。具有一定密度的林木形成的绿荫能有效地遮挡夏季阳光的直晒和冬季寒风的侵袭，也可减少噪声的扩散，减少对外界的干扰。为保证运动人员及其他人员的安全，在运动场四周可设围栏。在恰当的地方设置座凳，供人们观赏、比赛。座凳处应注意遮阴。

5. 生活区

高等院校校园内为方便师生学习、工作、生活，往往有各种服务设施。生活区应是丰富多彩、生动活泼的地区。多利用自然绿化的手法，采用装饰性强的花木布置环境。在生活区可以开辟林间空地、设小花坛，留有一定的活动场地。商店、银行、邮局等周围要有明显的绿化特点。

6. 宿舍区

宿舍区空气应清新，环境优美、舒适，花草树木品种丰富。注意选用一些树形优美的常绿乔木、开花灌木，使宿舍区具有春、夏、秋、冬四季景色。可在学生宿舍楼区绿地设若干方形花坛，逐层叠落，供学生落座、休息和读书。

7. 休息游览区

高等院校校园一般面积较大，可在校园的重要地段设计花园式绿地和小游园式绿地，这里以休息、观赏风景为主。有条件的在绿地中可设置水景、亭廊、棚架、堆山等。花园、小游园面积不要过大，一般设在主干道交叉口、道路的终端或楼与楼之间的空地处。多采用树形美观、观赏价值较高的树种，或栽植具有独特观赏特性的孤立树，铺设较大面积的草坪，并点缀具有特色的花草，设置花坛、棚架、水池、雕塑、座椅、果皮箱等。

12.7 中小学、托儿所、幼儿园园林绿地设计

12.7.1 中小学

1. 中小学生的特点

1）中、小学生的年龄分别在 13～18 岁和 7～12 岁。

2）小学 1～2 年级的学生同幼儿园大班的孩子没有太大的区别，只不过他们的好奇心更强了。据有关专家测定，这一年龄段是人一生中形象记忆与情绪记忆的最佳时期。

3）小学 4～6 年级及初中一年级的学生均属于少年时期，他们酷爱科学和运动。12～15 岁的孩子，德、智、体已全面发展，酷爱和勇于参加科技活动、体育锻炼。

4）中小学生是祖国的明天，需要全社会各行各业的关注，从各个方面创造使他们健康成长的环境。

5）中小学校园的面积一般较小，除教室、操场外，可绿化的面积一般也不大。个别校园除教室外，几乎没有绿化面积，甚至日常学生跑步也要到校外进行。

2. 园林绿地设计的指导思想

1）在有限的土地面积下，采用各种绿化手法充分挖掘和利用一切可绿化的地方，如校园内墙面、壁面等，尽可能地多栽植树木、花草，并应大量提倡垂直绿化与立体绿化。

2）校园环境应是一派生动活泼的气氛，有利于启迪学生的思维，开发学生的智力，促进他们想象力的发挥。如某校在教学楼前，将水池、抽象雕塑和花坛有机地组合，形成统一和谐的景观，为校园增添了生机盎然的活力。某小学建筑富有鲜明的时代感，其流畅的曲线构成建筑优美的外形。美丽的建筑边缘均设有花槽。

3）使学生从小有共产主义道德修养，培养他们具有勇敢、活泼、自信、自立、朝气蓬勃、勇于探索世界、克服困难的精神。具有知识魅力的雕塑有利于激起学生进行科学探索的豪情。

4）使学生具有爱集体、爱老师、爱同学、爱父母、充满爱心的美德。

5）从小培养孩子们热爱生命、热爱大自然的信念，树立现代的环境意识。

3. 具体布局

1）校园出入口：校园出入口、校门内外至教学楼前，是校园绿化、美化的重点。

在门口或教学楼前设小广场、树坛、花坛、水池、雕塑等突出校园的特色，美化环境。

2）校园道路：校园道路两侧栽植高大的树木，形成遮阴带。在楼前、道路转角处点缀常青树及花色艳丽的灌木。注意保证教室的采光及通风。

3）知识角：为满足学生的好奇心，解放他们的天性，开发智力、增强环保意识，使其了解自然的奥秘，有条件的可开设植物角、动物角、生物园地等，让他们参加各种活动，注意观察动、植物的变化，并记日记，从小培养他们科学严谨的学习作风。还可以采用记录交接班制度，使班级成为一个团结友爱、密不可分的集体。

4）运动场：运动场四周栽植高大浓郁的速生乔本。运动场常设运动器械，如单杠、双杠、高低杠、高架滑梯、篮球场、足球场等。

5）树木挂牌：校园内栽植的花木应挂牌书写其科，属，种，特性，产地，美化环境、保护环境的作用及其价值等知识。

对一些管理粗放的花木，可以落实到班级或个人进行养护管理，培养他们爱劳动的良好习惯，并让他们体会辛勤劳动取得成果的快乐，从而达到寓教于劳、寓教于乐的目的。

12.7.2　托儿所、幼儿园

俗话说，"十年树木，百年育人"，这说明了教育的长期性，也告诫我们教育要从娃娃抓起。科学家证明，儿童早期是人类智力迅速发展的时期。有的心理学家认为人的智力的四分之三是在进入小学以前发展好的。随着科技的发展，人们越来越清楚地认识到环境对人类智力开发的重要性。因此，应从婴幼儿时期开始注意使他们身心健康，注意从小启迪他们的智力。要针对不同年龄的儿童给予启蒙教育。改善婴幼儿学习、生活的园林环境也是不可忽视的。

1. 婴幼儿的特点

1）婴幼儿的可塑性强，生长发育快，模仿能力强，接受能力强，好动，但对外界知识了解甚少，缺乏判断思维能力和创造力。

2）儿童年龄越小，年龄特征的变化越迅速。3 岁儿童的思维属直觉行动型。3 岁以后的儿童以具有形象思维为特征，逐渐发展成为简单的逻辑性思维。

3）幼儿期是 1.5～5 岁，这一阶段的孩子爱好娱乐，喜欢游戏。由于年龄小，5 岁以下的儿童反应能力差，喜欢静态的游戏和娱乐，5 岁以后逐渐喜欢动态的游戏和娱乐。

2. 具体布局

1）选用的花木必须是无毒、无刺，不会产生任何危害的种类。如选用开花的白玉兰、迎春、垂丝海棠、蜡梅、紫薇、紫藤、紫荆、芭蕉、棕榈、罗汉松、杜鹃花等，使园中鲜花烂漫、四季如春。

2）托儿所、幼儿园的大门应是美化的重点之一，给婴幼儿可爱、可亲的印象。它应活泼、动人、美丽，适应儿童特点。班级活动场地之间可用绿色植物加以隔离，使每个班级均可获得独立的空间。在校园四周或班级之间也可栽植美丽的宿根植物。

3）在托儿所、幼儿园可供绿化面积窄小的情况下多采用垂直绿化、立体绿化。如对园内门、柱、墙等使用攀缘花木绿化、美化，使环境更加生动、活泼、有趣、洁净。

4) 有条件的可设置轻巧美丽的棚架、栏杆、爬梯、小蘑菇亭、涉水池，开辟踢足球、捉迷藏、喂小动物等场所，满足儿童活泼、好动的天性，使孩子们在嬉戏中自由愉快地从自然中获取知识，思维得到启迪。通过运动游戏树立自信，提高想象力，同时好奇心不断得到满足，促进其身心健康成长。

课后习题

1. 校园植物造景应当注意哪些方面？
2. 校园植物造景如何体现其特殊性？
3. 结合你所在学校，简述校园植物造景的优缺点。

第13章

空中花园与垂直绿化

随着城镇的开发与发展，维持人类生存的环境空间日趋恶化。改善大中城市的生态环境的途径之一，是开拓城市的绿化空间，建造园林城市。要达到此目的，必须进行城市绿化和开拓新的园林绿地，增加城市绿化面积。但城市中林立的高楼大厦、众多的道路和硬质铺装取代了自然土地和植物，在城市里水平方向发展绿地越来越困难，这就使人们必须向立体化空间寻找出路，即向建筑物的垂直绿化和屋顶绿化方向发展。

13.1　屋顶花园设计

13.1.1　屋顶花园概述

1. 屋顶花园的定义

屋顶花园是指在各类建筑物的顶部（包括屋顶、楼顶、露台或阳台）栽植花草树木、建造各种园林小品所形成的绿地。屋顶花园的最大特点是把露地造园和种植等园林工程搬到建筑物或构筑物之上。它的种植土是人工合成堆筑，并不与自然大地土壤相连。

2. 屋顶花园的产生与发展

屋顶花园并不是现代建筑发展的产物，它可以追溯到距今约四千年以前。公元前2000年前后，在古代幼发拉底河下游地区（现在的伊拉克）的古代苏美尔人最古老的名城之一——乌尔城，曾建造了雄伟的亚述古庙塔或称"大庙塔"，被后人认为是屋顶花园的发源地。亚述古庙塔主要是一个大型的宗教建筑，其次才是用于美化的"花园"，它包括层层叠进并种有植物的花台、台阶和顶部的一座庙宇。因为塔身上仅有一些植物而且又不是在"顶"上，所以花园式的亚述古庙塔并不是真正的屋顶花园。公元前604—公元前562年，巴比伦国王尼布甲尼撒二世为他的王妃建造了"空中花园"，以解除王妃的思乡之苦，这就是被称为世界七大奇观之一的巴比伦空中花园。所谓的"空中花园"，就是在平原地带的巴比伦堆筑土山，并用石柱、石板、砖块、铅饼等垒起每边长125m、高25m的台子，在台上层层建造宫室，处处种花草树木。为了使各层之间不渗水，就在种植花木的土层下，先铺设石板，在板上铺设浸透柏油的柳条垫，再铺两层砖和一层铅饼，最后盖上厚达4~5m的腐殖土，这样不仅可以种植一般花草灌木，也可以种植较高大的乔木，并动用人力将河水引上屋顶花园，除供花木浇灌之外，还可形成屋顶溪流和人工瀑布。"空中花园"实际上是一个建造在人造土石之上，具有居住、游乐功能的园林式建筑体。这是世界园林史上第一个悬离地面的花园，故又称悬空园。

美国加利福尼亚州奥克兰市于 1959 年在凯泽中心 6 层楼的屋顶上建成面积达 1.2hm² 的屋顶花园，被人们认为是与古代巴比伦"空中花园"相媲美的现代真正的屋顶花园。这座屋顶花园的设计，既考虑到屋顶结构负荷、土层深度、植物选择和园林用水等技术问题，也考虑到高空强风、毗邻高层建筑的俯视效果等技术和艺术要求，在屋顶花园造园技术上取得重大突破。

西方发达国家在 20 世纪 60 年代间相继建造各类规模的屋顶花园和屋顶绿化工程。如美国华盛顿水门饭店屋顶花园、美国标准石油公司屋顶花园、美国 DT&T 公司屋顶花园、英国爱尔兰人寿中心屋顶花园、加拿大温哥华凯泽资源大楼屋顶花园、德国霍亚市牙科诊所屋顶花园、日本同志社女子大学图书馆屋顶花园、中国香港太古城天台花园、中国香港葵芳花园住宅楼天台花园，这些与建筑设计统一建在屋顶的花园，多数是在大型公共建筑和居住建筑的屋顶或天台上，向天空开敞。其中加拿大温哥华凯泽资源有限公司于 1977 年在公司新总部 18 层楼顶上建成一座屋顶花园，面积为 430m²。以前的屋顶花园都是位于多层建筑的顶部，而温哥华凯泽屋顶花园则修建在高层建筑的顶部。它继承了过去屋顶花园的传统，又在研制新材料和减轻屋顶荷载等方面取得了新的经验。该屋顶花园由于荷载减轻、造价降低，被推广开来。

目前屋顶花园在国外已不是"空中楼阁"，美国芝加哥为减轻城市热岛效应，正推动一项屋顶花园工程为城市降温。日本东京明文规定新建筑占地面积只要超过 1000m²，屋顶的 1/5 必须为绿色植物所覆盖，否则开发商就得接受罚款。

我国自 20 世纪 60 年代才开始研究屋顶花园和屋顶绿化的建造技术。与西方发达国家相比，我国早期的屋顶花园和绿化，由于受到基建投资、建造技术和材料等的影响，仅在南方个别省市和地区原有建筑物的屋顶平台上改建成屋顶花园。开展较早的城市有重庆、成都、广州、上海、深圳、武汉等。

3. 屋顶花园的功能

1）增加绿化面积，协调建筑与环境。屋顶花园的建造，可以有效地增加城市的绿化覆盖率，能缓解建筑占地与园林绿化争地的矛盾，是在新建或已建的各类房屋中寻找出路。建筑物的垂直绿化，特别是屋顶花园几乎能够以等面积偿还支撑建筑物所占的面积。屋顶花园还可协调建筑物与周围环境的联系，使自然植物与人工建筑物有机结合和相互延续，保护和美化环境景观，并产生特有的效果，从而协调人与自然。

2）改善屋顶眩光、美化城市景观。随着城市高层、超高层建筑的兴建，更多的人将工作与生活在城市高空，不可避免地要经常俯视楼下的景物。建筑屋顶的表面材料如玻璃幕墙，在强烈的阳光照射下，反射出的刺目眩光会损害人的视力。屋顶花园的建造，不仅减少了眩光对人们视力的损害，更美化了城市的景观。

3）绿色空间与建筑空间相互渗透。一般屋顶花园都与居室、办公室相连，它比室外花园更靠近生活，使人们更加接近绿色环境。屋顶花园的发展是将屋顶花园引入室内，形成绿色空间向建筑室内空间渗透的趋势。

4）具有隔热作用。没有屋顶绿化覆盖的平屋顶，夏季由于阳光照射，屋面温度比气温高得多，而经过绿化的屋顶，大部分太阳辐射热消耗在水分蒸发上或被植物吸收。同时，由于种植层的阻滞作用，这部分热量不会使屋顶结构表面温度继续升高。

5）具有保温作用。钢筋混凝土平屋顶在我国北方采暖房屋设计中应根据热工计算，在屋顶楼板上铺设保温层，以保证冬季室内温度达到一定的标准。屋顶花园上的种植池内，为种植各类花卉树木，必须设置一定厚度的种植基质，以保证植物的正常生长需要。如果屋顶绿化是采用地毯式满铺地被植物，则地被植物及其下的轻质种植土组成的"毛毯"层，完全可以取代屋顶的保温层，起到冬季保温、夏季隔热的作用。

13.1.2 屋顶花园设计

1. 屋顶花园的特点

屋顶花园的组成要素主要是自然山水、各种建筑物和植物，按照园林美的基本法则构成美丽的景观。因其在屋顶有限的面积内造园，受到条件的制约，不完全等同于地面的园林，因此有其特殊性。屋顶建造花园，一切造园要素受建筑物顶层的负荷有限性的限制。因此，在屋顶花园中不可设置大规模的自然山水、石材。设置小巧的山石，要考虑建筑屋顶的承重范围。在地形处理上以平地处理为主。水池一般为浅水池，可用喷泉来丰富水景。屋顶花园的植物必须种植在人工合成土壤上，而合成的种植土和大地之间被建筑物隔绝。植物生长的基本要素——水的供应受到限制。屋顶花园植物生长得好坏，直接影响到屋顶花园的效果，因而也增加了它的建造难度和困难。屋顶花园上建造园林建筑如亭、廊、花架及园林小品等，受到屋顶结构体系、主次梁及承重墙柱位置的限制，必须在满足房屋结构安全的前提下进行布点和建造。在造园手法的运用上，可运用一般的园林构景手法，创造优美的绿色环境。

屋顶造园的有利因素：屋顶花园高于周围地面，气流通畅清新，污染少，空气混浊度低；屋顶位置高，较少被其他建筑物所遮挡，因此接受日照时间长；屋顶一般与周围环境相分隔，出入口与建筑相连，没有交通车辆干扰，很少形成大量人流，既清静又安全。

2. 屋顶花园的分类

1）按使用要求区分。

（1）公共游憩型屋顶花园。这种类型的屋顶花园在国内外应用较为广泛，是主要形式之一。其主要特点是既具有绿化功能，又为人们提供了一处室外活动场所。如重庆园林局办公楼上的屋顶花园、北京林业大学主楼屋顶花园、兰州园林局办公楼的屋顶花园、上海高压油泵厂屋顶花园、成都机电仓库屋顶花园等，都为公众开放，且各具特色。此外中国香港太古城、九龙葵芳花园居民小区的天台花园是国内外居住区目前已建成的较大型的、向公众开放的屋顶花园。在设计上应考虑到它的公共性。在出入口、园路、布局、植物配置、小品设置等方面要注意符合人们在屋顶上活动、休息等需要。应以草坪、小灌木花卉为主，设置少量座椅及小型园林小品点缀，园路宜宽，便于人们活动。

（2）营利型屋顶花园。这种类型的屋顶花园多用于旅游宾馆、酒店，并且是评定豪华宾馆星级的组成部分之一。实为招揽顾客，提供夜生活的场所。一般场地窄小，花园中的一切景物、花卉、小品等均以小巧精美为主，保证有较大的活动空间。如北京贵宾楼宾馆、成都饭店、北京国安宾馆、武汉老通城饭店等的屋顶花园。

（3）家庭式屋顶花园。随着社会经济的发展，人们的居住条件越来越好，多层式、阶梯式住宅公寓的出现，使这类屋顶小花园走入了家庭。这类小花园面积较小，主要以植物配置，一般不设置小品，但可以充分利用空间进行垂直绿化，还可以进行一些趣味性种植，领略城市早已失去的农家情怀。如北京清华大学教工阶梯式住宅楼的屋顶小花园就属于此类型。另一类家庭式屋顶小花园为公司写字楼的楼顶，主要作为接待客人、洽谈业务、员工休息的场所。这类花园应种植一些名贵花草，布设一些精美的小品，如小水景、小藤架、小凉亭等，还可以根据实力制作微型雕塑、小型壁画等。

（4）以绿化、科研生产为目的的屋顶花园。此类屋顶花园可以设置小型温室，用于珍奇花卉品种引种，以及观赏植物、盆栽瓜果的培育。既有绿化效益，又有较好的经济收入。这类花园的设置，一般应有必要的设施，种植池和人行道规则布局，形成闭合的、整体地毯式种植区。如重庆园林局、建筑研究所共同在屋顶上种植园林观赏植物、瓜果、油料和蔬菜等进行无土栽培科学研究；四川原子能研究所在屋顶上进行菊花新品种的辐射选育研究；武汉铁路中学屋顶种柑橘、葡萄等。

2）按绿化形式区分。

（1）地毯式。在整个屋顶或屋顶的绝大部分种植各类地被植物或小灌木，形成一层绿化的"生物地毯"。这类形式的绿化对屋顶所加载的荷重较小，是一般上人屋顶结构均可承受的。这种绿化形式不但绿化覆盖率高、产生的生态效益好，而且给居住生活在高楼林立之中的人们带来绿色美景。如中国香港海洋公园，在过海悬吊缆车降落处，按该公园的图标"海马"图案，用地毯式植物覆盖机房屋顶，不仅达到了绿化效果，还使游人加深了对公园的印象。深圳"锦绣中华"微缩景园采用地毯式屋顶绿化，用地被草坪铺满了山下"兵马俑"馆的屋顶，游人在山上鸟瞰山下景物时，避免了大煞风景的大体量、大规模黑色沥青屋顶的出现。

（2）自由式。采用有微地形变化的自由种植区，种植地被、花卉灌木可以形成很小的绿化空间，产生层次丰富、色彩斑斓的植物造景效果。自由式种植区，一般种植面积较大，植物品种为草坪至乔木。

（3）苗圃式。这类屋顶花园多与屋顶生产基地相结合，种植果树、中草药、蔬菜和花木等，整个屋顶布满规整的种植池。苗圃式种植区多在已建成的建筑物屋顶上改建而成，投资少、见效快，以经济效益为首要的考虑因素。

（4）分散和周边式。这种屋顶绿化形式较为常用。屋顶种植采用花盆、花桶、花池、花坛等分散形式组成绿化区域或沿建筑屋顶周边布置种植池。这种种植方式布点灵活、构造简单、适应性强，不仅可为窄小的屋顶空间留出中间空位，为其他功能服务，还可勾画出整个建筑物层层叠叠的绿化带，是其他绿化形式不能代替的。

（5）庭院式。即将露地庭院小花园建造在屋顶上，庭院种花、灌木，浅水池、置石、园林小品等均可在屋顶上表现。多在旅游宾馆中建造屋顶花园或室内花园。如广州东方宾馆总统套房外的屋顶花园，充分体现了岭南园林和植物的特色。北京长城饭店屋顶花园的琉璃瓦方亭和用花岗岩砌筑的花池种植松柏，表现了皇家园林建筑风格。杭州黄龙宾馆屋顶花园的水体与底层庭院的大型假山、湖池相互连通，形成山水相连的自然山水情趣。

　　3）按屋顶花园的位置区分。

　　（1）单层、多层建筑屋顶花园。单层建筑上建造屋顶花园多为取得绿化环境效果，常采用成片状地毯式绿化形式，为周围多层或高层建筑的俯视效果服务。一般游人不能登顶观景。

　　多层建筑上的屋顶花园有独立式和附建式两种。独立式指在整个多层建筑的屋顶上建造花园。如兰州园林局、上海美术印刷厂的屋顶花园都是独立式的。附建式则是多层建筑依靠在其旁的高层建筑的一侧，成为高层建筑前的楼裙。如北京长城饭店、杭州黄龙宾馆、上海华亭宾馆的屋顶花园。

　　（2）高层建筑屋顶花园。在高层或超高层建筑的屋顶上建造屋顶花园。如广州东方宾馆总统套房屋顶花园、加拿大温哥华凯泽资源大楼18层顶上"燕巢"式屋顶花园等，都是高层建筑屋顶花园成功之作。

　　4）按空间开敞程度区分。

　　（1）开敞式屋顶花园。在单体建筑整个屋顶上建造屋顶花园，屋顶四周不与其他建筑相接，成为一座独立的空中花园。这类屋顶花园视野开阔，通风良好，日照充足，有利于屋顶植物的生长发育。如兰州园林局、上海美术印刷厂、武汉铁路二中屋顶花园等。

　　（2）半开敞式屋顶花园。花园的一侧、两侧或三面被建筑物包围的空中花园。这类花园一般是为其周围的主体建筑服务的；多用于旅游宾馆、饭店的夜花园，办公楼上及为私家服务的屋顶小花园。如上海华亭宾馆、杭州黄龙宾馆、北京长城饭店的屋顶花园。

　　（3）封闭式屋顶花园。花园的四周被高于它的建筑物包围，形成天井式空间，周围建筑物一般以2～3层为佳。这类屋顶花园可为四周建筑提供服务，并成为四通八达的流动空间。如美国旧金山希尔顿饭店的屋顶花园。

　　5）按总体布局形式区分。屋顶花园的形式与园林本身的形式是相同的，创作上仍然分为自然式、规则式和混合式。

　　（1）自然式园林布局。一般采取自然式园林的布局手法，园林空间的组织、地形地物的处理、植物配置等均以自然的手法，以求一种连续的自然景观组合。讲究植物的自然形态与建筑、山水、色彩的协调配合关系，植物配置讲究树木花卉的四时生态，高矮搭配，疏密有致。追求的是色彩变化、层次丰富和较多的景观轮廓。

　　（2）规则式园林布局。规则式布局注重的是装饰性的景观效果，强调动态与秩序的变化。植物配置上形成规则的、有层次的、交替的组合，表现出庄重、典雅、宏大的气氛。多采用不同色彩的植物搭配，景观效果更为醒目。屋顶花园在规则式布局中点缀精巧的小品，结合植物图案，常常使不大的屋顶空间变为景观丰富、视野开阔的区域。

　　（3）混合式园林布局。混合式园林布局注重自然与规则的协调与统一，求得景观的共融性。自然与规则的特点都有，又都自成一体，其空间构成在点的变化中形成多样的统一，不强调景观的连续，更多地注意个性的变化。混合式布局在屋顶花园中使用较多。

　　3. 屋顶花园的设计原则

　　屋顶花园的设计应综合满足使用功能、绿化效益、园林艺术美和经济安全等多方面的要求。要按照"实用、精美、安全"的设计原则，指导屋顶花园的设计。

1)"实用"是屋顶花园的造园目的。建造屋顶花园的目的是改善城市的生态环境，为人们提供良好的生活和休息场所。虽然屋顶花园的形式、使用要求不同，但是它的绿化作用应放在第一位。衡量一座屋顶花园的好坏，除满足不同的使用要求外，绿化覆盖率必须保证在 50%～70%，甚至更高。只有保证了一定数量的植被，才能发挥绿化的生态效益、环境效益和经济效益。从某种意义上讲，屋顶花园上种植量的多少，是屋顶花园"实用"的先决条件。

2)"精美"是屋顶花园的特色。屋顶花园要为人们提供优美的游憩环境，因此它应比陆地花园建造得更精致美观。在屋顶花园的景观设计中，植物应当选择当地的精品，并精心设计植物造景的特色。由于屋顶花园场地窄小，道路迂回，屋顶上的游览路线、建筑小品的位置和尺度都应该仔细推敲，既要与主体建筑物及周围大环境保持协调一致，又要有独特的园林风格。因此，屋顶花园的"精美"，应放在屋顶造园设计与建造的突出重要位置，不仅在设计时，而且在施工管理和材料上均应处处精心。

3)"安全"是屋顶花园的保证。屋顶花园能否建造的先决条件是建筑物是否能安全地承受屋顶花园所加的荷重。"安全"包括结构承重和屋顶防水构造的安全使用，以及屋顶四周防护栏杆的安全等。结构承重是指建筑物的结构构件——板、梁、柱、墙、地基基础等的承重能力，如果屋顶花园所加荷重超过其承受能力，则将影响房屋的正常使用和安全。屋顶防水构造是指建筑物屋顶本身的防水层结构。屋顶花园是要在已完成的屋顶上进行建造，在较为薄弱的屋顶防水层上进行工程施工，容易造成破坏，使屋顶漏水，造成较大的经济损失。屋顶四周的防护是指建造屋顶花园必须设有牢固的防护措施，以防人、物落下。一般高度设置在 90cm 以上才能保证人身安全。

4. 屋顶花园的设计要点

屋顶花园的设计是运用各种造园要素组织庭园空间，运用各种造景技法，充分发挥它视点高、视域广的高空特点去创造庭园空间。在设计时，宜敞则敞，鸟瞰四周，"俗则屏之，嘉则收之"。

1)屋顶花园的布局。屋顶花园的布局要有利于屋面的结构布置，要在尽量减轻屋面荷载的前提下，采取各种技术措施满足屋顶花园植物的生态要求。

2)屋顶花园设计要点。屋顶花园设计的关键在于减轻屋顶荷载，改良种植土、屋顶结构类型和植物的选择与植物设计等问题。设计时要做到：

（1）以植物造景为主，把生态功能放在首位。

（2）确保营建屋顶花园所增加的荷载不超过建筑结构的承重能力，屋面防水结构能安全使用。

（3）因为屋顶花园相对于地面的公园、游园等绿地来讲面积较小，必须精心设计，才能取得较为理想的艺术效果。

（4）尽量降低造价。从现有条件来看，只有较为合理的造价，才有可能使屋顶花园得到普及。

5. 屋顶花园的设计手法

屋顶花园种植层一般从上到下依次是植物层、种植土层、过滤层、排水层、防水层、找平层、保温隔热层、结构承重层、抹灰层等，如图 13-1 所示。下面介绍其中的6层。

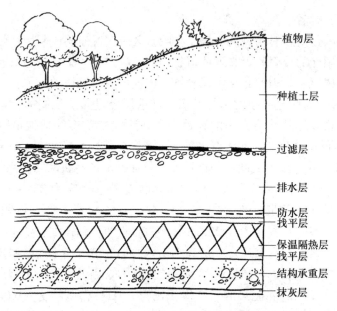

植物层

种植土层

过滤层

排水层

防水层
找平层

保温隔热层
找平层

结构承重层

抹灰层

图 13-1　屋顶花园种植层的一般构造

1）植物层。植物的选择在遵循适地适树原则的同时，要满足园林艺术要求。由于屋顶绿化受场地小、土层薄等条件的限制，在进行植物选择时，要切实考虑种植条件、种植土的深度与成分、排水情况、空气污染情况、浇灌条件、养护管理、植物的生长速度、体态、色彩效果等多方面因素。因此，屋顶花园的植物应具有以下特性：

（1）乡土或在当地适生的树种。

（2）必须根系较浅但侧根、须根较发达，且耐瘠薄。屋顶种植层的厚度因受承重等条件限制不可能很厚，植物的根系生长范围受到限制，同时水肥的保有量也较小，因此要求屋顶栽植的植物要根系较浅、耐瘠薄。

（3）抗屋顶大风的品种。因处于楼顶，特别是高层楼顶风力较大，因此要求植物根系应较发达，固着性好，且树冠不宜过大，树体应较矮。

（4）耐干旱的品种。由于屋顶种植层与大地的土壤被建筑物所隔离，不存在通过毛细现象来利用土壤深层水的问题，因而全靠短暂的人工灌溉及自然降水，植物必须是耐干旱、耐短期积水的品种。为较长久地维持种植层中的含水量，常使用保水性能好的栽培基质，因为浇水后或大雨后初始的一段时间内土壤湿度常常较大，因而要选择耐短期积水的植物。

（5）选择既耐热又耐寒的品种。夏季屋顶因没有物体为其遮挡阳光，加之因干燥减少了蒸腾吸热等原因而造成炎热；在冬季，因无物体为其遮挡和抵御寒风而较寒冷，所以应选择既耐热又耐寒的植物。

（6）能抵抗空气污染的品种。由于屋顶地势高，当气压低时，空气扩散变得缓慢，因此污染的大气在此停留时间较长，因此必须选择能抵抗空气污染并能吸收污染的品种。

（7）选择移植容易成活、耐修剪、生长缓慢的品种。由于屋顶绿化场地狭小，因此在选用植物时，应切实估计其生长速度及充分成长后所占有的时间和面积，以便计算栽植距离及达到完全覆盖绿地面积所需的时间。选择生长缓慢、耐修剪的品种，可以节省养护管理费用，省时省工。

（8）考虑周围建筑物对植物的遮挡。在阴影区应配置耐阴或阴生植物，还要注意防止由于建筑物对阳光的反射和聚光致使植物灼伤；应强化冬季的生态效益。北方城市常绿树少，常绿叶树更少，因此必须考虑设置一定数量的常绿树种。

2）种植土层。为减轻屋顶的附加荷载，常选用经过人工配制的、含有植物生长必需的各类元素、密度比陆地耕土小的种植土。一般栽植草皮等地被植物的泥土厚度需10～15cm；栽植低矮的草花，泥土厚度需20～30cm；灌木土深40～50cm；小乔木土深60～75cm。草坪与乔、灌木之间以斜坡过渡。例如：泡沫有机树脂制品（密度为30kg/m²）加入体积的50%的腐殖土；海绵状开孔泡沫塑料（密度为23kg/m²）加入体积的70%～80%的腐殖土；膨胀珍珠岩（密度为60～100kg/m²）加入体积的50%的腐殖土；蛭石、煤渣、谷壳（密度为300kg/m²）；空心小塑料颗粒加腐殖土。木屑腐殖土是目前应用较大且经济的一种基质，一般为7份木屑加3份普通土或腐殖土。

国内外用于屋顶花园的种植土种类很多，如日本采用人工轻质土壤，其土壤与轻骨料（蛭石、珍珠岩、煤渣和泥炭等）的体积比为3∶1，密度约为1400kg/m²，根据不同植物的种植要求，轻质土壤的厚度为15～150cm。英国和美国均采用轻质混合人工种植土，其主要成分是沙土、腐殖土、人工轻质材料，密度为1000～1600kg/m²，厚度一般不得小于15cm。

中美合资美方设计的北京长城饭店的屋顶花园，在施工过程中对屋顶花园设计所采用的植物材料、基质材料和部分防水构造等，均结合北京具体情况进行了修改。种植基质土是采用我国东北林区的腐殖草炭土、沙土和蛭石配制而成的，其中草炭土占70%、沙土占10%、蛭石占20%，密度为180kg/m²，种植层的厚度为30～105cm。新北京饭店贵宾楼屋顶花园，采用本地腐殖草炭土和沙壤土混合的人工基质，密度为1200～1400kg/m²，厚度为20～70cm。

3）过滤层。过滤层的材料种类很多。美国1959年在加州奥克兰市建造的凯泽大楼屋顶花园，过滤层采用30mm厚的稻草；1962年美国建造的另一个屋顶花园，则采用玻璃纤维布做过滤层。日本也有用50mm厚的粗沙做屋顶过滤层的。北京长城饭店和新北京饭店屋顶花园，过滤层选用玻璃纤维布，这种材料既能渗漏水分又能隔绝种植土中的细小颗粒，而且耐腐蚀、易施工，造价也便宜。种植层的构造如图13-2所示。

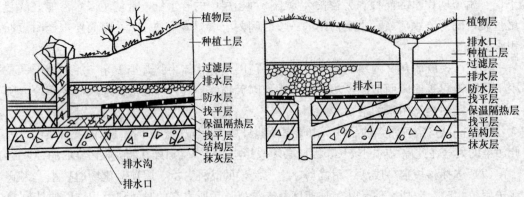

图 13-2 种植层的构造

4）排水层。屋顶花园的排水层设在防水层之上、过滤层之下。屋顶花园种植土积水和渗水可通过排水层有组织地排出屋顶。通常的做法是在过滤层下做100~200mm厚的轻质骨料铺成排水层，骨料可用砾石、焦渣和陶粒等。屋顶种植土的下渗水和雨水通过排水层排入暗沟或管网，此排水系统可与屋顶雨水管道统一考虑。它应有较大的管径，以利清除堵塞。在排水层骨料选择上要尽量采用轻质材料，以减轻屋顶自重，并能起到一定的屋顶保温作用。美国加州太平洋电信大楼屋顶花园采用陶粒做排水层；北京长城饭店屋顶花园采用200mm厚的砾石做排水层；也有采用50mm厚的焦渣做排水层的。新北京饭店贵宾楼屋顶花园选用200mm厚的陶粒做排水层。

5）防水层。屋顶花园防水处理的成败与否将直接影响建筑物的正常使用。屋顶防水处理一旦失败，必须将防水层以上的排水层、过滤层、种植土、各类植物和园林小品等全部取出，才能彻底发现漏水的原因和部位。因此，建造屋顶花园应确保防水层的防水质量。

传统屋面防水材料多用油毡。油毡暴露在大气中，气温交替变化，使油毡本身、油毡之间及与砂浆垫层之间的黏结发生错动以致拉断；油毡与沥青本身也会老化，失去弹性，从而降低防水效果。屋顶上的屋顶花园有人群活动，除防雨、防雪外，灌溉用水和人工水池用水较多，排水系统又易堵塞，因而要有更牢靠的防水处理措施，最好采用新型防水材料。

另外，应确保防水层的施工质量，无论采用哪种防水材料，现场施工、操作质量的好坏直接关系到屋顶花园的成败。因此，施工时必须制定严格的操作规程，认真处理好材料与结构楼盖上水泥找平层的黏结及防水层本身的接缝，特别是平面高低变化处、转角及阴阳角的局部处理。

6）结构承重层。对新建屋顶花园，需按屋顶花园的各层构造做法和设施，计算出单位面积上的荷载，然后进行结构梁板、柱、基础等的结构计算。至于在原有屋顶上改建的屋顶花园，则应根据原有的建筑屋顶构造、结构承重体系、抗震级别和地基基础、墙柱及梁板构件的承载能力，逐项进行结构验算。不经技术鉴定或任意改建，将给建筑物的安全使用带来隐患。

（1）活荷载。按照现行荷载规范的规定，人能在其上活动的平屋顶活荷载为150kg/m²，供集体活动的大型公共建筑可采用250~350kg/m²的活荷载标准。除屋顶花园的走道、休息场地外，屋顶上种植区可按屋顶活荷载数值取用。

（2）静荷载。屋顶花园的静荷载包括植物种植土、排水层、防水层、保温隔热层、构件等自重及屋顶花园中常设置的山石、水体、廊架等的自重，其中以种植土的自重最大，其值随植物种植方式不同和采用何种种植土而异，见表13-1、表13-2。

表13-1 各种植物的荷载

植物名称	最大高度（m）	荷载（kg/m²）	植物名称	最大高度（m）	荷载（kg/m²）
草坪	—	5.1	大灌木	6	40.8
矮灌木	1	10.2	小乔木	10	61.2
1~1.5m灌木	1.5	20.4	大乔木	15	153.0
高灌木	3	30.6			

表 13-2　种植土及排水层的荷载

分层	材料	1cm 基质层（kg/m²）	分层	材料	1cm 基质层（kg/m²）
种植土	土 2/3，泥炭 1/3	15.3	排水层	沙砾	19.38
	土 1/2，泥炭 1/2	12.24		浮石砾	12.24
	纯泥炭	7.14		泡沫熔岩砾	12.24
	重园艺土	18.36		石英砾	20.4
	混合肥效土	12.24		泡沫材料排水板	5.1~6.12
				膨胀土	4.08

此外，对高大、沉重的乔木、假山、雕塑等，应位于受力的承重墙或相应的柱头上，并注意合理分散布置，以减轻花园自重。

13.1.3　园林工程及建筑小品设计

1）水景工程。屋顶花园受场地和重力的影响，水池多为几何形状，水体深度为 30~40cm，建造水池的材料一般为钢筋混凝土结构，为提高观赏价值，也可安排一个小规模的喷泉。

2）假山、置石。屋顶花园上的假山一般只能观赏，不能游览，所以假山、置石具有较好的观赏性，也可采用人工塑造，这样假山将轻得多，而观赏价值也较高，小型的屋顶花园可以用石笋、石峰置石，效果也很好，如北京首都宾馆屋顶花园的置石。

屋顶花园置石仅作独立性或附属性的造景布置，只能观不能游，因为屋顶上空间有限，又受到结构承重能力的限制，不宜在屋顶上兴建大型可观可游的以土石为主要材料的假山工程。所以在屋顶花园上仅宜设置以观赏为主、体量较小而分散的精美置石。可采用特置、对置、散置和群置等布置手法，结合屋顶花园的用途、环境和空间，运用山石小品作为点缀园林空间和陪衬建筑、植物的手段。独立式精美置石一般占地面积小，由于它为集中荷重，其位置应与屋顶结构的梁柱结合。为了减轻荷重，在屋顶上建造较大型假山置石时，多采用塑假石做法。塑石可用钢丝网水泥砂浆塑成或用玻璃钢成型。

3）园路铺装。屋顶花园除植物种植和水体外，工程量较大的是道路和场地铺装。园路铺装是做在屋顶楼板、隔热保温层和防水层之上的面层。面层下的结构和构造做法一般由建筑设计确定，屋顶花园的园路铺装应在不破坏原屋顶防水排水体系的前提下，结合屋顶花园的特殊要求进行铺装面层的设计和施工。园路铺装材料宜选择装饰性好且与周围的建筑、植物、小品相协调的水泥砖、花岗岩等。

4）园亭。可在园内建筑小型亭子，丰富景观效果，也可选用竹木结构（南方实用），还可选用现代建筑材料如钢筋混凝土建亭。

5）花架。小尺寸的花架可选用五叶地锦和常春藤，大尺寸的可选用紫藤、葛藤。选择材料以质轻、牢固安全的焊接或竹木结构或钢筋混凝土。

6）雕塑。屋顶花园中设置少量人物、动物、植物山石形象及抽象的几何形象雕塑，可以陶冶游人的情操，美化人们的心灵，比一般园林小品更有意义。为充实屋顶花园的造园意境，选用题材不拘一格，形体可大可小，刻画的形象可自然、可抽象，表达的主题可严肃、可浪漫。根据屋顶的空间环境，景物性质还可利用雕塑代表造园标志。设在屋顶上的雕塑应特别注意其特定的空间环境、特定的观赏角度和方位。不可孤立地研究雕塑本身，应从它处于屋顶花园的平面位置、体量大小、色彩、质感及背景等多方面进行全面考虑，甚至还要考虑它的方位、朝向、日照、光线起落、光影变化和夜间人工光线的照射角度等。

7）其他。要考虑色彩背景及尺寸。园灯要注意装饰性和防水、防漏电，宜选用尺寸小巧的照明灯。

13.2　垂直绿化

13.2.1　垂直绿化的概念

垂直绿化又叫立体绿化，是为了充分利用空间，在墙壁、阳台、窗台、屋顶、棚架等处栽种攀缘植物，以增加绿化覆盖率，改善居住环境。垂直绿化在克服城市家庭绿化面积不足、改善不良环境等方面有独特的作用。欧美有不少国家规定，城市不准建砖墙、水泥墙，必须设计"生态墙"，具体做法是沿墙等距离植树，中间种植攀缘爬藤类花草，亦可辅以铁艺网，这种省工、省料又实用的形式既达到了垂直绿化效果，又可以起到透绿的作用。

垂直绿化主要是指攀缘植物在建筑物墙面、藤廊、拱门、裸露岩壁等立面处发展，并将表面覆盖起来的一种绿化形式。长久以来，我们居住的场所，除了光秃秃的墙壁，就是一道道厚实的大门，还有冷冷发射出亮光的瓷砖，人们仿佛置身于钢筋水泥堆砌的包围之中。垂直绿化不仅能起绿化作用，而且能软化建筑面的硬质景观，如同给单调乏味的建筑物和设施穿上绿装，丰富建筑面的层次。有研究表明，有垂直绿化的墙面比没有垂直绿化的墙面温度要低 $10\sim14℃$，室温可下降 $0.5\sim5℃$，暴晒的房屋温度下降 $2\sim3℃$。垂直绿化对降低噪声、吸尘也有显著作用。如果把全部建筑物墙面用攀缘植物覆盖起来，可人均增加绿化面积约 $0.5m^2$，一个百万人口的城市可增加绿化面积约 50 万 m^2。垂直绿化也是一种最经济的绿化方式，形成绿化面后，可省去油饰，节省建筑物维修开支。在小区绿化建设中，精心设计各种垂直绿化小品，如藤廊、拱门篱笆、棚架、吊篮等，不仅能增强绿化美化的效果，还能增加人们活动和休憩的空间。

13.2.2　垂直绿化常用的攀缘植物

1. 攀缘植物的定义

垂直绿化选用的植物主要是攀缘植物，也称为藤蔓植物，即那些茎蔓细长、不能直立，但能攀附支撑物而上的植物。这类植物生长迅速，枝叶茂密，比其他乔、灌木的绿化快，遮阴降温效果显著。如"花园城市"新加坡，到处是郁郁葱葱的植被，立体绿化让建筑物淹没在一片绿色之中。美国许多城市的空地大多被绿草覆盖，各大超级市场的护栏、建筑物墙上等都植有花草，想方设法来增加绿化量，主要包括墙面绿化，围栏绿化，阳台绿化，立交桥桥体、桥柱绿化等形式。

2. 垂直绿化的作用

垂直绿化可减少阳光直射，降低温度。据测定，有紫藤棚遮阴的地方，光照强度仅有阳光直射地方的几十分之一。浓密的紫藤枝叶像一层厚厚的绒毯，降低了太阳辐射强度，同时也降低了温度。城市墙面、路面的反射甚为强烈，进行墙面的垂直绿化，墙面温度可降低 2～7℃，特别是朝西的墙面绿化覆盖后降温效果更为显著。同时，墙面、棚面绿化覆盖后，空气湿度还可提高 10%～20%，这在炎热的夏季大大有利于人们消除疲劳、增加舒适感。

3. 垂直绿化的形式

垂直绿化的设计要因地而异，如常在大门口处搭设棚架，再种植攀缘植物，或以绿篱、花篱或篱架上攀附各种植物来代替围墙。阳台和窗台可以摆花或栽植攀缘植物来绿化遮阴，墙面可用攀缘蔓生植物来覆盖，地面可铺设草皮等。

4. 垂直绿化的类别（表 13-3）

表 13-3　垂直绿化的类别

序号	类别	内容
1	绿色藤廊	用钢筋水泥或木材做成各种具有特色的长廊，其顶部用各种支撑物横向支撑，两边栽植各种攀缘藤本植物。如果藤廊较长，可以考虑观果、观花、观叶等多种藤本植物搭配，种植物栽一段藤廊，形成四季藤廊
2	绿色篱笆	沿篱笆两边栽植各具特色的攀缘植物，可形成一道绿色的隔离带。栏杆绿化可选择悬挂类常绿和开花组合栽植的植物，体量小一些，既保持终年常绿，又增加建筑立面的活泼美观。花卉的色彩也要鲜艳醒目，与外环境融合，协调美观
3	绿色凉棚	在建筑物能支撑的部位栽植攀缘植物，如在两房之间、门前房后都可以支撑支架，再栽种藤本植物，形成绿色凉棚。在一些较为宽阔的庭园内，可在宅门、车棚、路面、活动空间搭上一个简单、轻巧的棚架，植以紫藤、凌霄、木香、金银花、葡萄、猕猴桃等木质藤本。同一棚架的下部也可混植一些草质开花藤本，如牵牛、茑萝、丝瓜、南瓜等
4	绿色墙面	在建筑物的墙脚栽植攀缘植物，植物可沿墙面向上生长，覆盖全部墙面，使建筑物成为"绿色墙面"或"绿色小屋"。一些藤蔓植物能随建筑物形状而变化。无论建筑是方形、尖形还是圆形，它都能显出建筑物原有的形体。要产生这样的效果，选择爬山虎、常春藤是最为典型的
5	绿色围墙	一般指与外界分隔、起保护作用的自家围墙，根据围墙的不同情况，可选择人们所喜爱的藤蔓植物进行栽植，使单调的墙面和立面变成绿色，是克服单调乏味的需要

5. 垂直绿化的植物选择

垂直绿化的立地条件都比较差，所以选用的植物材料一般要求具有浅根性、耐贫瘠、耐干旱、耐水湿、对阳光有高度适应性等特点。例如，属于攀缘蔓性的植物有爬山虎、牵牛、常春藤、葡萄、茑萝、雷公藤、紫藤、爬地柏等；属于阳性的植物有太阳花、五色草、鸢尾、景天、草莓等；阴性植物有虎耳草、三叶草、留兰香、玉簪、万年青等。

攀缘植物是垂直绿化的主体植物，根据攀缘植物向上攀缘方式的不同，一般分成五大类型：

1）缠绕类：这类植物没有特化的攀缘器官，而是依靠自身的主茎缠绕他物向上生长。根据其缠绕方向的不同（俯视方向），又可细分为如下三种：右旋性，即从右向左缠绕支撑物生长，如紫藤、葎草等；左旋性，即从左向右缠绕支撑物生长，如扁豆、牵牛等；左右旋，即有些藤蔓植物既可左旋又可右旋，不断变化方向地缠绕支撑物生长，如何首乌等。这类藤蔓植物是棚架、柱状体、高篱及山坡、崖壁的优良绿化材料。

2）吸附类：借助茎卷须末端膨大形成的吸盘或气生根吸附于他物表面或穿入内部附着向上，某些种类能牢固吸附于光滑物体如玻璃、瓷砖表面生长。如爬山虎属、卫矛属、常春藤属、凌霄属等。它们是墙壁、屋面、石崖、堡坎及粗大树干表面绿化的理想材料。

3）卷须类：该类植物借助于茎上发生的具有感应或敏感作用的须（丝）状器官攀附他物生长。依据形成卷须的器官不同，又可分为茎（枝）卷须、叶卷须两种类型。卷须类一般只能卷缠较细的柱状体。此类植物是绿化墙面、电杆、灯柱的好材料，如炮仗花、铁线莲属、葡萄、倒地铃等。

4）攀附类：该类植物既没有攀缘器官，又没有缠绕能力，只是单纯凭借自身纤细柔韧的分枝或叶柄依靠他物的衬托而向上生长，如南蛇藤属、胡颓子属等。

5）蔓生类：这类植物的茎或叶具刺状物，借攀附他物上升或直立。这一类植物的攀缘能力较弱，生长初期应加以人工牵引或捆缚，辅助其向上生长，如光叶子花、蔷薇属等。

课后习题

1. 园林植物造景对建筑的作用有哪些？
2. 屋顶花园的作用和功能分别是什么？
3. 简述垂直绿化在现代城市中的运用趋势。

第14章

园林植物景观设计与施工

14.1　园林植物景观设计施工的特点

自古以来，人们就习惯把"凡执技艺以成器物"称为"工"，把"物之推"称为"程"，同时"程"又有期限和进程的含义。那么"工程"二字，就可以理解为工艺的进程。

园林工程包括的范围很广，有植物（包括花、树、草及地被）的种植与施工，还有土方工程、房建工程、园路工程、铺地工程、给排水工程、假山工程、水景工程、园林供电工程等，而各个工程项目在施工中都要相互配合，或者交叉进行。

园林种植工程的施工，就是把种植设计的理想转变为现实。因此，在园林种植施工中，既要掌握设计图纸的意图，又要懂得现场施工的有关技能，如苗木的准备、运输、种植和养护管理等技术内容，并且施工必须以降低投资、提高质量为原则，不仅要求提高劳动效率，还必须因地制宜，降低工程成本，并应最大限度地加快工程建设的速度，缩短工期。因此，施工组织者必须依据这些原则，抓住规律，使整个工程有步骤地完成。

园林种植工程施工的特点如下。

14.1.1　艺术性

园林植物施工是一门艺术。园林设计人员提出的指令性图纸，不可能是非常详细的，特别是属于艺术性方面的，如树木的姿态造型和搭配、植物的配置与组合等许多问题，常常会有不少变化，这就要求施工人员必须具有一定的艺术理论基础，才能机动灵活地体现和发挥设计者的作用。总之，一个好的绿化设计图纸，必须把艺术构思建立在施工实际的可能性和合理性的基础上，同时又必须充分领会和理解设计者的意图，并根据实际情况和条件提出施工者的补充意见，因地制宜地制订出施工计划，把施工技术措施和园林艺术效果充分结合起来。

14.1.2　科学性

绿化植树工程的施工是一项较为复杂的学科，不能简单地看成植几棵树，实际上它同许多专业施工有密切的联系，如假山砌石、道路铺设、喷泉雕塑、给排水工程、水景工程等。园林种植的施工工艺和操作方法又随着施工条件（如地质水文、气候变化）、对象和树种本身的生态习性和生理机能而经常变化，新的施工工艺和机具设备也在不断更新，因此，施工人员必须具有一定的科学技术基础知识。

14.1.3　群众性

园林工程本身就有广泛的群众性。在组织群众参加绿化建设上，北京、南京、上海、广州、西安等城市都有很多经验。如上海的肇嘉浜林荫道、共青森林公园，西安的环城公园等较大工程，都是发动群众建设完工的。

在全国五届人大四次会议通过的"关于开展全民义务植树运动的决议"中，更加明确地指出，"植树造林，绿化祖国，是建设社会主义，造福子孙后代的伟大事业，是治理山河、维护和改善生态环境的一项重大战略措施。为了加速实现绿化祖国的宏伟目标，发扬中华民族植树爱林的优良传统，进一步树立集体主义、共产主义的道德风尚，会议决定开展全民性的义务植树运动"。

14.2　园林植物景观设计施工前的准备工作

14.2.1　栽植地的选择

园林植物栽植工程是园林建设的一部分，由于园林植物种类多、栽植数量大、面积广、技术要求高、工序复杂，在施工中必须重视科学管理，否则就会造成国家人力、财力、物力的损失。

进行绿化施工的第一个工序就是做好施工前的苗木选定和定点放线准备工作，同时应注意施工前按设计图纸要求，全面落实苗木供应来源，以及取运地到栽植地的道路运输情况和运苗方法。如发现苗木规格、姿态、数量不符，应另行更换取苗地点，直到全面落实为止。对生长健壮、姿态规格合乎设计要求、无病虫害或少病虫害的合格苗木，应逐株进行"号苗"，必要时标出记号。

14.2.2　栽植地的整地与放样

1. 核对栽植地的土质

栽植地的土质应基本与取苗地一致，如核对时发现栽植地土质太差，应在植树前换土，以保植株成活。

2. 栽树前的整地工作

应注意把好土、表土铺在植株根系的主要分布层。种植乔、灌木的表土层至少在50cm以上。如发现栽植地的表土层不适合，必须在开挖栽植穴前，把更换的好土和肥料运至栽植地。

3. 定点放线工作

一般应在栽植施工前完成定点放线工作，但也有随放随挖穴的。定点放线工作均应由专业技术员或熟练技工进行，才能确保施工顺利。

由于栽植精度要求不同，定点放线所采取的方法也不同，下面简要介绍定点放线的常用方法。

1) 绳尺徒手定点放线法。在种植精度要求不高或栽植面积不大且不利于使用仪器放样的栽植工地，一般多采用绳尺徒手定点放线方法。放线时应先选取图纸上或现场上保留下来的固定性建筑或植物（如大树）等为依据，并在图纸和实地上量出它们之间的距离，如距离固定物较远，则应在一定范围内，先选定大树或建筑物的位置，继续定出较远点，但这种方法容易产生较大的误差，因此，只能在要求不高的绿地施工时采用。

在定点时，对片状灌木或丛林，若树种配置单调，没有特殊要求，可单放出林缘线，再利用皮尺或测绳，以地面上原有的固定物为依据，按图纸上的比例量出距离，定出单株或树丛的位置，再用白灰线或标桩加以标明。标桩一般用扁竹片或木板条制成，一来可牢固钉入土中，二来可以在上面标明栽植的树种名称（或用代号）及挖坑的大小。在片状放线时，也可在标桩上标明什么树、多少株，待苗运来时，再决定坑的大小。一般自然式丛状栽植，应防止排队式整齐栽植，俗语说，"三棵树木千万不要种在一条直线上"，这在具体挖坑时，更应特别注意。绳尺徒手定点放线法应当由有一定技术经验和水平的人员操作。

2）小平板放线法。小平板的详细使用方法，一般均在测量中学习，这里不再详谈，但必须了解小平板放线的要点：首先定出具有代表意义的控制点，再以控制点为依据，使用绳尺测量栽植地位置，来进行定点。小平板定点，一般均由3人小组来进行工作，1人照标、1人立标杆、1人放线和定标桩。

3）方格网放线法。在面积较大的植树绿化工地，可以在图纸上以一定的边长画出方格网（如5m、10m、20m等长度），再把方格网按比例测设到施工现场去（一般多采用经纬仪来放桩比较准确），然后在每个方格内按照图纸上的相对位置进行绳尺法定点。

4）标杆放线法。在测定比较规则的栽植点时，如成排、成行、成块的规则式乔、灌木的定点，可以采用标杆和皮尺（或测绳）来进行测设，以两端的两个标杆为准，一人立于端点指挥方向，并手持皮尺的一端，另一人持活动标杆，在中间移动，并手持皮尺的另一端，当标杆照准后，便可将皮尺落地，按设计的距离打点。当活动标杆远距端杆时，可把活动标杆变成端杆，并将原来端杆取下，作为新的活动标杆，继续不断地向前测点。

14.2.3 挖穴

选苗和定点放线完成后，一边把记录定点植物名称、数量、规格的"绿化工程施工提苗单"交给运苗部门准备提苗，一边在施工现场组织施工人力开始挖穴。在挖穴中，对50cm×40cm以下的小坑，一般可由1人来开挖；对80cm×60cm以上的中等树坑，可以由两人配合开挖；至于150cm×80cm以上的大坑，则需组织3~4人的小组来合力进行。

1. 挖坑的时间

在施工任务紧迫的工地上，可以随挖随栽，但有条件的工地应在运取苗木前1~2d将树穴挖好，这样就可以全力投入植树工作，但须注意气候的变化，在比较干燥的季节，应避免过早暴露土壤而大量消耗水分；在雨期施工，应注意防止出现树坑积水。

2. 挖坑的大小

栽植坑的大小应随苗木规格的大小而定，一般应在施工计划中事先排定，挖坑一般应略大于苗木的土球或根群的直径，对坑穴内杂物多或土块硬结的土壤应略放大，以利更换新土。对栽植品种适应性强的树坑，坑穴可以略小；适应性差的树种，沟坑应放大。对干径超过 10cm 的大规格苗木，均应加大树坑。在施工中，运来的苗木常常出现规格不一致的情况，如发现苗木规格过大，绝不允许将苗木的根群弄小，而应将树坑放大，以保证树木成活。

3. 挖坑的方法

树坑的开挖方法有以下两种：

1）人力挖坑。面积不大或土质较好的栽植地区，宜采用人力挖坑。人力挖坑一般分破土、取土、修筑坑边三个步骤，破土多使用镐掘松坑土，取土、修边一般采用平板铲或圆锹。人工挖树坑应注意以下几点：挖出的表土、心土应分别堆放，因表土含有机质和养分，用它栽树，有利于树木生长；在一个施工地区内，表土、心土堆放的位置应固定一个方向；人工挖坑操作时，人与人之间应保持一定的间距，避免不必要的事故发生；挖出的坏土和废土应及时运走；绿窝、花带或花径可用开沟槽法；挖坑时，如发现有地下管道、电缆等地下设施，应停止操作，并及时向有关领导报告；在斜坡处挖坑，应先做成一个平台，平台应以坑径最低处为标准，然后在平台上挖坑。

2）机械挖坑。在挖坑工作量较大或取土量较多，以及行道树坑穴换土量大的情况下，为了加快施工进度，减轻劳动强度，近几年来，国内不少城市开始使用机械挖坑。常用的机械挖坑机又叫穴状整地机，主要用于栽植乔、灌木，以及大苗移植，也可用于埋设电杆、桩柱等作业。挖坑机每台班可挖 800～1200 个树穴，而且挖坑整地的质量也较好。

目前在国内，挖坑机按其类型可分为悬挂式和手提式两种。

（1）悬挂式挖坑机：该机悬挂在拖拉机上，由拖拉机的动力输出轴通过传动系统驱动钻头进行挖坑作业，其由机架、传动装置、减速箱和钻头等几个主要部分组成。传动装置由万向节和安全离合器组成。当挖坑机工作时，钻头如遇到障碍物，其安全离合器会自动切断动力，保护机器不受损坏。

减速箱的任务是把发动机动力输出轴的转速进行减速并增加转矩，以满足挖坑机的要求。拖拉机动力挖坑机上通常采用圆锥齿轮减速器。直径为 200～1000mm 的螺旋钻头的转速，通常为 150～280r/min。

挖坑机的工作部件是用于挖坑的钻头，为螺旋型。工作时螺旋片将土壤排至坑外，堆在坑外的四周。用于穴状整地的钻头为螺旋齿式，也叫松土型钻头。工作时钻头破碎草皮，切断根系，排出石块，疏松土壤。被疏松的土壤不排出坑外，而留在坑穴内。

（2）手提式挖坑机：手提式挖坑机主要用于池形复杂的栽植地区的整地或挖坑。手提式挖坑机由小型二冲程汽油发动机提供动力，其特点是质量轻、功率大、结构紧凑、操作灵便、生产效率高。该机通常由发动机、离心器、工作部件、操纵部分和油箱等组成。手提式挖坑机一般由 2 人操作使用，生产率为每小时 150～400 穴。

14.2.4　乔、灌木种植

1. 掘苗

根据各种乔、灌木的生态习性和生长状态，以及施工季节的不同，苗木掘取应注意以下几点：

1）掘苗移植的时间。掘苗时间因地区和树种不同而不同，一般多在秋冬休眠以后或者在春季萌动前进行，另外在各地区的雨期也可进行。

2）掘苗的质量标准。为保证树木成活，掘苗时要选生长健壮、树形端正、根系发达的无病虫害苗木。如已有"号苗"标志号，应严格根据已经选定的掘苗。

3）掘苗的根系规格。一般掘取露根（裸根）苗和带土球的苗木，其根系的大小应根据掘苗现场的株行距，树苗的干径、高度而定。一般情况下，乔木的根系大小可按胸径（高 1～3m）为依据。

4）掘苗的操作方法。掘苗处土壤过于干燥，应在挖苗前 3 天浇水一次，待水渗下后表土半干燥时再掘苗，有利于土球形成。

开挖前应将掘苗处的现场乱草、杂树苗、砖石堆物等清理干净。在地表倾斜或表土较厚时，应先铲平并除去过多的浮土，直到稍见表根为止，这种做法能减轻土球的质量。掘苗前如发现土质不好，在必须包装而又难以打包时，应舍去这些苗木。

为了能够取得比较完整的土球，应先在土球外开挖侧沟，侧沟宽度一般比土球大 30～50cm，这样有利于包装操作。同时，为了开沟操作，可在挖前把树冠稍加扎紧，对较大的苗木，为了不致因一次断根而造成死亡，可有计划地在两年内进行切根处理。

对一般乔、灌木，均应随掘随栽，具体操作如下：

下挖时，应以树干为中心画一圆圈，标明根系及土球大小，一般应先留出比预定土球稍大的土球，以防操作时将预定的土球损坏。

下挖时，对侧根应分别处理：对小于 0.5cm 的小根、细根，可用平板铲快速向下斩断，动作必须快而准，以一次斩断为宜；对 0.5cm 以上的大根、粗根，则必须采用剪刀剪断。对主根可用快镐或手锯来解决。同时，应随时根据根群的分布情况和土质情况来确定行动方法，如偏根的出现、遇砂砾层等。侧沟开挖为了省工和便于操作，以及苗木土球搬运出土坑，必要时，可以将一条沟边挖成斜坡，下挖时，万一有散球危险，应在挖球进行一半时先进行围腰包扎。

挖露根苗时，平板铁铲要锋利，根系切口要平滑，不得将根拉断、劈裂，挖够深度后，再向内掏底，并将根铲断，放倒树苗后，才能打去根部土块。挖苗时如遇粗根，也要使用手锯锯断。

露根苗掘好后，应立即装车运走，如不能运走，可在原坑埋土假植，并将根埋严，如假植时间过长，应设法适量浇水，保持土壤和苗木根部的湿度。

5）土球包装方法。土球包装又称打包，根据土球的形状、包装材料，包装的方法一般有以下几种：

（1）扎草法：对一般带土球的小苗，可用扎草法沿行包装。扎草法很简单，即先将稻草束的一端扎紧，然后把稻草秆辐射状散开，将苗木的小土球正置其中，再将分散的稻草秆从小球的四周外侧向上扶起，包围在土球外，稻草秆紧紧扎在苗木的根基处。此法在我国江南一带采用较多，其包扎方便而迅速，应用普遍。

（2）蒲包法：在苗木挖取运输较远，而苗圃的土质又比较松散的情况下，常采用蒲草编制的草包进行包扎。小土球常用一只蒲包来包扎，稍大一些的土球则需采用两个蒲包，上下对扎，然后用绳扎紧。为了便于在圃地包扎，可先把蒲包的一侧剪开至中心，以利搁苗时使用。

（3）草绳法：对一般土质较好的土球，经常采用草绳法包装。此法苗木大小均可使用。草绳法一般要先打腰箍，即先在土球中部进行水平方向的围扎，以防土球外散，腰箍的宽度要看土球的大小和土质状况而定，一般要围4～5圈，扎结腰箍应把草绳打入土球表面土层中（一般采用砖石、木块敲打，一边拉紧草绳，一边敲打草绳），以便紧缩牢固不松。

草绳腰箍打完后，就可以扎竖向草绳。由于扎结形状的不同，竖向草绳的花纹在华东地区大约可区分为"古钱形""五角形"和"橘包形"。一般在土质较好、运输路程较近、土球较小时，可采用前两种形式。在扎纵向草绳时，每围扎一圈，均应把草绳用捶打方法，使草绳围圈紧紧地砸入土球表面的土层之中。纵向草绳的围圈多少，也要依泥球的大小和土质好坏而定，一般土球小一些的，围扎4～6圈即可，大土球则增加整向草绳绳圈的圈次。最后，如果怕草绳松散，可再增加外腰箍一层。在移植大树时，也有采用草绳扎结土球的，但需要增加腰箍和定向的层次和围圈次数。

（4）装筐法：根据苗根的大小，预制大孔度土球，首末捆起后，将土球放入其中，并用松土把四周空隙填实。这种装筐法，不仅可以移栽，而且可以就地假植，并且有利于进行养护。这种包装法还可用来进行生长季移栽。

（5）填模法：对一般小的标根苗或移植时土球散落，要想在现场重新进行包装，可采用填模法。此法即按照要包装的土球形状大小，在地上挖一坑，然后用草包填底，还可以在草包的底下先放入十字形草绳，草绳的两端外露，苗木放入坑内，立即填土夯实，然后合包扎口把苗木提起。这种做法，同样有假植的作用。

（6）裸根苗木的包装：凡是能以露根移植的苗木，均不需要花费人工去进行包装，但为运输包活或防止损伤根群，也可以进行包装。裸根苗一般带根较多，可以把能弯曲的细根向同一方向靠拢，然后用草包或麻袋包扎，还可以在其中填入湿的苔藓等以防苗木根群干燥。

2. 起苗

一般小苗包装好即可提出运走。大苗提取常采用以下几种办法：

1）填土起苗法：先将土球歪倒一侧，在另一侧填土，然后把土球歪向填土一侧，在原来空出的一侧填土，如此反复多次，直到土球升出地面为止。

2）斜坡起苗法：在土坑的一侧开出斜坡，坡度为1∶2或1∶3，然后放倒土球，用较少的人力即能将土球滚出土坑，如因土质松软，可在斜坡上铺以圆木作轨道，将土球拉出。

3）三脚架起苗法：通常采用3根杉木，扎成三脚架垫于土坑上空，架顶系有链条式人力起重器（俗称神仙葫芦）。将土球用绳索挂在三脚架上的起重器挂钩上，启动起重器将土球升起，并用运输工具拉走。

4）机械起苗法：一般用于大树移栽。

14.2.5　苗木运输和假植

在乔、灌木种植的施工过程中，苗木的装车、运苗、卸车、假植的精心操作，对保证土球完好，不折断苗木主茎、枝条，不擦伤树皮，保护好根系等，具有十分重要的作用。绿化工程施工中的有关技术规程、规范常包括以下内容：

1）运苗装车前，押运人员应按所得树种、规格、质量、数量认真检查核实后装车。装运露根苗木应根向前、梢向后，顺序码放整齐，在后车厢处应垫草包或蒲包以免磨伤树干，注意树梢不要拖地；装好后应用绳将树干捆牢，捆绳时亦应垫上蒲包，不致勒伤树皮。灌木也可直立装车，凡远距离装运裸根苗木，应用苫布或湿草袋盖好根都，以免失水过多影响成活。

2）装运带土球苗木，高度在 2m 以下可立放，2m 以上应平放。装时土球向前，树干朝后，土球应放稳、垫平、挤严，土球堆放层次不要过高，40cm 以下土球苗最多不得超过 3 层，40cm 以上土球苗最多不得超过 2 层，并应注意不要损伤树枝。押运人员不要站在土球上。行车时与司机配合好，遇坑洼处行车要慢，以免颠坏土球影响成活。

3）苗木运到工地后按指定位置卸苗。卸露根苗要从上往下顺序卸车，不得乱抽。卸时应轻拿轻放，不许整车往下推，以免砸折根系和枝条。土球 40cm 以下的苗木可直接搬下，但要搬动土球时不应只提苗干，卸 50cm 以上的土球苗，可打开车厢板放上木板，从板上滑下（车上人拉住树干，车下人推住土球缓缓卸下）。

4）卸车后不能立即栽植时，露根树应临时将根部埋土或用苫布、草袋盖严，也可事先挖好宽 1.5～2m、深 40cm 的假植沟。将苗放整齐，一层苗一层土将根部埋严，如假植时间长，超过 7d，则应适量浇水保持土壤湿润，带土球苗临时假植应尽量使树直立。假植时间较长则应在土球和枝叶上经常喷水，以增加空气中的湿度和保持土球土壤的塑性，但水量不宜过大，以免将土球泡软。

14.3 乔、灌木的栽植

14.3.1 栽植的质量标准

栽植前为了减少蒸腾，保持树势平衡，保证树木成活，应进行适当修剪，修剪时必须剪口平滑，并注意留芽位置；根部修剪，剪口也必须平滑，修剪要符合自然树形和按设计要求而定。对分枝点的选留，对主干明显的杨树、雪松、水杉等，必须保持中央树干的正直生长。灌木修剪应保持其自然树形，栽植时树冠应保持外低内高，疏枝应保持外密内疏，对枯、老、病、虫枝，断枝、断根应剪去，剪口要平滑。

栽植的位置要按设计进行。栽时树木高矮、干径大小要搭配合理，排列整齐，合乎自然要求。栽植的树木要保持上下垂直不得倾斜，树形好的一面要迎着主要方面。栽植行列树必须横平竖直，树干应在一条线上，相差不得超过半个树干；相邻树木高矮不得超过 50cm。栽植填土要分层填实。栽植深浅要适合，一般应与原土痕平，个别快长杨柳树可较原土痕深栽 5cm。带土球树木栽植，土球的包装物应尽快取出。

散苗要按设计立放，埋苗时注意保护根系、主干树尖、枝条和土球，以保证树木的成活。

14.3.2 栽植的操作方法

栽植时首先注意苗木与现场特点是否符合，其次对其树冠的朝向应加以选择。各种植物均有它的自然生长朝阳面与朝阴面，某些小树不很明显，而较大苗木必须按其原来的阴阳面栽植。特别是自然式姿态的树种，应注意各方面的特点，使之达到前低后高、层次自如。

树木入坑时要深浅适当，土痕应略平或稍高于坑口，要防栽后可能出现陷落或下沉，导致树干基部积水腐烂。入坑填土必须使用较肥沃的表土，先填入靠近根群部分，每填高 20～30cm 应踏实一次，注意不要伤根。如填土过分干燥，或土坑过大，或土球较大，则应在填至 1/3～1/2 时，用木棍在坑边四周夯实，防止根群下部或泥球底部中空，同时防止碰损土球。如遇土球泥土松散，可先垫土 1/2～2/3，再去掉草绳或蒲包等包装物，然后填入土。

栽植露根树木，应使根系舒展，防止出现窝根，表土填入一半时，将树干轻提几下，既能使土与根系密接，又能使根系伸直。

坑土填平后，另用培土法筑起凸起的围堰，以利浇水。栽植较大的落叶乔木或常绿树木时，应设立支柱，或设置保护栅保护新栽树木。保护栅种类很多，材料可用绳子、铅丝、竹竿、木柱、水泥柱等。保护栅的形式有拉丝、直立、斜撑、扁担桩、十字桩等多种，在施工前应做好保护栅材料的准备。保护栅的设立方向，一般应设在下风口，这样才能充分发挥保护作用。

新植树木的浇水，应以河、湖天然水为佳。栽植后 48h 之内必须及时浇上第一遍水，第二遍水要连续进行，第三遍水在二遍水后的 5～10d 内进行。秋季植树开工较晚或雨期植树，均可少浇一些水，但灌水量一定要足。

浇完第三遍水待水渗下后，及时进行中耕并封堰，秋季浇完最后一遍水亦应及时封堰，并在树干基部周围堆成 30cm 高的土堆，以保持土壤中的水分。中耕封堰时应将裂缝填实，并将树干扶正。中耕松土时，要将土打碎，并应注意不得伤树根、树皮。

封堰时要用细土，如土壤中有砖石，应捡出以免造成下次开堰的困难，封堰时应较地面稍高一些，以防止自然陷落。

新栽苗木要坚决防止各地带来的病虫害，因此，必须在栽植前后注意检查。若发现有介壳虫或其他虫茧、虫卵等，应尽量人工予以消灭。对检查发现的虫孔树干，应查明害虫，采取措施进行防治。对叶子上的病害，应及早喷药防止扩散，少量病叶应及时摘除集中烧毁。

14.4　花卉种植与花坛技术

随着我国城乡建设的发展，在绿地中增设花坛越来越被人们重视。它不仅能改善环境，而且能给节日带来喜庆气氛。因此，近几年来，各地的公共绿地、街道广场、公园及工矿企业等都把增添花坛作为提高绿地质量的重要工作。

目前在我国，花坛的形式主要有花池式花坛、平面式花坛、模纹式花坛、立体式花坛、活动式花坛。

14.4.1　花池式花坛种植施工

花池式花坛又称为花台式花坛，是我国传统的花坛种植形式，有悠久的历史。过去多习惯于用花池形式栽种牡丹、芍药、天竺、山梅（又称太平花）等多种花木，其特点是以块石或砖等材料堆砌成高出地面的池状花坛，故称为"花池"。古人多布置于庭院的显要位置供人欣赏。北京故宫内设置的"太平花花池"，就是用砖砌筑的花池式花坛，上海龙华古塔前布置的"百年牡丹花池"也属花池式花坛，它已有100多年历史。

近年来，在花池的应用上，各地多将它与叠山相结合，花池内植物的配置也转向以草本和木本相结合。

下面简要介绍花池的施工方法。

1. 土壤准备

用假山石或其他建筑材料砌成花池后，应测定其土壤酸碱度（pH 值）。如系栽种茶花、杜鹃、天竺、苏铁、玉兰等酸性花木，而土壤为碱性，则应及时更换，至少土壤表层 30～50cm 厚的表土应更换，否则会影响这些酸性植物的正常生长。其他中性或耐碱植物，池内土壤也要求疏松、肥沃，排水良好。

2. 定点放线

定点放线工作除了根据设计图纸要求外，施工时必须与苗木的实际大小、姿态密切结合进行，调整其位置，目的是使花木栽种后保持整齐美观。

3. 适于池栽的花卉品种

常见的花卉品种一般有月季、杜鹃、牡丹、贴梗海棠、木瓜海棠、垂丝海棠、山茶、八仙花、栀子花、含笑花、棣棠花、金丝桃、木槿、白玉兰、六倍利、天女花、山梅花、迎春、黄馨、南天竹、紫竹、五针松（迎客松姿态），以及水仙、葱兰、石幕、沿阶草等草本边缘陪衬植物。

4. 花池植物的栽植

花池内栽种的植物多重视单株姿态，因此施工时要求精细。种植穴要略大于花木的根系（或泥球），坑底必须平整，放入时要深浅适中，并注意植株的观赏面和姿态。放稳后，覆土时必须夯紧，同时注意防止损伤根群，避免倾斜。定植后浇水要透。种妥后，检查有无断枝和重叠枝，应及时修整，保持树形的完整。

5. 花池的养护管理

花池养护管理一般要求精细，应根据不同品种进行不同性质的修剪、施肥和病虫防治，以促进其正常发育生长。对特殊姿态的花木（如迎客松），应注意整形，以保持其原有姿态。

14.4.2 平面式花坛种植施工

平面式花坛亦称"普通式花坛"，由于种植形式简单，一般只要求粗放管理，因此在园林中应用较多，其种植施工要点如下。

1. 整地翻耕

花卉栽培的土壤必须深厚、肥沃、疏松。因而在种植前，一定要先整地，一般应深翻 30～40cm，除去草根、石头及其他杂物。如土质较差，则应将表层更换好土（30cm 表土）。根据需要，施加适量肥性好又持久的已腐熟的有机肥作为基肥。平面式花坛不一定为水平状，它的形状也可随地形、位置、环境自由处理成各种简单的几何形状，并带有一定的排水坡度。平面式花坛有单面观赏和多面观赏等多种形式。单面花坛，一般采用青砖、红砖、石块等预制件砌边，也有用草坪植物铺边的，有条件的还可以采用绿篱及低矮植物（如葱兰、麦冬），以及用矮栏杆围边以保护花坛免受人为破坏。

2. 定点放线

一般根据图纸规定，直接用皮尺量好实际距离，用点、线做出明显的标记。如花坛面积大，可改用方格法放线。放线时要注意先后顺序，避免踩坏已放好的标志。

3. 起苗栽植

裸根苗应随起随栽，起苗应尽量注意保持根系完整。掘带土花苗，如花圃畦地干燥，应事先灌浇苗地。起苗时要注意保持根部土球完整、根系丰满。如苗床土质过于松散，可用手轻轻捏实。掘起后，最好于阴凉处置放 1～2d，再运去栽植，这样做既可以防止花苗土球松散，又可以缓苗，有利其成活。盆栽花苗，栽植时，最好将盆退下，但应注意保证盆土不松散。平面式花坛，由于管理粗放，除采用幼苗直接移栽外，也可以在花坛内直接播种，出苗后，应及时进行间苗管理，同时应根据需要，适当施用边肥。施肥后应及时浇水。球根花卉不可施用未经充分腐熟的有机肥料，否则会造成球根腐烂。

4. 中耕除草

中耕除草不仅有利于花苗生长，而且能减弱和防止杂草与花苗争肥。中耕深度要适当，不要损伤花卉的根部。杂草应及时清除，防止腐烂发热。

5. 修剪

花卉开花期间，应定期剪除残花。草花采种忌在花坛内收籽，应在苗圃进行。

6. 其他养护工作

缺苗应及时补齐，发现病虫害应喷药防治，病苗应及时拔去。

14.4.3　模纹式花坛种植施工

模纹式花坛又称"图案式花坛"，由于花费人工，一般均设在重点地区，种植施工应注意以下几点。

1. 整地翻耕

除按照要求进行外，由于它的平整度要求比一般花坛高，为了防止花坛出现下沉和不均匀现象，在施工时应增加一二次镇压。

2. 上顶子

模纹式花坛的中心多数栽种苏铁、龙舌兰及其他球形盆栽植物，也可在中心地带布置高低层次不同的盆栽植物，北方城市称为"上顶子"。

3. 定点放线

上顶子的盆栽植物种好后，应将其他花坛面积翻耕均匀、耙平，然后按图纸的纹样精确地进行放线。一般先将花坛表面等分为若干份，再分块按照图纸花纹，用白色细沙撒在所画的花载线上。也有用铅丝、胶合板等制成纹样，再用它在地表面上打样。

栽草一般按照图案花纹先里后外，先左后右，先栽主要纹样，逐次进行。如花坛面积大，栽草困难，可搭搁板或扣木匣子，操作人员踩在搁板或木匣子上栽草。栽种时可先用木槌子插眼，再将草插入眼内用手按实。要求做到苗齐、地平，达到横看一平面、纵看一条线。为了强调浮雕效果，施工人员事先用土做出形来，再把草栽到起鼓处，则

191

会形成起伏状。株行距离视五色草的大小而定，一般白草的株行距离为3～4cm，小叶红草、绿草的株行距离为4～5cm，大叶红草的株行距离为5～6cm。最窄的纹样栽白草不少于3行，绿草、小叶红、黑草不少于2行。花坛镶边植物火绒草、香雪球，栽植距离为20～30cm。

4. 修剪和浇水

修剪是保证五色草花纹的关键。草栽好后可先进行一次修剪，将草压平，以后每隔15～20d修剪一次。有两种剪草法：一种为平剪，纹样和文字都剪平，顶部略高一些，边缘略低；另一种为浮雕形，纹样修剪成浮雕状，即中间草高于两边，呈圆拱形。剪时要做到面平、线直、不走样。每次修剪的剪茬要逐渐升高，不能剪到分枝以下，否则不好看或露出地面。浇水除栽好后浇一次透水外，以后应每天早晚各喷水一次。

5. 除虫

五色草易遭受"地老虎"危害，一旦发现，应立即施用3‰呋喃丹颗粒剂，每1m²的用量为3～4g。天气干旱，易受红蜘蛛、蚜虫危害，可喷洒1500倍氧化禾果稀释液。

14.4.4　立体式花坛种植施工

立体式花坛就是用砖、木、竹、泥等制成的骨架，再用花卉布裹外形，使之成为兽、鸟、花瓶等立体形状的花坛形式。种植施工要点如下。

1. 立架造形

外形结构一般应根据设计构图，先用建筑硬材料制成大体相似的骨架外形，外面包以泥土，并用蒲包或草浆泥固定。有时也可以用木棍作中柱，固定在地上，然后用竹条、铅丝等扎成立架，再外包配土及蒲包。

2. 栽花

立体花坛的主体花卉材料一般多采用五色草布置，所栽小草由蒲包的缝隙中插进去。插入之前，先用铁器钻一小孔，插入时草根要舒展，然后用土填满缝隙，并用手压实，栽植的顺序一般由下向上，植株距离可参考模纹式花坛，为防止植株向上弯曲，应反时修剪，并经常整理外形。花瓶式的瓶口或花篮式的篮口可以布置一些开放的鲜花。

立体花坛应每天喷水，一般情况下喷水2次，天气炎热干旱则应多喷几次。每次喷水要细，防止冲刷。

14.4.5　活动式花坛种植施工

活动式花坛又称"组合式花坛""装配式花坛"。它是近几年在新形势下兴起的一种花坛布置形式。这种花坛形式与上述4种完全不同。它占地面积小、装饰性强，一般由若干盛花的容器组合而成，需要时，随时拼装，不需要时，又可拆除，因此称为"活动花坛"。

容器内盛有介质，它不仅可以移栽各种不同颜色的盆栽花卉，而且可以根据不同季节调换新花，使城市的绿化更加美丽。

目前，我国的一些大中城市虽已开始设立这种花坛，但并不普遍，因此技术资料也不多。下面简要介绍北京、上海等城市在实际应用中的一些经验。

1. 花坛的位置

活动花坛的位置一般应设置在城市的主要交通人行道口、绿地的出入口、展览会及广场的入口集中处，以及重要的建筑物前。位置必须适中，既不能影响交通，又要置于视线集中之处，使它在美化环境、活跃气氛中发挥作用。

2. 容器的组合

栽花容器是设置花坛的基础支柱。这种容器的形式和大小均不受限制，各地可因地制宜地自行设计制作。其结构多数采用水泥预制品，也可以用塑料压制或以塑料板材胶合。无论哪种形式，容器的底部都必须设有排水孔道。

容器运到场地后，应按照图纸要求，采用吊装方法安装。水泥容器分量较重，设置后移动不便，因此必须慎重，防止返工。

3. 介质的选择

活动花坛能否成功，关键在于介质。目前，多数人认为以采用轻型发酵木屑土为佳。因这种人造土壤不仅质地疏松、养分充足，且具有良好的保水性能，能促进花木正常生长发育。如有泥炭、堆肥的，则应尽可能充分利用本地资源。

无论哪种介质，均须经过消毒灭菌后方可使用。消毒灭菌除用蒸汽法外，亦可将介质摊放在强阳光下，利用日光暴晒消毒，一般摊晒1周左右就能达到较好的效果。

4. 花苗栽种、养护管理

活动花坛多数采用盆花移栽，也可直接将花苗连盆埋入介质中。但布置盆花时，必须注意花卉的色彩配置，植株大、小和高、矮的协调。具有图案花纹的，应按设计图纸移植花苗。

活动花坛一般均设置在阳光直射下，一般应每日早、晚各喷水养护一次，残花应及时剪除，保持花坛完整而清洁。为了防止新栽花卉在阳光下出现萎蔫，花苗栽入前应充分浇一次透水，移栽后再次浇一次透水。对活动花坛，一般根据需要结合各种花卉的开花季节来决定调换次数和换花时间。

课后习题

1. 园林植物施工有哪些注意事项？
2. 影响种植成活的主要因素有哪些？
3. 简述栽植修建的操作规范。

参考文献

[1] 李俊英，负剑，付宝春．园林植物造景及其表现［M］．北京：中国农业科学技术出版社，2010．

[2] 陈其兵．风景园林植物造景设计［M］．重庆：重庆大学出版社，2011．

[3] 杨柳青．植物景观设计［M］．长沙：中南大学出版社，2013．

[4] 金煜．园林植物景观设计［M］．2版．沈阳：辽宁科学技术出版社，2015．

[5] 王香春．城市景观花卉［M］．北京：中国林业出版社，2001．

[6] 汪新娥．植物配置与造景［M］．北京：中国农业大学出版社，2008．

[7] 苏雪痕．植物造景［M］．北京：中国林业出版社，1994．

[8] 臧德奎．园林植物造景［M］．北京：中国林业出版社，2008．

[9] 车代弟，樊金萍．园林植物［M］．北京：中国农业科学技术出版社，2008．

[10] 李文敏．园林植物与应用［M］．北京：中国建筑工业出版社，2006．

[11] 马玉．公园讲解员培训考试教程：园林基础知识［M］．北京：中国林业出版社，2008．

[12] 刘奕清，夏晶晖．观赏植物学［M］．北京：中国林业出版社，2011．

[13] 李端杰．高校校园环境设计［M］．济南：山东科学技术出版社，2008．

[14] 赵艳岭．城市公园植物景观设计［M］．北京：化学工业出版社，2011．

[15] 卢圣．图解园林植物造景与实例［M］．北京：化学工业出版社，2011．

[16] 张付根，薛金国，尤杨．城市园林设计［M］．北京：中国农业大学出版社，2008．

[17] 冯志坚．园林植物学：南方版［M］．重庆：重庆大学出版社，2013．

[18] 侯振海．园林艺术及其规划设计实例［M］．合肥：安徽科学技术出版社，2012．

[19] 徐德嘉，周武忠．植物景观意匠［M］．南京：东南大学出版社，2002．

[20] 陈月华，王晓红．植物景观设计［M］．北京：国防科技大学出版社，2005．

[21] 艾定增．景观园林新论［M］．北京：中国建筑工业出版社，1995．

[22] 屈永建．园林艺术［M］．咸阳：西北农林科技大学出版社，2006．

[23] 卢圣．植物造景［M］．北京：气象出版社，2004．

[24] 刘彦红，刘永东，吴建忠．植物景境设计［M］．上海：上海科学技术出版社，2010．

[25] 吴钰萍，周玉珍．园林绿化高级教程［M］．沈阳：辽宁科学技术出版社，2005．

[26] 祝遵凌，王瑞辉．园林植物栽培养护［M］．北京：中国林业出版社，2005．

[27] 史向民．景观植物在城市绿地中的应用［M］．哈尔滨：东北林业大学出版社，2007．

[28] 王玉晶，杨绍福，王洪力．城市公园植物造景［M］．沈阳：辽宁科学技术出版社，2003．

[29] 刘雪梅．园林植物景观设计［M］．武汉：华中科技大学出版社，2015．

[30] 李文敏．植物景观设计［M］．上海：上海交通大学出版社，2011．

[31] 叶乐．优秀景观楼盘植物景观设计［M］．北京：化学工业出版社，2011．

[32] 沈玉英．城乡花卉应用技术［M］．杭州：浙江大学出版社，2012．

[33] 胡长龙，戴洪，胡桂林．园林植物景观规划与设计［M］．北京：机械工业出版社，2010．

[34] 刘慧民．植物景观设计［M］．北京：化学工业出版社，2016．

［35］任有华，李竹英．园林规划设计［M］．北京：中国电力出版社，2009.

［36］于宁．城市公园植物景观设计应用研究［D］．重庆：重庆师范大学，2019.

［37］宋佳慧．西北农林科技大学南校区地被植物景观设计研究［D］．咸阳：西北农林科技大学，2019.

［38］甘灿．住宅地产展示性园林植物景观设计方法研究［D］．长沙：湖南农业大学，2018.

［39］吴丽璇．江门市东湖公园园林植物组成与景观植物配置分析［D］．广州：华南农业大学，2018.

［40］凌玉梅．南方住宅示范区植物景观营造的研究［D］．广州：华南理工大学，2017.

［41］张璐．校园文化与植物景观设计［D］．南昌：江西财经大学，2017.

［42］任文俊．低维护城市公园植物景观研究［D］．杭州：浙江农林大学，2017.

［43］陈伟丽．北京市居住小区植物景观设计研究［D］．保定：河北大学，2017.

［44］董泽华．杨凌地区园林植物应用调查研究［D］．咸阳：西北农林科技大学，2017.

［45］马啸明．水库型水利风景区规划设计研究［D］．长春：吉林农业大学，2017.

［46］蔡伟民．中国植物文化与植物景观设计研究［D］．合肥：安徽农业大学，2017.

［47］罗玮．杭州市生态驳岸景观研究［D］．杭州：浙江农林大学，2017.

［48］贾园园．东北严寒地区住区植物景观设计研究［D］．齐齐哈尔：齐齐哈尔大学，2016.

［49］黄华杰．城市公共空间中"新中式"风格植物景观设计研究［D］．合肥：安徽农业大学，2016.

［50］牛爽．植物景观在公园设计中的应用研究［D］．长春：吉林建筑大学，2015.

［51］封朋．园林植物景观空间的人性化设计研究［D］．北京：北京林业大学，2015.

［52］李晶然．北京市居住区园林植物景观研究［D］．北京：北京林业大学，2015.

［53］谭燕．岭南居住小区植物空间配植设计初步研究［D］．广州：华南理工大学，2015.

［54］王婧．延安市城市园林景观研究［D］．西安：西安建筑科技大学，2015.

［55］金琼．植物空间营造的美学研究［D］．大连：大连工业大学，2015.

［56］陈冰晶．园林植物景观空间规划与设计［D］．南京：东南大学，2015.

［57］张璐．森林公园植物景观设计研究［D］．哈尔滨：东北农业大学，2014.

［58］黄献．园林中植物景观色彩设计的应用研究［D］．南京：南京师范大学，2014.

［59］王承红．天津市居住小区植物景观设计的研究［D］．哈尔滨：东北农业大学，2013.

［60］李飞．园林植物景观设计对微气候环境改善的研究［D］．成都：西南交通大学，2013.

［61］齐风超．西安市节水型园林景观研究［D］．咸阳：西北农林科技大学，2013.

［62］郭卓．城市生态公园的植物景观设计［D］．西安：西安建筑科技大学，2012.

［63］屠伟伟．杭州花港观鱼公园植物景观分析研究［D］．杭州：浙江大学，2012.

［64］钱潇冰．植物景观设计表现方法研究［D］．杭州：浙江农林大学，2012.

［65］谷爱珍．植物物候相在植物季相景观设计中的应用［D］．呼和浩特：内蒙古农业大学，2011.

［66］邓玉平．基于环境心理学的城市公园植物景观设计［D］．重庆：西南大学，2011.

［67］李素霞．重庆市节约型园林植物配置模式研究［D］．重庆：西南大学，2011.

［68］黄燕．城市街道园林植物景观设计研究［D］．长沙：湖南农业大学，2011.

［69］郭旭光．上海园林植物新优品种在景观设计中的应用［D］．咸阳：西北农林科技大学，2010.

［70］费中方．园林植物色彩构成及配置研究［D］．咸阳：西北农林科技大学，2010.

［71］何建顺．中国海南与新加坡热带植物景观比较研究［D］．海口：海南大学，2010.

［72］李东拓．城市带状公园植物景观设计研究［D］．哈尔滨：东北农业大学，2010.

［73］乔戈．主题公园中植物配置模式特点及其应用研究［D］．大连：大连工业大学，2010.

［74］王洪．高层居住区地面公共空间植物景观研究［D］．成都：西南交通大学，2009.

［75］何进，张云峰．植物造景在园林景观设计中的应用——评《园林植物造景与设计》［J］．植物学报，2020，55（4）：530.

[76] 白晓霞 . 色彩美学在北方园林绿地中的应用 [J] . 江苏农业科学，2019，47（20）：148-151.

[77] 杨阳，王晶懋 . 西安唐风园林植物景观研究——以大唐芙蓉园为例 [J] . 农学学报，2019，9（8）：48-53，68.

[78] 高含笑，王冰心，赵宁 . 色彩在园林景观设计中的应用研究 [J] . 安徽农业科学，2019，47（13）：100-102，135.

[79] 邬丛瑜，敬婧，陈波，等 . 华南地区城市园林植物景观特色探讨 [J] . 浙江农业科学，2019，60（6）：1015-1020，1023.

[80] 李慧，李春义，何伟 . 自然野态的植物景观营造的理论与方法 [J] . 中国园林，2018，34（5）：94-98.

[81] 刘加维，张凯莉 . 山地乡村植物景观调查及其运用——以贵州扁担山地区布依族聚落为例 [J] . 中国园林，2018，34（5）：33-37.

[82] 袁菊红，胡名芙，汪霖 . 古书院园林植物景观特色及设计手法探析 [J] . 广东园林，2018，40（1）：55-58.

[83] 黄绎霖 . 浅谈园林植物景观空间设计 [J] . 建材与装饰，2017（20）：72-73.

[84] 郑幼权 . 基于低碳理念的城市园林植物景观设计 [J] . 江西建材，2017（6）：203，208.

[85] 陈进勇 . 博古融今——传统园林植物景观的继承和创新 [J] . 中国园林，2016，32（12）：5-11.

[86] 王美仙 . 格特鲁德·杰基尔的植物景观设计研究 [J] . 中国园林，2016，32（7）：106-110.

[87] 王丹，吴诗影，刘晓庆，等 . 园林植物景观设计 [J] . 江西农业，2016（11）：100-101.

[88] 易利 . 园林植物景观设计的概念及原则探讨 [J] . 江西建材，2013（4）：247-248.

[89] 潘剑彬，李树华 . 基于风景园林植物景观规划设计的适地适树理论新解 [J] . 中国园林，2013，29（4）：5-7.

[90] 刘建平 . 园林植物景观设计的一般性原则探讨 [J] . 江西建材，2013（1）：39-40.

[91] 袁喆，翁殊斐，杭夏子 . 广州公园落叶植物及其景观特色探讨 [J] . 中国园林，2013，29（1）：102-106.

[92] 李征宇，孙湘滨，吴庆书 . 热带园林植物景观规划设计的程序 [J] . 海南大学学报（自然科学版），2012，30（4）：369-374.

[93] 惠惠 . 浅析节约型园林植物景观设计——以合肥市公园为例 [J] . 安徽农学通报（上半月刊），2012，18（9）：170-172，174.

[94] 宋园园，陈永生 . 园林植物意境美的营造——合肥市蜀麓公园绿化设计解析 [J] . 安徽农业科学，2012，40（14）：8197-8198，8204.

[95] 严军，胡静霞 . 校园植物景观评价方法研究及其应用——以南京艺术学院为例 [J] . 中南林业科技大学学报（社会科学版），2011，5（6）：106-108.

[96] 肖洁舒，徐艳，王予婧 . 华南地区人居环境高功效植物景观设计与实践 [J] . 中国园林，2011，27（8）：73-76.

[97] 包志毅，马婕婷 . 试论低碳植物景观设计和营造 [J] . 中国园林，2011，27（01）：7-10.

[98] 彭丽军，张法亮，王琪，等 . 彩叶植物在园林中的应用——基于色彩调和理论的视角 [J] . 湖南农业大学学报（自然科学版），2010，36（S2）：91-94.

[99] 吴庆书 . 园林边界：园林景观设计的新视角（Ⅰ）——园林边界的概念和类型 [J] . 海南大学学报（自然科学版），2010，28（03）：257-261.

[100] 张吉，刘世元 . 园林植物景观设计教学初探 [J] . 安徽农学通报（下半月刊），2010，16（16）：150-151.

[101] 任斌斌，李树华 . 模拟延安地区自然群落的植物景观设计研究 [J] . 中国园林，2010，26（5）：87-90.

［102］王静. 城市广场设计中园林植物景观设计的研究［J］. 安徽农学通报（上半月刊），2010，16（9）：108-109.

［103］刘荣凤，张云，姜海凤. 昆明市城市中心公园植物景观设计［J］. 西南林学院学报，2008（5）：57-60，65.

［104］刘旸，田硕，李洪波. 园林植物在城市景观造园中应用的基本原则［J］. 沈阳农业大学学报（社会科学版），2006（2）：264-266.

［105］刘畅. 对现代园林植物景观设计的理性思考［J］. 湖南城市学院学报（自然科学版），2006（1）：27-28.

［106］张前进，阎宏伟. 论景观设计中园林植物配置的基本原则［J］. 沈阳农业大学学报（社会科学版），2005（2）：217-218.

［107］王淑芬，苏雪痕. 质感与植物景观设计［J］. 北京工业大学学报，1995（02）：41-45.